不同地形中小尺度流域分布式水文模型的开发及应用

黄金柏　著

中国水利水电出版社
www.waterpub.com.cn
·北京·

内容提要

本书依托平原区中尺度流域——阿伦河流域，山区小尺度流域——Bukuro流域以及沟壑区小尺度流域——六道沟流域，分别构建了具有物理基础的分布式水文模型；在检验模型实用性的基础上，通过对数值计算结果的解析，推求了阿伦河流域的径流系数、融雪对年径流的贡献率以及六道沟流域的年径流系数；在研发Bukuro流域耦合融雪的分布式水文模型过程中，着重论述了模型的参数率定过程。基于筛选不同地形条件分布式水文模型的结构共性，研发了具有结构通用性适用于不同地形条件中小尺度流域的分布式水文模型，对模型的不足和应用上的限制进行了说明。

本书可供水文学与水资源及相关学术领域从事分布式水文模型研究的科研人员、高等学校教师及研究生作为专业研究上的参考书使用。

图书在版编目（CIP）数据

不同地形中小尺度流域分布式水文模型的开发及应用/黄金柏著. -- 北京 : 中国水利水电出版社, 2017.9
ISBN 978-7-5170-5895-3

Ⅰ. ①不… Ⅱ. ①黄… Ⅲ. ①水文模型－研究 Ⅳ. ①P334

中国版本图书馆CIP数据核字(2017)第233490号

书名	**不同地形中小尺度流域分布式水文模型的开发及应用** BUTONG DIXING ZHONGXIAO CHIDU LIUYU FENBUSHI SHUIWEN MOXING DE KAIFA JI YINGYONG
作者	黄金柏 著
出版发行	中国水利水电出版社 （北京市海淀区玉渊潭南路1号D座 100038） 网址：www.waterpub.com.cn E-mail：sales@waterpub.com.cn 电话：（010）68367658（营销中心）
经售	北京科水图书销售中心（零售） 电话：（010）88383994、63202643、68545874 全国各地新华书店和相关出版物销售网点
排版	中国水利水电出版社微机排版中心
印刷	北京市密东印刷有限公司
规格	170m×240mm 16开本 13.5印张 265千字
版次	2017年9月第1版 2017年9月第1次印刷
印数	0001—1500册
定价	**68.00**元

前言
FORWARD

水资源是自然资源的一个重要组成部分，可以被人类直接或间接利用。天然水资源包括河川径流、地下水、积雪和冰川、湖泊水、沼泽水、海水。与其他自然资源不同，水资源是可再生的资源，可以重复多次使用，并表现出年内和年际量的变化，具有一定的周期和规律。水资源的储存形式和运动过程受自然地理因素和人类活动所影响。流域水资源不仅是基础性自然资源和战略性经济资源，也是国家资源安全体系中最重要和核心的安全问题。随着我国经济社会的不断发展，水资源不足和水质污染引起的水危机已成为许多地区可持续发展的重要制约因素。我国的重要流域都不同程度地出现了水土流失、水污染严重、水生态环境持续恶化的现象。随着流域水资源短缺的日益严重和流域水环境污染的加剧，如何实现水资源的合理开发和高效利用，以及水生态环境的改善已成为一个被广泛关注的焦点问题。

水文现象是由众多因素相互作用的复杂过程，它与大气圈、地壳圈、生物圈都有十分密切的关系，属于综合性的自然现象。水文科学从以研究陆地水循环过程为核心的地表水文学、土壤水动力学、地下水动力学以及为生产实践服务的工程水文学已逐渐发展成为综合研究水分、能量与物质（如泥沙、污染物等）耦合循环及陆面与大气相互作用、水文过程与生态过程相互作用为主要内容的综合性、交叉性的学科。

流域水文模型是为模拟流域水文过程所建立的数学结构，被模拟的水文现象称为原型，模型则是对原型的物理和逻辑过程的描述。迄今为止，人们还不可能对水文现象用严格的物理定律来描述。常见的研究方法是将复杂水文现象加以概化，忽略次要的与随机的因素，保留主要因素和具有基本规律的部分，建立具有一定物理意义的数学物理模型。水文模型在进行水文规律研究和解决生产实际问题中起着重要的作用。随着现代科学技术的快速发展，以计算机技术为核心，结合通信和“3S”技术（Geographic Information System，GIS，地理信息系统；Global Positioning System，GPS，全球定位系统；Remote Sensing，RS，遥感技术）在水文学及水资源以及水利工程科学领域的广泛应用，使水文模型的研究得到了迅速发展，并被广泛地应用于水文基本规律的研究、水旱灾害防治、水资源评价与开发利用、水环境和水生态系统保护、气候变化及人类活动对水资源和水环境影响分析等领域，因此，水文模型的开发研究具有重要的科学意义和应用价值。

流域分布式水文模型（指完全分布式水文模型）的研究在近年来得到了迅速发展，其基本思路是：按照流域河网的空间连接关系，将流域划分成由各级小流域连接而成的形式，采用物理性方程式描述水文要素动态过程，每个小流域控制的区域根据实际物理条件输入降雨，下垫面信息如蒸散发、入渗、坡面面积、坡面及河道长度和坡度等数据以及率定计算所需要其他物理性参数，对每个分布式小流域进行产汇流计算并将其径流演算到流域出口断面得到流域出口断面的径流过程。分布式水文模型最基本的特征是根据流域各处气候信息和下垫面特性要素信息的不同，将流域划分为若干个单元，在每一个单元上用一组参数反映其流域特征，具有从机理上考虑降水和下垫面条件空间分布不均匀对流域降雨-径流形成影响的功能。它具有强大的模拟功能，从而能够把单一水量变化的模拟扩展到更加广泛的水文水资源相关问题模拟中。利用分布式水文模型对流域降雨-径流过程计算是分布式水文模型最常见的应用，随着分布式水文模型研究的不断发展，耦合陆面过程如融雪、输沙以及污染物运移等过程分布式水文模型的研究和应用近年来发展迅速。数字流域建设的核心是分布式水文模型，当前，以构建流域水文模型平台为基础的需要大数据支撑的数字流域的研究迅速发展，水文模拟技术趋向于将水文模型与地理信息系统集成，以便充分利用GIS在数据管理、空间分析及可视性方面的功能。分布式水文模型的研究，也更加注重模型尺度的问题以及对水文过程物理规律的描述。在当前和今后相当长一段时间内，具有物理基础的耦合陆面过程的分布式水文模型的研究仍然是水文及水资源学科领域研究的热点之一。

本书所述主要研究内容为以所选3个中小尺度流域为依托，该3个研究流域分别为流经内蒙古自治区东部和黑龙江省西部位于平原区的中尺度流域——阿伦河流域，位于山区的Bukuro小流域（日本鸟取县）和位于黄土高原北部沟壑区的六道沟小流域。基于各研究流域的地形及基础水文地质条件以运动波理论的基础方程式结合GIS技术分别构建了各研究流域具有物理基础的分布式水文模型，并通过数值模拟检验了模型的实用性；基于能量平衡法构建了融雪过程计算模块并与分布式水文模型耦合，耦合融雪的分布式水文模型的适用性在位于积雪融雪区的阿伦河流域和Bukuro流域进行了检验。在基于针对单一地形条件的流域（平原区的阿伦河流域，山区的Bukuro流域，沟壑区的六道沟流域）研发分布式水文模型的基础上，筛选模型的结构共性，研发了具有结构通用性和核心模块易调节性的适用于不同地形条件中小尺度流域的分布式水文模型。本书的有关研究方法和结果，以期待为位处于不同地形条件下的中小尺度流域地表水资源的准确推求提供数值计算方法，为不同地形及水文地质条件下的中小尺度流域耦合陆面过程分布式水文模型的深入研究提供方法上的参考以及为中小尺度流域数字流域的研究提供部分研究基础。

全书共分为6章，第1章主要介绍了分布式水文模型的研究现状和发展趋势；第2章主要介绍了分布式水文模型的基础知识，即构建分布式水文模型所需的基础资料、数据常用处理方法以及运动波理论的基础知识等内容；第3章阐述了依托流经内蒙古东部和黑龙江西部位于平原区的阿伦河流域构建耦合融雪分布式水文模型、模型检验、数值计算以及结果解析的过程，并推求了阿伦河流域2012—2015年的年径流系数和融雪对径流的贡献率；第4章介绍了依托日本鸟取县境内的山区流域构建耦合融雪分布式水文模型的过程，重点论述了主要参数值变化对模型计算结果的影响以及参数率定过程；第5章阐述了依托黄土高原北部沟壑区的六道沟小流域开发分布式水文模型，模型验证以及数值计算结果解析的有关内容，并基于对2005—2009年模型计算结果的分析近似地推求了六道沟流域所在地区的年径流系数；第6章主要介绍了适用于不同地形及水文地质条件具有结构通用性分布式水文模型的研发过程，并对模型的不足和应用上的局限性进行了说明。

本书的有关研究工作以及出版工作，得到了以下基金或项目研究经费的联合资助，作者在此深表谢意。

基金项目：国家自然科学基金项目“耦合融雪的分布式流域降雨-径流过程数值模型的研究”（No. 41271046；2013年1月至2016年12月）；2016年国家留学基金委公派访问学者项目（201608320019；2016年11月至2017年4月）；中日合作项目“中国内陆部沙漠化防止及其开发利用”项目（项目主持单位：中国科学院水利部水土保持研究所，日本鸟取大学干旱地研究中心，2001年1月至2010年12月）；中国博士后科学基金（海外学人：87328）和黑龙江省博士后科研启动基金项目（LRB10－170）“流域水文循环数值解析方法的研究及应用”（2010年7月至2012年6月）；黑龙江省教育厅海外学人科研项目“黑龙江省西部半干旱区降雨-径流数值解析方法的研究”（No. 1251H017；2011年6月至2015年5月）；扬州市“绿扬金凤计划”优秀博士项目（No. yzlyjfjh2013YB105）；扬州大学科研启动基金项目“适用于不同地形小尺度流域分布式水文模型的研究”（No. 5015-137010583;2013年6月至2016年5月）；扬州大学新世纪人才“优秀青年教师”项目（No. 5015－137050209）；扬州大学科技创新培育基金项目“基于分布式水文模型的东北寒旱区中尺度流域输沙特性研究”（No. 2016CXJ034；2017年1月至2018年1月），扬州大学出版基金项目（2017）。

本书有关研究活动的开展过程中，得到了以下单位和研究者的热心支持和帮助：中国科学院水利部水土保持研究所张兴昌研究员、郑继勇副研究员等；日本鸟取大学大学院工学研究科桧谷治（Osamu Hinokidani）教授、梶川勇树（Yuki Kajikawa）助教；日本鸟取大学干旱地研究中心安田裕（Hiroshi Yasuda）副教授；三峡大学水利与环境工程学院朱士江副教授；东北农业大学水利与建筑学院官兴龙副教授、侯仁杰博士等，作者在此深表谢意。感谢中国科学院水利部水土保持研究所神木试验站，阿伦河流域那吉水文站和黑龙江省甘南县气象站，以及Bukuro流域Tochimoto雨量站（日本）提供的基础资料和数据。

本书在撰写过程中，参阅和借鉴了国内外大量学术论文及相关学科的专业书籍，在此向各位作者表示诚挚的谢意。

本书所述依托各研究流域的下垫面物理条件针对不同地形条件构建的分布式水文模型，是基于大量的野外调查和水文、气象观测的基础上，以运动理论基础方程式结合GIS技术依托作者所在科研团队力量自主进行的分布式水文模型的研发结果，但由于对各研究区水文地质条件、土地利用方式等的调查尚不够翔实，加之编者的研究能力和水平所限，针对各单一地形（平原、山区、沟壑区）流域研发的分布式水文模型依然存在物理性不足、模型在相似地形流域的同类研究中可推广性不强等问题。对于具有通用性结构适用于不同地形和水文地质条件中小尺度流域的分布式水文模型，是针对中小尺度流域通用性分布式水文模型研发技术的一次大胆尝试，现模型只具“雏形”，难言“成熟”。分布式水文模型的研究，涉及水文学、气象学、河流动力学、土壤学、数学、计算机语言等多学科知识的综合运用，需要研究和探讨的内容有很多。由于作者的科研水平和能力所限，加之前期研究中基础数据和资料的积累相对不足，本书所述内容只作为针对中小尺度流域研发具有物理基础分布式水文模型和应用的一次探索。书中内容涉及的观点、研究思路和方法的不足以及错误之处在所难免，敬请同行专家和广大读者批评指正并多提宝贵意见，我们将在今后的科研工作中加以改进。

全书共6章，黄金柏撰写了第3、4、5、6章，并参与撰写了第1、2章，以及负责全书的统筹定稿；温佳伟参与了第1、2章的撰写工作；王斌撰写了第2章的部分内容并承担了全书所用数据及参考文献的复核工作。

作者

2017年4月

目录

CONTENTS

第1章　分布式水文模型研究综述

1.1　概述

水文学是研究地球大气层、地表及地壳内水的分布、运动和变化规律，以及水与环境相互作用的学科，其通过测验、分析、计算和模拟等手段，预报自然界中水量和水质的变化及发展趋势，为开发利用水资源、控制洪水和保护水环境等方面提供科学依据，属于地球物理学和自然地理学的分支学科。水文学与气象学、海洋学、地质学、自然地理学等学科关系密切。水文现象的时间变化过程存在着有周期而又不重复的性质，一般称为“准周期”性质。水在循环过程中的存在和运动的各种形态，如蒸发、降水、河流和湖泊中的水位涨落、冰情变化、地下水的运动和水质变化等，统称水文现象。水文现象在各种自然因素和人类活动影响下，在空间分布或时间变化上都显得十分复杂。水文学是一门古老的科学，长期以来人们一直在努力实现水文研究的定量化，尤其是近几十年来，随着人口的增加和工农业的快速发展，生活用水、生产用水日趋紧张，水质污染，水资源的不合理应用，地区用水的不平衡，极端洪灾、旱灾事件的频繁出现等，要求对各种水文现象在机制和过程进行研究，这就需要构建模拟功能强，计算精度高的水文模型（陈仁升等，2003）。

水文模型是水文学发展的产物，它是水文科学研究的一种方法和手段，是对复杂水文系统的一种简化体现，是用一种特定的表达方式来描述一定的水文系统，其能够更大程度上代表实际的水文系统，并在一定的目标下代替实际的水文系统（Diskin 1970；Clarke，1973；金鑫等，2006）。

流域，指由分水线所包围的河流集水区，分地面集水区和地下集水区两类。如果地面集水区和地下集水区相重合，称为闭合流域，如果不重合，则称为非闭合流域。通常所说的流域，一般都指地面闭合的集水区域。流域特征包括流域面积、河网密度、流域形状、流域高度、流域方向或干流方向等。对各种水文现象的研究，常以流域为单元开展，而流域水文模型是研究流域水文过程的重要手段。流域水文模型是水文科学与计算机科学相结合的产物，是信息技术的快速发展造就的水文科学的一个充满生机的研究领域。流域水文模拟旨在综合应用物理、数学、水文学、计算机科学、气象学等知识，在流域尺度范围内，对降雨径流形成的过程以及与之耦合的陆面过程进行局部或综合模拟，从而达到确定流域水文响应的目的（徐宗学，2010）。水文模型用数学语言或物理模型对现实水文系统进行刻画和描述，并对水文变量在时间和空间上的变化情况进行模拟和预报（芮孝芳等，2006）。自流域水文模型产生以来，得到了越来越广泛的应用，其在水文学中扮演的角色也越来越重要。水文模型在解决水文预报、水资源规划与管理、水文分析与计算、揭示污染物运移规律及特性等实际问题的研究中发挥着重要的作用。流域水文模型的不断发展，使从机制和过程上实现对各种水文现象的研究成为可能。

自从现代水文学建立以来，分支学科不断产生，各种新技术、新手段逐渐被应用到水文学研究中，水文模型也相应蓬勃发展起来。现代水文模型出现于水文学兴起的20世纪30年代（Anderson and Burt，1990）。在20世纪50年代以前，水文模拟大多是针对某一个水文环节如产流、汇流等进行的。进入50年代以后，随着人们对入渗理论（Philip，1954）、土壤水运动理论（Richards，1956）和河道理论（Mc Cathy，1938）等的综合认识不断加深以及将计算机技术引入到水文研究领域，开始把水文循环的整体过程作为一个完整的系统来研究。在50年代后期提出了“流域模型”的概念（严登华等，2004；金鑫等，2006），水文模型将流域概化成一个系统，该系统根据输入条件求解输出结果，其实质是对流域上发生的水文过程进行模拟、计算。水文模型的出现是对水循环规律研究和认识的必然结果，在水资源开发利用、防洪减灾、水库规划与设计、道路与桥梁设计、城市规划、非点源污染模拟与评价、人类活动的流域响应等诸多方面都得到了十分广泛的应用。当前的水文学与水资源领域的研究热点问题，如生态需水量研究、水资源可再生性维持机理等均需要水文模型的支持。

1.2 水文模型发展阶段和分类

水文模型的研究和应用经过了漫长的时期，总结多年来水文模型的发展历程，可以将水文模型的发展按阶段概括为初期阶段、概念性水文模型阶段和分布式水文模型阶段。早期水文模型的出现是基于洪峰预报的需要，1851年，Dooge提出了传统的洪峰预报方法（Ciriani等，1977），这是具有标志性意义的萌芽阶段的水文模型。在此之后，现代水文模型出现，并伴随着应用水文学的发展逐渐兴起，1932年，Sherman提出了水文单位过程线的概念，以及1933年Horton提出了经典的地表径流入渗理论，虽然Sherman和Horton模型在流域径流模拟方面契合度很高，但二者在模型构建的基础上有本质的区别，前者属集总式经验模型，而后者是具有一定物理基础的物理性模型（Anderson等，1990）。最初的分布式水文模型的概念是由Freeze和Harland在1969年提出的。当时，由于模型对资料的要求很高，但要从水文观测站点的有限资料中找到质量上符合要求，而且在空间和时间分辨率上合适的资料是十分困难的，加之分布式水文模型计算对计算机性能的要求较高，导致分布式水文模型在20世纪80年代以前发展缓慢。20世纪60年代以后计算机技术的快速发展为水文模型的研究发展提供了物质保障和技术支撑。分布式水文模型的快速发展开始于20世纪80年代以后，有代表性的如欧洲学者在20世纪80年代初期开发的SHE模型（System Hydrologic European）（Abbott等，1986），不规则三角形节面模型（Irregular triangular facets）（Oscar等，1992），美国农业部农业局开发的SWAT（Soil and Water Assessment Tool）模型等，这些模型被广泛地应用于流域的河网汇流，土壤水分模拟及计算，融雪径流，地表和地下水分交换，流域水文循环等过程的研究。

从时间的角度考查水文模型的发展，其大致可以划分为原始、近代、现代3个阶段。原始阶段，即水文模型起步阶段，大约在20世纪50年代后期至70年代初期；近代发展阶段大约为随后的80年代；从20世纪90年代至今是水文模型发展的现代阶段，也是水文模型突破性发展阶段，该阶段由于地理信息系统和卫星遥感技术的广泛应用，分布式水文模型成为世界各国水文科学家研究的主流，其主要特点是模型基于流域的数字高程模型，以流域面上分散的水文参数和变量来描述流域水文时空变化的特性（吴贤忠，2011）。

根据水文模型的各发展阶段结合水文模型的结构特点，大体可以将水文模型分为3类，即黑箱模型、灰箱模型和白箱模型。

（1）“黑箱型”模型。黑箱模型的基础是传输函数，几乎没有任何物理意义（王书功等，2004），其研究水文系统与外界的信息交换情况，而不研究水文系统内部的性质与结构，此种模型称为“黑箱型”模型，即输入-输出型模型。这种模型对水文系统的输入、输出有明确的限定，但不能在过程上对水文过程进行研究，其内部结构主要为一系列函数的转换，比较典型的有人工神经网络模型、统计模型等。

（2）“灰箱型”模型。亦称概念模型，其结构和性质介于黑箱和白箱型模型之间，传统上主要指灰色系统模型，此类模型虽然具有一定的物理基础但又在某些方面只能设置概念或概化型参数来实现对模型的表达，灰箱模型可以实现某种程度上的对水文过程的研究。

(3)“白箱型”模型。也称物理性模型，研究水文系统本身的性质与结构的模型，它对水文系统进行明确的物理定义，参数具有明确的物理意义，可以对水文过程在机制和过程上进行研究，代表性的模型为物理性分布式水文模型。

1.3 分布式水文模型的研究现状及发展趋势

1.3.1 分布式水文模型的研究现状

随着计算机技术和交叉学科的发展，分布式流域水文模型被广泛提出，逐渐成为21世纪水文学研究的热点课题之一（郑长统等，2009）。进入20世纪90年代以来，随着地理信息系统（GIS）、全球定位系统（GPS）以及卫星遥感技术（RS）在水文上的应用，考虑水文变量空间变异性的分布式流域水文模型的研究日益受到重视（宋萌勃等，2007），分布式水文模型得到了快速的发展，以下介绍的是几个具有代表性且被广泛应用的分布式水文模型。

1.3.1.1 TOPMODEL

TOPMODEL（Topography Based Hydrological Model）是Beven和Kirkby于1979年提出的，是以地形为基础的流域水文模型。在结构上，TOPMODEL是一种基于物理过程的半分布式水文模型（王润等，2005）。变源面积理论是TOPMODEL的理论基础，该理论指出，流域上产生的地表径流并不均匀，地表径流仅仅产生于由于降水使土壤达到饱和的一小部分流域面积上，这部分面积称为饱和地表面积或源面积，一般位于河道附近，而且这一源面积是在不断变化的，流域源面积的空间位置受流域地形、土壤水力特性和流域前期含水量等诸多因素控制（Hewlett and Hibbert，1967）。TOPMODEL结构简单，参数较少，并且每个参数都具有一定的物理意义，原始数据容易获得。与传统集总式流域水文模型相比，TOPMODEL对实际水文过程的模拟更贴切，考虑了下垫面地形的空间变异性对水文响应的影响，实现了产流面积的空间可视化，并与地理信息系统结合，易于实现数据的更新，能够实时反映下垫面的变化（刘青娥等，2003）。TOPMODEL不仅适合于坡地集水区，还能用于无资料流域的产汇流计算（余新晓等，2002）。另一方面，因为结构简单，TOPMODEL对水文要素的空间变异性及水文单元的相互联系考虑得不够全面，模型仅仅考虑了下垫面地形的空间变异性，其他水文要素，如降水、蒸发及产流等，都被假定为空间上均一，而且除了计算地形指数，网格并没有实际的意义（Beven，1997），这也是TOPMODEL有别于完全分布式水文模型主要特征。近30年来，TOPMODEL在水文模拟、生态监测、气候变化、地球物理化学等领域得到了广泛的应用。谢帆等（2007）将TOPMODEL和新安江模型分别应用于淮河息县以上流域的洪水模拟，并在径流深相对误差、洪峰相对误差、确定性系数等方面进行了比较；Choi 和 Beven (2007) 提出了一种降低多阶段、多准则的 TOPMODEL 预测不确定性方法；Gallart 等 (2008) 通过粗化分散的观测数据来推求模型参数。TOPMODEL 仍存在一些问题，在干旱半干旱地区的适用性较差，又因为地下水流动情况与模型描述的不相符合，不是所有数据资料地形指数都能成功地预测源面积的分布，现在还没有一种能够通过调查、等高线或栅格 DEM 数据来推导地形指数的理想方法，DEM 对洼地处理问题及与此相关的河流网格问题一直没有得到很好的解决(刘青娥等，2003)。

1.3.1.2 SHE

SHE (System Hydrological European) 是由 Danish Hydraulic Institute (丹麦水利研究所)、the British Institute of Hydrology (英国水文研究所) 和 SOGREAH (法国索格利公司) 联合提出的，是最早的分布式水文模型的代表。该模型考虑了流域尺度的截留、下渗、土壤蓄水量、蒸散发、融雪径流、地表径流、壤中流、地下径流、含水层与河道水交换等水文过程，并在不断的发展过程中增加了土壤侵蚀、溶质运移等模块。模型中，流域参数、降水及水文响应的空间分布垂直方向用分层结构表示，水平方向用矩形网格表示，这样便于对模型参数、降雨输入以及水文响应的空间分布性进行处理。在垂直面上，则划分成几个水平层，以便处理不同层的土壤水运动问题。模型还包括一个二维的地表径流计算部分，该部分通过一个一维的非饱和水流模型与一个二维的地下水水流模型连接在一起 (Sahoo and Ray，2006)。模型参数具有一定的物理意义，可以通过观测或资料分析得到。模型采用一维 Saint - Venant 方程模拟坡面流、一维 Richards 方程模拟不饱和带流、二维 Boussinesq 方程模拟饱和带流 (王文志等，2010)。由于应用 SHE 模型模拟所需资料多，模型的参数确定困难，所以投入实际应用的难度较大。该模型的主要水文过程可由质量、动量和能量守恒偏微分方程的有限差分表示，也可由经验方程表示。该模型的特点是：①参数具有物理意义，可由流域特征确定它的物理基础，计算的灵活性使其适用于多种资料条件；②模型可用于水资源的管理如供水、流域规划、灌溉与排水、气候变化与土地利用改变后的水文响应，也可用于环境规划如工农业污染物迁移、土壤侵蚀、湿地生态保护等，其实用性在欧洲和其他地区得到了广泛的应用和验证；③由于模型按规则矩形网格对流域下垫面进行划分，在精度和计算量上相对难以取得平衡，对于较大流域来说计算量较大，存在参数化难以克服的问题 (吴险峰等，2002；刘昌明等，2004)。

1.3.1.3 SWAT

SWAT (Soil and Water Assessment Tool) 模型是美国农业部 (United States Department of Agriculture，USDA) 农业研究局 (ARS) 开发的基于流

域尺度的一个长时段的分布式流域水文模型，是在 SWRRB（Simulator for Water Resources in Rural Basins）模型基础上发展起来的（Arnold 等，1998；Neitsch 等，2001）。SWAT 模型的径流模拟通常将流域划分成若干个单元流域，以减小流域下垫面和气候要素时空变异对模拟精度的影响。流域离散的方法有自然子流域、山坡和网格 3 种。根据不同植被覆盖和土壤类型，单元流域进一步细分为若干个 HRU。每个 HRU 都单独计算径流量，最后得到流域总径流量。SWAT 模型提供 Green-Ampt 方法或 SCS（Modified SCS Curve Number Method）曲线法计算地表径流；度-日因子模型计算融雪量；动态存储模型计算壤中流；Hargreaves 法、Priestley-Tayor 法或 Penman-Monteith 法计算潜在蒸散发。SWAT 将地下水分为浅层和深层地下水，浅层地下径流汇入流域内河流，深层地下径流汇入流域外河流。河道水流演算采用变动存储系数模型或马斯京根法（孙瑞等，2010）。SWAT 以日为时间步长，可同时连续长时段模拟流域的水文过程、水土流失、化学过程、农业管理措施和生物量变化，并能预测在不同土壤条件、土地利用类型和管理措施下人类活动对上述过程的影响，其中，径流模拟是 SWAT 模型最基本、最重要的功能，基于 SWAT 模型的径流模拟是 SWAT 研究的焦点。SWAT 模型以其强大的功能、先进的模型结构及高效的计算，在世界各国得到了广泛应用。SWAT 能够利用地理信息系统和遥感提供的空间数据信息模拟地表水和地下水的水量与水质，长期预测土地管理措施对于具有多种土壤类型、土地利用和管理条件的大面积复杂流域的径流、泥沙负荷和营养物流失的影响。模型中产沙计算采用的是修正通用土壤流失方程 MU-SLE（Modified Universal Soil Loss Equation）方法（Watson 等，2007）。该模型在美国、加拿大、欧洲等国家和地区得到较广泛的应用，近年来在我国也越来越受到重视，成为一个热点研究模型，并在国内的很多地区得到检验校正，如西北黑河莺落峡以上流域（王中根等，2003）、黄河中游三川河流域（罗睿等，2008）、青海湖（舒卫先等，2008）等。鉴于我国自然条件和资料特点，国内学者针对不同研究区特点以及研究问题的不同对 SWAT 模型进行了有针对性地改进以提高其模拟精度，如任启伟（2002）为研究西南岩溶流域表层岩溶带和岩溶浅层水的调蓄功能，改进了 SWAT 模型的产流模块；王宏等（2005）为克服 SWAT 地下水模块的弱势，应用 SWAT 和地下水模型 GAM 对华北平原地下水系统进行了联合模拟；张东等（2005）针对模型在黑河流域和汉江流域水文模拟中存在的问题，增加了土壤粒径转换模块，改进了模型的 WGEN、潜在蒸散量模拟算法以及气象参数的空间离散方法；Luo 等（2008）考虑到黄河流域的干旱情况，对叶面积指数曲线和地下水蒸发的计算方法进行了修改，改进了模型的植物、土壤水和地下水模块。针对高海拔地区的空间差异大，气象站资料空间插值后代表性较差等因素对 SWAT 模型应用产生的问题，需对气温和降水资料进行高度校正，刘吉峰等

(2007)提出了带有高度校正的梯度距离倒数加权法(GIDW);刘昌明等(2003)针对青藏高原特殊下垫面,引入流域高程带划分、气温递减率和降水递减率等参数,以改进高原控制融雪的水文和大气过程。SWAT模型在我国水文过程以及耦合陆面过程的研究中,将得到更广泛的应用。

1.3.1.4 新安江模型

与国际上(特别美国、英国等少数国家)所开发的成熟水文模型较多的现状相比,我国自主研发的分布式水文模型较少,其中,有代表性的是新安江模型。新安江模型及其理论是20世纪60—70年代由赵人俊及其团队创立的,是中国水文科学领域最具原创性的学术成果(刘金涛等,2014)。1963年,赵人俊在总结我国大量产汇流计算的经验和分析水文资料的基础上,提出了蓄满产流的概念,从而奠定了新安江模型的理论基础(赵人俊等,1963)。此后,将流域水文过程作为一个完整的系统加以研究,给出了蒸发、产流、汇流等环节的连续计算公式。在实际应用中,新安江模型在理论和结构等方面得到了不断地完善和发展,并在20世纪80年代趋于成熟,形成了一个比较完整的、适合在我国湿润和半湿润地区应用的降雨径流模型(王厥谋,1994)。新安江模型采用统计曲线描述山坡或流域面上蓄水容量分布的空间异质性(Gan等,1997)。新安江模型的参数较少,只有15个,每个参数有其合理的取值范围和明确的定义,但物理基础不足,同时,模型在不同流域应用时,需要重新率定参数,这在一定程度限制了模型应用的发展,特别是在无资料地区,参数率定相对难以实现。近年来,随着地理信息系统(GIS)的快速发展,新安江模型的发展呈现了架构形式趋于多样性,产汇流计算物理性趋于明显,应用范围愈加广泛等特点(刘金涛等,2014)。Liu等(2012)讨论了不同网格尺度上,张力水蓄水容量曲线空间分布的规律,发现网格间的变异随网格尺度变小而增大,不能忽视较小的网格尺度上的空间变异,并认为200m网格是应用新安江模型蓄水容量曲线的合理尺度。产汇流理论的快速物理化得益于地形处理技术的迅猛发展,网格水流方向及水系可以方便的定义,为建立具有物理基础的流域产汇流模型提供了技术保障。在河道汇流方面,王船海等(2003)采用圣维南方程组进行河道汇流演算;在坡面汇流方面,袁飞等(2004)采用Muskingum Cunge算法,或者采用基于栅格单元系统的运动波方程描述(Liu等,2009)。近年来,通过扩展蒸散发、产污等模块,新安江模型被应用于生态环境领域,如Li等(2009)基于MODIS-LAI数据,通过在新安江模型中增加Penman-Monteith公式,预测了植被影响下的径流响应;Yuan等(2008)将双源蒸散发模型与新安江模型耦合,用于评价植被对水文过程的影响等。新安江模型或者说水文模型理论的发展需要水文、地质、地貌和土壤学研究的交叉和共同推进,建立适合新一代模型的完整的方法体系,强调野外实验、理论分析与计算机建模3项工作的协调与密切配合,这是实现新安江模型理论创新的重要途径之一。

1.3.2 分布式水文模型研究现状分析

除如上所述的4个有代表性的分布式水文模型，在20世纪90年代前后，在水资源可持续利用、非点源污染、全球变化对水文循环影响等研究需求的推动下，作为探索与发现复杂水文现象机理与规律有效途径之一的分布式流域水文模型受到了极大的关注，在建模思想、理论和技术等方面有了长足的发展，涌现了一批分布式水文模型，如DHSVM（Distributed Hydrology Soil Vegetation Model）、VIC（Variable Infiltration Capacity）、HMS（Hydrologic Model System）、SVAT（Soil - Vegetation - Atmosphere Transfer model）等，并在对实际问题的研究中得到了广泛应用（徐宗学等，2010）。

当前，气候变化对水文水资源影响是研究热点之一，气候变化对水文水资源影响的研究基本上遵从"气候情景设计-水文模型-影响评估"的模式。国内外很多学者以陆气耦合方式开展了大量的气候变化对水文循环影响的研究，其中大气环流模型（General Circulation Models，GCMs）与分布式水文模型的耦合研究得到了较广泛的开展（王顺久等，2006；张建云等，2007）。分布式水文模型在陆气耦合领域的研究虽然取得了许多成果，但也还有很多问题值得研究，如陆面水文过程与气候模型之间双向耦合的问题，分布式水文模型与GCMs耦合的尺度衔接问题，模型可移植性以及大尺度分布式水文模型运算效率相关的结构及控制问题等。

随着水资源开发利用程度的不断提高和水危机影响的不断加剧，促使分布式水文模型在水资源综合管理中进行应用，为流域水资源管理和决策提供了重要依据（贾仰文等，2005；刘昌明等，2006）。分布式水文模型已经在流域水资源综合管理中的数字流域研究、非点源污染模拟、农业灌溉和城市取用水研究、地表水与地下水评价与计算、洪水预警预报、水土保持等领域发挥了重大作用（许继军等，2007；王忠静等，2008）。

分布式水文模型的参数和输出结果更容易与遥感和GIS结合，能够灵活地设置土地利用变化情景，实现对不同土地利用方式下的水文响应的模拟，因此，分布式水文模型成为研究土地利用和覆被变化（Land Use/Cover Change，LUCC）情境下水文响应的重要工具。在此过程中，要求分布式水文模型能够与GIS技术和遥感数据紧密结合，这样能够很好地从遥感数据获取和分析土地利用及覆被变化的数据，能够表达土地利用的时空差异特征及其对水文过程的影响，并且能够模拟土地覆被变化条件下的水文过程变化，模型参数能够反映土地覆被变化的时空变化特征（Foley等，2005）。

分布式水文模型可应用于缺乏水文资料地区的水文预报中。在许多国家和地区，流域水文站网分布密度及观测数据不足，一些基础性的数据由于各种自然因素或人为因素的限制而无法获得。面对这样的问题，国际水文科学协会（International Association of Hydrological Sciences，IAHS）在21世纪初启动了资料缺乏地区的水文预报（Predictions in Ungauged Basins，PUB）。PUB计划以减小水文与水资源预测预报中的不确定性为核心，旨在探索水文模拟的新方法，改进径流、泥沙和水质等预报精度，从传统的基于观测数据进行模型率定向机理探究的方向转变，实现水文理论的重大突破，以满足各国国民经济生产和社会发展的需要，特别是发展中国家（Sivapalan等，2003），发展新一代的分布式水文模型是解决PUB问题的可行途径之一。适用于资料缺乏地区的分布式水文模型需要能够充分利用水文气象遥测数据，如雷达测雨数据、DEM、土地覆被、遥感数据等，并能够将产汇流模型与植物生长模型、营养物质迁移模型等地表水文、生物、化学过程模型耦合起来模拟地表水文过程，而且模型概念明确、易于控制、便于设置情景，从而能够方便地利用缺资料地区的数据同化资料率定模型。

当前，生态水文学（Ecohydrology）已发展成为水文学研究的一个重要分支，其主要研究水文过程与生态系统之间的动力学机制，生态水文格局和生态水文过程，其中生态水文模型是研究的重要内容之一（严登华等，2005）。随着计算机技术、GIS和RS技术的发展，生态水文开始以GIS为平台借助于分布式水文模型研究生态水文格局的演化，探讨生态水文格局与区域水环境的安全调控。生态水文学研究需要分布式水文模型能够将流域生态过程耦合到水文过程模拟之中，加强土壤水文、土壤性质等与植被生长之间的作用与反馈模拟，以及LUCC等生态环境变化的水文响应模拟，耦合植被生长和水文过程并实现信息数据的实时交换。

1.3.3 分布式水文模型的发展趋势

分布式流域水文模型虽然得到了快速的发展和进步，被广泛应用于水文学领域，但是随着研究的不断深入，诸如尺度问题、非线性问题、动态耦合问题等仍阻碍着水文模型研究的发展，需要有所创新与突破（吴贤忠，2011）。地理信息系统和遥感技术在水文循环领域的应用给水文模型的研究思路和技术方法带来了创新和革命，使得模型的应用更为简单方便，通过地理信息系统和遥感技术的结合，将为流域水文模型的发展开创一片新天地，它可以在收集、处理数据时运作更快，模拟结果也更为精确，可以为生产实际提供更为科学的依据（李纪人，1997；傅国斌等，2001；宋萌勃等，2007）。

遥感技术是20世纪60年代以来发展起来的新兴学科，是一门先进的、实用的探测技术。在水循环领域，作为一种信息源，遥感技术可以提供土壤、植被、地质、地貌、地形、土地利用和水系水体等许多有关下垫面条件的信息，也可以获取降雨的空间变化特征、估算区域蒸发、监测土壤水分等，这些信息是确定产汇流特性和模型参数所必需的。流域水文模拟的结果很大程度上依赖于输入数据，而往往由于缺乏足够的、合适的数据而不能很好地描述水文过程。只有获得详细的地形、地质、土壤、植被和气候资料，才有可能对大尺度流域气候变化和土地利用产生的水文影响进行研究（胡著志等，1999）。通过遥感技术，能够弥补传统监测资料的不足，在无常规资料地区可能是唯一的数据源，大大丰富了水文模型的数据源。与传统的数据收集方法相比，遥感技术获取数据的优点主要有：面状数据，无需要再进行点面的转化；直接获取或经转换后为数字化形式，便于应用；可提供相对高分辨率的时间和空间信息；可获取偏僻的无人可及的区域资料（吴险峰等，2002）。

如今，水文学及水资源领域的诸多问题需要基于分布式水文模型搭建的数字平台来解决，人类对水文水资源研究的需求从未像今天这样迫切，社会的需求决定了分布式水文建模研究发展的方向，分布式水文模型的发展趋势将表现在以下几个方面。

（1）中尺度分布式水文模型的研究将成为解决水文与水资源管理中热点和难点问题的有效工具。尺度问题是当代水文学理论研究的中心内容，从国外分布式水文模型发展进程可以知晓，在小尺度或点尺度上建立的规律或水文过程关系如何推导和扩展到大中尺度流域是建模研究的主要问题之一，探讨和研究大中尺度的水文过程规律和模型也是分布式水文模型研究的重点内容。对于当前水文学研究的热点问题和社会重大需求而言，分布式水文模型是揭示气候变化、LUCC及变化环境下的流域水文、生态响应和演变规律的有效工具，将是未来水文建模研究的重点之一，而中尺度或大尺度模拟对于研究和决策来说是最合适的尺度选择，对管理与决策更有意义。此外，能够很好模拟中尺度流域的分布式水文模型比较容易扩展到大尺度，或者小尺度流域。

（2）对传统水文模型的改进和应用是当前及今后分布式水文模型研究中的一个热点。基于产汇流机理研究，运用新的技术方法，不断改进水文模型结构；加强蓄满和超渗两种产流机制兼容的混合产流模型及融雪径流模型的研究；需要改进地表水文参数化方案中对地表蒸发量的计算，引入对蒸发和降水有更加真实响应的水文过程，引入比较符合实际的土层渗透过程。这就需要对次网格的水文过程尤其是对降水过程进行更加真实的参数化。新一代的水文模式应努力实现植被与土壤耦合，水量与能量耦合，尽量从物理基础上去描述蒸散发、土壤水传输、产汇流等水文过程，以减少参数率定所带来的不确定性（曹丽娟等，2005）。

（3）基于地理信息系统和遥感技术的耦合陆面过程的物理性分布式水文模型将代表今后相当一段时期水文模型发展的方向。

迅速发展的航测及遥感技术为大尺度陆面水文模型研究提供了良好时机，提高对遥感数据的利用能力及与地理信息系统功能耦合程度是发展的必然趋势。降雨是水文模拟的最重要的基础数据，随着遥感技术对降雨更准确的估计，必将提高水文模拟和预报的精度，并可以将模型用于无资料地区。水文模型需要精细的地形、地貌、植被、气候及水文资料，随着遥感技术的不断发展，利用航测及遥感技术可以提供高分辨率的植被分布、地形地貌（高程、坡度、坡向、分水岭、河道及集水面积）的数据集，可叠加各种地理特征，作各种聚集、分类及插值计算，获取更高精度水文信息。高性能计算机的不断发展以及性能良好的可视化软件的出现，必然会促进陆面水文过程的研究。基于物理机制的分布式水文模型和大尺度水文模型等都需要大量时空分布数据的支持，使得遥感观测的数据逐渐成为分布式水文模型中必不可少的数据之一（赵英时，2003），而且随着遥感技术的发展，多元、更为可靠和更高时空分辨率的遥感数据已经成功地应用到了地学研究领域。如今，遥感不仅能够为分布式水文模型提供DEM、土地利用/覆被、雪盖等空间信息，而且还能够利用遥感手段获取降雨时空分布、解译降水信息、遥测水位和水面变化、反演蒸散发和土壤水等水文信息，极大地丰富了模型基础数据获取的手段和数据量。因此，对于分布式水文模型，提高对遥感数据的利用能力不仅有利于获得更为丰富的时空分布水文参数，而且更能够使建立的模型在气候变化、生态水文学、水资源管理等领域以及缺资料地区都有较强的适用性，同时，面对如此繁杂的数据信息，需要专门的数据管理平台。借助于地理信息系统功能处理并利用多源时空分布数据不仅省时省力，而且能够极大地提高模型的交互能力，为研究和决策提供更为直接的信息和过程。从当前分布式水文模型发展及应用研究来看，也都表明提高分布式水文模型对遥感数据的利用能力及与地理信息系统平台的耦合程度是发展的必然趋势。

（4）流域生态分布式水文模型将得到快速发展。流域生态水文模拟包括光合作用、呼吸作用等多个过程，每个过程都含有大量参数，在分布式模拟的框架下，如何获取区域异质的模型参数成为生态水文模型区域应用所面临的瓶颈问题（陈腊娇等，2011）。植被在土壤水分的时空变化中扮演着重要角色，它既是土壤水分动态变化的原因之一，也受土壤水分动态变化的影响。传统的模型参数获取方式主要为站点观测，由于观测站点数量有限且分布稀疏，虽然通过插值等空间推测方法可获得参数的空间分布信息，但是植被参数在空间上的变异强烈，导致参数误差很大，所以，流域尺度生态水文过程模拟是分布式水文模型亟待加强的环节。流域水文过程的生态过程方面不仅是生态水文学关注的热点问题，也是不同尺度流域水文模型建模过程中必须考虑且富于挑战的环节，当前能够很好模拟流域尺度上生态与水文过程耦合的模型还很少。在生态水文学日益成为水文学家关注焦点的今天，流域尺度分布式水文模型中对生态过程的模拟能力是亟待加强的方面，对于中尺度分布式流域水文模型，生态过程也是流域尺度上与水文过程紧密相关的过程，比如不同植被类型对截留、土壤水和蒸发等水文环节的影响；植被在不同生长阶段对水文过程的影响，特别是在农业灌溉地区；植被的空间分布对产汇流过程的影响；植被对气候变化和波动的响应等方面。遥感技术能反演和提取区域的地面物理参数和植被生物物理参数，如地表反照率、土壤水分、叶面积指数、光合有效辐射、森林郁闭度、冠层结构参数等，但仅仅依靠遥感观测数据势必在模型参数估算中引入了很大程度的不确定性，为最大限度地利用易获取的遥感数据，减小参数估算的误差，数据同化开始活跃于模型参数估算中。遥感数据同化研究兴起于20世纪90年代后期，主要采用模型模拟与遥感观测数据相结合的途径来估算地表参数（Pellenq等，2004；Pauwels等，2007），其中卡尔曼滤波方法是数据同化中应用最为广泛的方法（Pastres等，2003；Mo等，2008）。应用数据同化能最大限度地利用不同来源和不同时空分辨率的遥感数据，将是未来流域生态水文模型参数获取的重要手段。

参考文献

[1] Abbott M B, Bathurst J C, Cunge J A, et al. An introduction to the European hydrological system [J]. Journal of Hydrology, 1986, 87 (1-2): 61-77.

[2] Anderson M G, Burt T P. Process studies in hill slope hydrology: an overview [M]. Chichester: John Wley & Sons Ltd., 1990.

[3] Arnold J G, Srinivasan R, Muttiah R S, et al. Large area hydrologic modeling and assessment part I: Model development [J]. Journal of American Water Resources Association, 1998, 34 (1): 73-89.

[4] Beven J. Distributed hydrological modelling: Applications of the TOPMODEL concept [J]. Advance in Hydro logical Processes, 1997 (11): 1069-1085.

[5] Choi H T. Beven K. Multi-period and multi-criteria model conditioning to reduce prediction uncertainty in an application of TOPMODEL within the GLUE framework [J]. Journal of Hydrology, 2007, (332): 316-336.

[6] Clarke R T. A review of some mathematical models used in hydrology, with observation on their calibration and use [J]. Journal of Hydrology, 1973, 19 (1): 1-20.

[7] Diskin M H. Research approach to watershed modeling, definition of terms. ARS and SCS Watershed Medeling Workshop [C]. Tucson, Ariz., 1970.

[8] Ciriani T A, Maione U, Wallis J R. Mathematical models for surface water hydrology [M]. Wiley Interscience, New York, 1977.

[9] Freeze R A, Harlan R L. Blueprint for a physically-based digital simulated hydrologic response mode [J]. Journal of Hydrology, 1969, 9: 237-258.

[10] Foley J A, Defries R, Asner G P, et al. Global consequences of land use [J]. Science, 2005, 309 (5734): 570-574.

[11] Gallart F, Latron J, Llorens P, et al. Up scaling discrete internal observation for obtaining catchment-averaged TOPMODEL parameters in a small Mediterranean mountain basin [J]. Physics and Chemistry of the earth, 2008 (33): 1090-1094.

[12] Gan T Y, Dlamini E M, Biftu G F. Effects of model complexity and structure, data quality, and objective functions on hydrologic modeling [J]. Journal of Hydrology,

1997, 192 (1-4): 81-103.

[13] Hewlett J D, Hibbert A R. Factors affecting the response of small watersheds to precipitation in humid areas. Sopper and Lull (Eds). Forest Hydrology [M]. Oxford: Pergamon Press, 1967.

[14] Horton R E. The role of infiltration in the hydrological cycle [J]. Eos Transactions American Geophysical Union, 1933, 14 (1): 446-460.

[15] Li H X, Zhang Y Q, Francis H S C, et al. Predicting runoff in ungauged catchments by using Xinanjiang model with MODIS leaf area index [J]. Journal of Hydrology, 2009, 370 (1-4): 155-162.

[16] Liu J T, Chen X, Wu J C, et al. Grid-parameterization of a conceptual distributed hydrologic model through integration of sub-grid topographic index: the necessarity and practicability [J]. Hydrological Sciences Journal, 2012, 57 (2): 282-297.

[17] Liu J T, Chen X, Zhang J B, et al. Coupling the Xinanjiang model to a kinematic flow model based on digital drainage networks for flood forecasting [J]. Hydrological Processes, 2009, 23 (9): 1337-1348.

[18] Luo Y, He C S, Sophocleous M, et al. Assessment of crop growth and soil water modules in SWAT2000 using extensive field experiment data in an irrigation district of the Yellow River Basin [J]. Journal of Hydrology, 2008, 352: 139-156.

[19] Mc Cathy G T. The unit hydrograph and flood routing [R]. Proc . Conf. North Atlantic Division, US Army Corps of Engineers, 1938.

[20] Mo X, Chen J M, Ju W, et al. Optimization of ecosystem model parameters through assimilating eddy covariance flux data with an ensemble Kalman filter [J]. Ecological Modelling, 2008, 217 (1-2): 157-173.

[21] Neitsch S L, Arnold J G, Kiniry J R, et al. Soil and water assessment tool theoretical documentation, version 2000 [EB/OL]. http: //www. brc. tamus. edu/swat/doc. html, 2001.

[22] Oscar Luis P V, Baltasar C R. A distributed runoff model using irregular triangular facets [J]. Journal of Hydrology, 1992, 134: 35-55.

[23] Pastres R, Ciavatta S, Solidoro C. The extended Kalman filter (EKF) as a tool for the assimilation of high frequency water quality data [J]. Ecological Modeling, 2003, 170 (2-3): 227-235.

[24] Pauwels V R N, Verhoest N E C, De Lannoy, et al. Optimization of a coupled hydrology-crop growth model through the assimilation of observed soil moisture and leaf area index values using an ensemble Kalman filter [J]. Water Resources Research, 2007, 43 (4): 244-247.

[25] Pellenq J, Boulet G. A methodology to test the pertinence of remote-sensing data assimilation into vegetation models for water and energy exchange at the land surface [J]. Agronomie, 2004, 24 (4): 197-204.

[26] Philip J R. An infiltration equation with physical significance [J]. Soil Science, 1954, 77: 153-157.

[27] Richards L A, Grander W R, Ogata G. Physical processes determining water losses form

soil [J]. Soil Science, So c. Am. Proc. , 1956, 20: 310 - 314.

[28] Sahoo G B, Ray C D E, Carlo E H. Calibration and validation of a physically distributed hydrological model MIKE SHE, to predict stream flow at high frequency in a flashy mot-mtainons Hawaii stroam [J]. Journal of Hydrology, 2006, 327: 94 - 109.

[29] Sherman L K. Stream flow from rainfall by the unit hydrograph method [J]. Engineering News Record, 1932, 108: 501 - 505.

[30] Sivapalan M, Takeuchi K, Franks S W, et al. IAHS decade on predictions in ungauged basins (PUB), 2003 - 2012: Shaping an exciting future for the hydrological sciences [J]. Hydrological Sciences Journal, 2003, 48 (6): 857 - 880.

[31] Watson B M, Selvalingam S, Ghafouri M. Modification of SWAT to simulate saturation excess runoff [EB/OL]. http: //www. brc. tamus. edu/swat/conf _ 4th. html. 2007. 7. 4.

[32] Yuan F, Ren L, Yu Z, et al. Computation of potential evapotranspiration using a two - source method for the Xinanjiang hydrological model [J]. Journal of Hydrologic Engineering, 2008, 13: 305 - 316.

[33] 曹丽娟，刘晶淼. 陆面水文过程研究进展 [J]. 气象科技，2005，33 (2)：97 - 103.

[34] 陈腊娇，朱阿兴，秦承志，等. 流域生态水文模型研究进展 [J]. 地理科学进展，2011，30 (5)：535 - 544.

[35] 陈仁升，康尔泗，杨建平，等. 水文模型研究综述 [J]. 中国沙漠，2003，23 (3)：221 - 229.

[36] 傅国斌，刘昌明. 遥感技术在水文学中的应用与研究进展 [J]. 水科学进展，2001，12 (4)：547 - 559.

[37] 金鑫，郝振纯，张金良. 水文模型研究进展及发展方向 [J]. 水土保持研究，2006，13 (4)：197 - 202.

[38] 胡著智，王慧麟，陈钦峦. 遥感技术与地学应用 [M]. 南京：南京大学出版社，1999.

[39] 贾仰文，王浩，倪广恒，等. 分布式流域水文模型原理与实践 [M]. 北京：中国水利水电出版社，2005.

[40] 李纪人. 遥感和地理信息系统在分布式流域水文模型中的应用 [J]. 水文，1997 (3)：8 - 12.

[41] 刘昌明，李道峰，田英，等. 基于 DEM 的分布式水文模型在大尺度流域应用研究 [J]. 地理科学进展，2003，22 (5)：437 - 445.

[42] 刘昌明，夏军，郭生练，等. 黄河流域分布式水文模型初步研究与进展 [J]. 水科学进展，2004，15 (4)：495 - 500.

[43] 刘昌明，郑红星，王中根. 流域水循环分布式模拟 [M]. 郑州：黄河水利出版社，2006.

[44] 刘吉峰，霍世青，李世杰，等. SWAT 模型在青海湖布哈河流域径流变化成因分析中的应用 [J]. 河海大学学报 (自然科学版)，2007，35 (2)：159 - 163.

[45] 刘金涛，宋慧卿，张行南，等. 新安江模型理论研究的进展与探讨 [J]. 水文，2014，34 (1)：1 - 6.

[46] 刘青娥，夏军，王中根. TOPMODEL 模型几个问题的研究 [J]. 水电能源科学，

2003，21（2）：41-44.

[47] 罗睿，徐宗学，程磊．SWAT模型在三川河流域的应用［J］．水资源与水工程学报，2008，19（5）：28-33.

[48] 任启伟．基于改进SWAT模型的西南岩溶流域水量评价方法研究［D］．武汉：中国地质大学，2002.

[49] 芮孝芳，蒋成煌，张金存．流域水文模型的发展［J］．水文，2006，26（3）：22-26.

[50] 舒卫先，李世杰，刘吉峰．青海湖水量变化模拟及原因分析［J］．干旱区地理，2008，31（2）：229-236.

[51] 宋萌勃，黄锦鑫．流域水文模型进展与展望［J］．长江工程职业技术学院，2007，24（3）：26-28.

[52] 孙瑞，张雪芹．基于SWAT模型的流域径流模拟研究进展［J］．水文，2010，30（3）：28-32.

[53] 王船海，郭丽君，芮孝芳，等．三峡区间入库洪水实时预报系统研究［J］．水科学进展，2003，14（6）：677-681.

[54] 王宏，娄华君，田延山，等．SWAT/GAMS联合模型在华北平原地下水库研究中的应用［J］．世界地质，2005，24：368-372.

[55] 王厥谋．赵人俊水文预报文集序言［A］．王厥谋，张恭肃，李玉瑶，等．赵人俊水文预报文集［C］．北京：水利电力出版社，1994.

[56] 王润，刘洪斌，武伟．TOPMODEL模型研究进展与热点［J］．水土保持研究，2005，12（1）：47-48，169.

[57] 王顺久．全球气候变化对水文与水资源的影响［J］．气候变化研究进展，2006，2（5）：223-227.

[58] 王书功，康尔泗，李新．分布式水文模型的进展及展望［J］．冰川冻土，2004，26（1）：61-65.

[59] 王文志，罗艳云，段利民．分布式水文模型研究进展综述［J］．水利科技与经济，2010，16（4）：381-382.

[60] 王中根，刘昌明，黄友波．SWAT模型的原理、结构及应用研究［J］．地理科学进展，2003，22（1）：79-86.

[61] 王忠静，杨芬，赵建世，等．基于分布式水文模型的水资源评价新方法［J］．水利学报，2008，39（12）：1279-1285.

[62] 吴贤忠．流域水文模型研究进展综述［J］．农业科技与信息，2011（2）：DOI：10.15979/j.cnki.cn62-1057/s.2011.02.014.

[63] 吴险峰，刘昌明．流域水文模型研究的若干进展［J］．地理科学进展，2002，21（4）：341-348.

[64] 谢帆，李致家，姚成．TOPMODEL和新安江模型的应用比较［J］．水力发电，2007，33（10）：14-18.

[65] 许继军，杨大文，刘志雨，等．长江上游大尺度分布式水文模型的构建及应用［J］．水利学报，2007，38（2）：182-190.

[66] 徐宗学．水文模型：回顾与展望［J］．北京师范大学学报（自然科学版），2010，46（3）：278-289.

[67] 徐宗学，程磊．分布式水文模型研究与应用进展［J］．水利学报，2010，41（9）：

1009－1017.

[68] 严登华，王浩，王建华，等. 国际水文计划发展与中国水资源研究体系构建 [J]. 地理学报，2004，59 (2)：249－259.

[69] 严登华，何岩，王浩，等. 生态水文过程对水环境影响研究述评 [J]. 水科学进展，2005，16 (5)：747－752.

[70] 余新晓，赵玉涛，张志强，等. 基于地形指数的 TOPMODEL 研究进展与热点跟踪 [J]. 北京林业大学学报，2002，24 (4)：117－121.

[71] 袁飞，任立良. 栅格型水文模型及其应用 [J]. 河海大学学报（自然科学版)，2004，32 (5)：483－487.

[72] 张东，张万昌，朱利，等. SWAT 分布式流域水文物理模型的改进及应用研究 [J]. 地理科学，2005，25 (4)：434－440.

[73] 张建云，王国庆. 气候变化对水文水资源影响研究 [M]. 北京：科学技术出版社，2007.

[74] 赵人俊，庄一鸰. 降雨径流关系的区域规律 [J]. 华东水利学院学报，1963，(S2)：53－68.

[75] 赵英时. 遥感应用分析原理与方法 [M]. 北京：科学出版社，2003.

[76] 郑长统，梁虹. 分布式水文模型研究与进展 [J]. 水科学与工程技术，2009 (6)：9－11.

第2章 分布式水文模型的基础知识

2.1 DEM及其特点

构建物理性分布式水文模型，其必要数据之一是流域的数字高程模型（digital elevation model，DEM）。DEM模型是由美国麻省理工学院Chaires L. Miller教授于1956年提出来的，其目的是用摄影测量或其他技术手段获得地形数据，在满足一定精度的条件下，用离散数字的形式在计算机中进行表示，并用数字计算的方式进行各种分析。DEM作为地理信息系统的基础数据，已在测绘、地质、土木工程、水利、建筑等许多领域得到广泛应用，其为数字水文学的发展和数字水文模型的诞生提供了坚实的技术基础（李志林等，2000）。由于用数字形式表达地形表面，DEM具有如下显著特点：①容易以多种形式显示地形信息，产生多种比例尺的地形图、纵横断面图和立体图；②精度不会损失；③容易实现自动化和实时化。总之，DEM具有便于存储、更新、传播、自动化和多比例尺特性，使其特别适合于各种定量分析与三维建模（王中根等，2002）。

将水文模型与地理信息系统（GIS）集成是当前及今后一段时期内水文模型研究的一个重要方式，该方式可以充分利用GIS在数据管理、空间分析及可视性方面的功能。而数字高程模型（DEM）是构成GIS的基础数据，利用DEM可以提取流域大量且重要的陆地表面形态信息和水文特征参数，如坡度、坡向、水沙运移方向、汇流网络、流域边界以及单元之间的关系等，同时，根据一定的算法可以确定出地表水流路径、河流网络和流域的边界（Tribe，1992；魏文秋等，1997；Turcotte等，2001）。DEM常见格式主要有3种：栅格型、不规则三角网（TIN）和等高线。3种数据格式在GIS中可互相转化，其中在水文模型中用得较多的是栅格DEM，基于栅格DEM的分布式水文模型主要有两种建模方式：①应用数值分析来建立相邻网格单元之间的时空关系，如 SHE 模型等，该类模型水文物理动力学机制突出，也是人们常指的具有物理基础的分布式水文模型，但它结构比较复杂、计算繁琐，当前还很难适用于较大尺度的流域；②在每一个网格单元（或子流域）上应用传统的概念性模型来推求净雨，再进行汇流演算，最后求得出口断面流量，如 SWAT 模型等，此类模型结构与计算过程都比较简单，比较适用于较大的流域（王中根等，2003）。

基于 DEM 能够自动、快速地进行河网的提取和子流域的划分，将研究流域按自然子流域的形状进行离散，划分为下垫面特征相对均匀的子流域，这些子流域再与干流河道相联结。把子流域作为分布式水文模型的计算单元，其最大好处是单元内和单元之间的水文过程十分清晰，而且单元水文模型很容易引进传统水文模型，从而简化计算，缩短模型开发时间。基于 DEM 的分布式水文模型，通过 DEM 可提取大量的陆地表面形态信息，这些信息包含流域网格单元的坡度、坡向以及单元之间的关系等（Band，1986），同时根据一定的算法可以确定出地表水流路径、河流网络和流域的边界。在 DEM 所划分的流域单元上建立水文模型，模拟流域单元内土壤-植被-大气（SPAT）系统中水的运动，并考虑单元之间水平方向的联系，进行地表水和地下水的演算。概括起来，基于 DEM 的分布式水文模型具有以下特色：① 具有物理基础，描述水文循环的时空变化过程；②由于其分布式特点，能够与 GCM 嵌套，研究自然变化和气候变化对水文循环的影响；③易于同 RS 和 GIS 相结合，能及时地模拟出人类活动或下垫面因素的变化对流域水文循环过程的影响（Qian 等，1997；王中根等，2003）。基于 DEM 构建分布式水文模型，鉴于其具有流域物理性基础，易于 RS 与 GIS 技术相结合，易于提取分布式水文模型所需大量参数等特点和优势，代表着水文模型当前及今后一段时期的发展趋势。

当前，很多 DEM 数据库提供可免费下载的 DEM 数据，如果没有自己的 DEM 数据，在下列数据库可以获取 DEM 数据。

（1）美国地质勘测据提供的全球 30″高程数据库（GTOPO30—Global 30 Arc Second Elevation Data Set，USGS）。

（2）美国国家海洋和大气管理局提供的全球陆地 1km 基本高程数据库（GLOBE—Global Land One－kilometer Base Elevation，NOAA）。

（3）美国国家海洋和大气管理局提供的全球 2′栅格高程数据（ETOPO2—Global 2 - Minute Gridded Elevation Data，NOAA）和全球 5′栅格高程数据库（ETOPO5—Global 5 - minute Gridded Elevation data，NOAA）。

（4）美国太空总署（NASA）和国防部国家测绘局（NIMA）提供的航天飞机雷达地形测绘任务（SRTM）（SRTM—Shuttle Radar Topography Mission，NASA/NIMA）。

（5）中国科学院数据云（Data Cloud of CAS）。

2.2 降雨数据

因为分布式模型描述降雨和地表以及地表以下土壤水和地下水之间的交换关系，所以降雨数据是驱动水文模型重要的基础数据。在降雨数据应用于分布式水文模型时，观测的点降雨（气象）数据需要转换为空间分布型数据，因为在模型计算的目标流域每个单元上都需要输入气象数据，如同地形数据、土壤类型数据以及植被数据等。分布式水文模型运行时，需要计算期间内空间分布式的降雨数据。观测的降雨数据用于模型计算时，需要按一定的格式或要求处理，以满足模型计算或模型验证的需要。降雨数据的处理一般包括以下步骤：①数据集的质量评估；②校正/增补观测的点尺度数据库中的数据以获取完整的模拟时间内的时间序列降雨数据；③雨量计校正；④从点尺度雨量数据到每一个时间步长上空间分布式雨量数据的插值。

2.2.1 数据集评估

如果数据集中的降雨数据存在缺失或错误，模型将无法正常工作或给出无效的模拟结果，因此，输入模型之前，首先应该对数据集的数据，尤其是在Internet网上免费下载的数据进行质量评估，即使数据集是近似于完整的“数据集”，以下方面的评估也是必要的。

（1）排查每个雨量测站在观测序列上是否存在数据缺失现象，特别注意存在缺失现象数据点在时间序列上的具体日期和时间点。

（2）排除在整个时段上包含主要错误代码的不可用的雨量测站。基于测站数据有效数据百分比的主观判断和依靠附近测站的数据对所要排除雨量站点数据中进行有效插值的可能性，作为判断和排除不可用测站的决策依据。

（3）检查雨量数据集是否被内插/填充完整以及填充后的数据集是否可以满足模型使用。如果数据集已经填充完整，检查时间序列上所有数据集的数据是否合理和满足模型需要。利用0插值或常量插值方法对两个已知数据之间缺失部分进行插值，很难达到令人满意的填充结果。利用0插值法得到的结果是最差的，因为很难区分0插值的时间点是错误代码所致还是因为干旱条件下的无雨状态所致；低劣的插值通常被认为是连续3个或以上的时间点无降雨数据（0值），或者是在雨季降雨发生的时段内有较长时段的0值（在雨季同一时段内相邻雨量站的观测值不为0）。插值的是否合理还表现在对降雨数据空间分布的处理上，当采用了不恰当的插值方法，则插值后的数据集表现在降雨的空间分布格局上很不自然，所以，应该对降雨的空间分布图进行检查。

（4）排除由于低劣插值而导致数据不可用的雨量站数据，由于低劣插值法造成了这些雨量测站数据的不可靠性，应当在插值时间段移除这些雨量测站，因为不可能找到或不可能用更合适的值来替换这些数据。

（5）检查数据集中是否存在输入格式上的错误，通过绘制时间序列的雨量图或在时间序列上通过对数据的仔细检查可以较容易地发现异常的数据，然而，那些不正确的、较小的值却很难被发现。一般情况下，查找数值较小不正确的数据以及通过内插法得到数据集中数值较小的不正确数据，最好的方法是和相邻雨量站同一时段降雨数据进行逐次对比。

2.2.2 数据校正

对降雨数据序列中的缺失或错误进行校正时，常用的内插方法是利用同一测站前后两个时间点的数据对缺失的数据进行插值；另一种常见的技术是利用相邻测站的数据对同一时段内缺失或错误数据进行空间插值。

对原始数据库插值以及所做的其他改变如插值日期、原始数据以及采用何种方法确定了新值等进行注解是很重要的，并建议保存原始的未作任何改变的数据集。

2.2.3 雨量计校正

所有雨量站观测的降雨数据都会受到降雨观测过程中系统误差的影响。众所周知的是，雨量计对实际降雨量的计测会不时出现偏低的情况，其主要原因是风速影响、蒸散发损失、降雨对雨量计入口内壁的润湿以及降雨溅入或溅出雨量计，这些误差的大小随时间和空间上而改变，其对降雨观测值影响的范围在2%～20%之间，即观测值低于实际降雨量的2%～20%。而利用这样的降雨数据进行模型计算的结果将导致河道径流量偏低（低于实际值）。对于利用任何一种雨量计的用户，应注意以下4点：①降雨观测中的系统误差是时间和空间的变量，对一些降雨数据集的影响可以被忽略而对另一些降雨数据集的影响可能是显著的；②最重要的系统误差是由风振所导致的，风振导致结果偏低是降雨观测中一个特别的问题，尤其是对于固相降水形式（如降雪），而且影响的程度会随着风速的增大而增加；③大部分历史积累的降雨数据都是雨量计测量值（未被修正值），与历史同期实际降雨相比，现在这些观测数据被认为低于实际值；④由于被公认的对雨量计校正的方法不存在，所以当前的雨量站降雨数据集也未经过校正。

由于对数据校正存在主观性，所以在此并不推荐利用任何一种单一的方法对降雨数据集进行校正。建议参与者利用文献查询（包括互联网资源），探寻适宜的对降雨数据集校正的方法。

2.2.4 空间分布式降雨数据

分布式水文模型要求流域尺度上不同的位置输入对应的降雨量，所以，如何将观测的数据在流域空间各计算单元上进行合理分布十分重要。两种被广泛应用的将观测的点雨量转换成空间分布式的面雨量的方法是泰森多边形法（Thiessen method）和角距离加权法（Angular Distance－Weighted method，ADW）。

2.2.4.1 泰森多边形法

利用泰森多边形法实现点雨量向空间分布式雨量转换的基本步骤如下：①将流域内的雨量站点连线，则各雨量站的连线生成了（多个）三角形［图 2.1 (a)、(b)］；②做三角形各边的垂直平分线，移除垂直平分线不必要的部分［图 2.1（c)、(d)］；③移除连接各雨量站的连线，剩余部分构成了泰森多边形［图 2.1（e)］，即实现了由各观测点的点雨量向分布式面雨量转化。

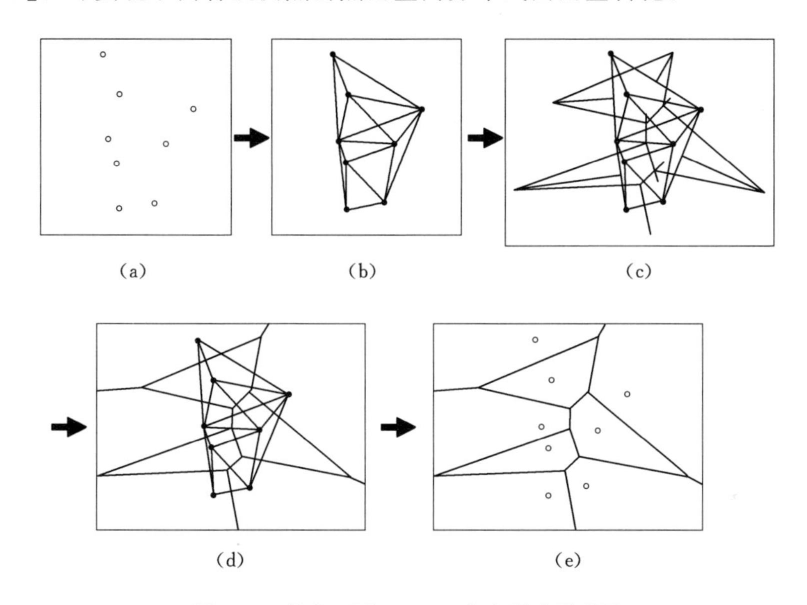

图 2.1 泰森（Thiessen）多边形法示意图

2.2.4.2 角距离加权法

分布式水文模型在山区流域应用时，应该考虑利用角距离加权法处理降雨数据，因为这种方法在确定雨量观测网时兼顾了标高的不同和横向距离的改变。由于高程对降雨的影响，在山区流域，兼顾高程和横向距离的改变对降雨的影响是十分必要的。除了考虑高程和横向距离改变对降雨的影响，角距离加权法在应用程序上和泰森多边形法类似，如果分布式水文模型的应用对象是山区流域，角距离加权法建议对降水数据进行插值，该方法基于降雨的观测位置和网格中心的水平距离利用加权平均的数据实现对空间分布的雨量数据的插值。海拔高度的影响和包含的高程信息对降雨空间分布插值十分重要，但是，由于 ADW 对高程信息的处理不明确，该方法在高纬度地区对降雨的处理可能仍旧存在较实测值偏低的问题，尤其是对在高纬度地区雨量计观测数据不可用的情况下。

2.2.5 在线数据库

利用 Internet 查询雨量数据库，通过在目标流域内部和周边增加雨量观测站的方式，可以使网上空间分布的降雨数据质量得到提升。以下列出的是常用的网上雨量数据库，这些数据库提供不同地点和不同时期的降雨数据：①国际试验和网络数据库的亚洲太平洋洋流型数据集（Asia Pacific Flow Regimes from International Experimental and Network Data Sets，APFRIEND）；②全球每日地表摘要（Global Surface Summary of Day，GSD）；③全球每日气象网络（Global Daily Climatology Network，GDCN）；④中国气象数据网（data.cma.cn）。

2.3 分布式水文模型的基础理论

2.3.1 水平衡基本理论

降雨-径流过程即降雨到达地面后的再分配过程，对该过程准确模拟要依托于准确的水平衡计算。水平衡的准确模拟是实现高精度降雨-径流计算的基础，对于流域尺度的长期水平衡模拟，其水平衡计算是在时间序列上不断累积的过程，水文过程的计算量是巨大的，对计算的准确度要求非常严格。常用的对流域尺度时间和空间上水平衡进行计算的方法，是采用传统而简易的水平衡公式［式(2.1)］。

$$\Delta W = P - ET - R \tag{2.1}$$

式中：ΔW 为蓄水量变化；P 为降雨量；ET 为蒸散发；R 为地表径流量。

在降雨-径流计算过程中，式（2.1）中的每一项表现为在每个栅格（计算的空间步长）上的水分收支的增量。水平衡计算要依托于准确可用的降雨数据，同时式（2.1）中蒸散发 ET 作为水平衡计算的一个主要因子，对其准确地估算是实现水平衡准确推求的前提。

2.3.2 流域尺度上同精度模拟

在流域尺度上，以降雨-径流过程为例，分布式水文模型可以对计算期间内任意时间点上的任意断面的降雨-径流进行模拟和计算。对于大尺度流域，在流域尺度上实现同等精度的模拟尤为重要，这是实现分布式水文模型在流域尺度上实用性和计算效率的保证，其具体体现在每一个计算单元（栅格或水流方向上的单位步长）上的模拟精度是相同的。

2.3.3 耦合陆面过程的模拟计算

对于一个大尺度流域，流域的各区域之间可能存在气象和地形上较大的差异，模型应该包括流域内既存的各种水文过程，如降雨、蒸发、融雪、截留、地表径流、表层土壤水分、表层以下不饱和带水量变化、地下水补给和出流，陆面过程如输沙、养分及污染物的输移也应包含在模型当中，对每个成分模拟的精度都制约着模型的功能。

2.3.4 灵活选择的时间和空间步长

分布式水文模型应该具有适应于不同时间步长水文数据计算的功能，即模型计算的时间步长可以基于基础数据时间序列的要求而灵活选择；同时，基于稳定数值计算的要求，模型可以根据不同的流域尺度选取合适的空间步长或同一流域选取不同的空间步长计算的要求。流域尺度最小（某一级子流域的坡面长度或河道长度）部分控制着空间步长尺度的选择，另一方面，分布式水文模型的功能适应性也反映在用户的要求和计算机的计算能力方面。

2.3.5 物理性参数设置

分布式水文模型不同于其他水文模型的一个显著标志是其物理属性，即分布式水文模型基于流域的实际地形、土壤、植被、水文等特性筛选并率定模型参数，以物理性参数驱动模型计算。由于大尺度流域的地形、土壤物性等存在空间上的差异性，大尺度流域的流域分级（基于主流及各级支流的连接关系）又相对复杂，层次较多，而各级流域的参数一般具有时间和空间上的分异性，从而导致物理性分布式水文模型需要大量的参数。对分布式水文模型的参数进行准确的率定一直是一项相对难于实现的工作，也是近年来从事水文模型研发的工作者在努力解决的问题。

2.3.6 易与卫星遥感和地理信息系统数据连接

遥感技术和地理信息系统技术对分布式水文模型的发展和进步起到了显著性的促进作用，特别是地理信息系统技术的快速发展，对促进分布式水文模型研究的进步所起的作用具有划时代意义。遥感信息和全球以及区域性数据库是必要的流域基础数据，分布式水文模型应具备易与遥感和地理信息系统数据库对接的功能。

2.3.7 兼顾用水系统

对于大尺度流域，人类的生产活动分布广泛，其用水系统对流域水资源的自然分配过程产生影响，如地表径流的拦蓄工程、灌溉取水、生活用水等，影响着流域水资源的分布、转移、补给等各环节。灌溉用水、工业用水、市政对水资源管理的对策等应该被考虑到模型当中，因为这些因素改变着流域的水文过程和水平衡。

2.3.8 面向用户友好的交互界面

当前，发展中国家对于各种尺度的流域，尤其是大尺度流域模拟的需求很大，而这些国家和地区往往缺乏基础数据，模型应具有世界范围内的通用性，可以被任何一个地方的专业人员所使用，所以分布式水文模型平台应该具有很好的交互式功能界面和基于实际应用中遇到问题时提供快捷解决方案的功能。

2.4 蒸散发

2.4.1 蒸散发的实验量测方法

蒸散发是水文循环中的重要因子，是水量平衡的重要因素之一（潘竟虎等，2010；韩奎学等，2012）。蒸散发是水汽从湿润的土壤和植被传输到大气中的过程，包括截留蒸发（降雨被植物截留后的蒸发）、土壤蒸发和作物蒸腾。尽管蒸散发有时可以通过实验（如蒸渗仪）进行量测，但是基于客观环境条件的限制，大尺度范围内对蒸散发的测量难以实现，如植被、土壤类型、土壤水分、土地利用方式以及气象因素等在流域尺度上是不均一的，常表现出时间和空间上的差异性。对实际蒸散发推求的常用方法是基于水平衡原理利用数值模型计算的方式实现。蒸散发通常被看作是阻抗系统的功能（土壤湿度以及土壤和植被的性质）和驱动力，通常被称作潜在蒸散发量（potential evapotranspiration，ET_0）或蒸发需求。潜在蒸散发 ET_0 指的是大气用水需求，其确切的定义随应用而有所不同，但是它通常被认为是从那些水可以满足需求的大尺度陆地表面流失到大气中的水量（边界影响可忽略）。对某一地区 ET_0 的准确推求也难以实现。推求 ET_0 的方法也很多，也在不同情况下被采用。传统的被广泛应用的方法是蒸发皿法，但是在特定的表面推求 ET_0 时必须用到经验性的修正系数（如森林、作物、水体、裸地等），由于此种原因，很多替代的方法被开发出来，其中考虑了具有物理基础的推求 ET_0 的能量平衡法是一种主要的方法（辛晓洲等，2003；易永红等，2008）。

潜在蒸散发是分布式水文模型中的一个重要变量，但不是由能量平衡以显式推求。利用可用的水文气象数据集推求 ET_0，是在模型中隐式地包含于能量成分的模拟中。当水充分可用且蒸散发主要以气象因子支配的条件下，ET_0 通常被认为是有植被覆盖的陆地表面的最大蒸散发率，无论是植被截留蒸发或者是植被截留被耗尽，植物根系层的土壤水分可以充分满足植被的蒸散发（Federer等，1996；Vorosmarty 等，1998）。实际的蒸散发量，由于水分亏缺的胁迫，无论是截留蒸发量还是植被根系层的蒸散发量都有别于潜在蒸散发量。

蒸散发可以直接通过蒸渗仪（图 2.2）或涡动相关法进行测量，结果具有合理的精度。但是这些测量活动需要相对较大的基础投入，在实践上也常被限制在试验场地有限的空间内进行。可以通过在目标区域内布设测点，利用蒸发皿（图 2.3）对蒸发进行长期观测。在全球范围内的许多地方，已开展了利用蒸发皿对蒸散发进行长期观测的活动。但是，蒸发皿的观测结果只可以作为描述蒸散发的指标，如果将其作为潜在蒸散发量 ET_0，必须乘以一个蒸发皿系数 K_p，为了获得所谓的参考作物的蒸散发量，还必须乘以一个作物系数 K_c，从而获得估计的

ET_0。蒸发皿系数通常被表示为地理位置和气象因子如风速、风区、大气湿度等的函数。但是，当前尚无可以适用于全球范围内的推求 K_p 的方法。K_c 的经验值也仅局限于几种主要植被类型（主要的作物）。尽管在推求 ET_0 过程中存在许多难点和不确定性，但是，根据蒸发皿来推求 ET_0 的方法被广泛地采用。

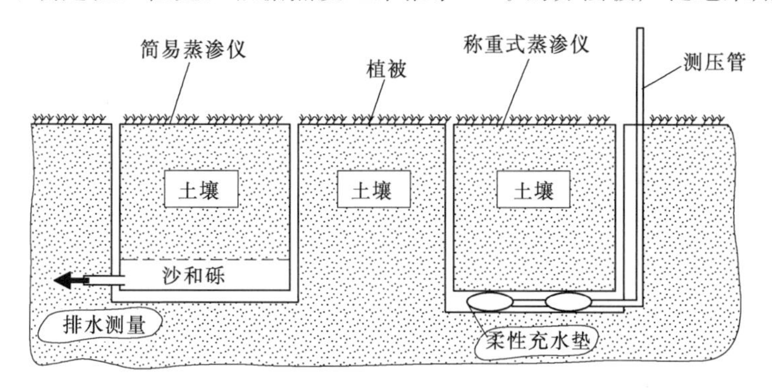

图 2.2 蒸渗仪示意图

（简易测深仪和称重式测渗仪，参考资料来自 Manning，1996）

2.4.2 蒸散发模型

许多蒸散发模型被开发出来并通过实地测量的方式得到了验证，其中基于能量平衡和气动原理相结合的彭曼公式（Penman equation）是一种具有物理性基础并且十分严谨的方法（Penman，1948）。蒙蒂斯（Monteith，1965）考虑了水分胁迫下的作物冠层阻抗，使彭曼公式更一般化，称其为彭曼-蒙蒂斯公式（Penman - Monteith equation）。沙特尔沃思和华莱士（Shuttleworth and Wallace，1985）对彭曼-蒙蒂斯公式的性能行了拓展，其在阻抗中耦合了稀疏植被的蒸散和土壤蒸发。当前，彭曼-蒙蒂斯公式（P－M）和沙特尔沃思-华莱士（S－W）模型被广泛地应用于蒸散发的估算中。其中 P－M 公式被联合国粮食与农业组织（FAO）推荐为计算参考作物蒸散发的公式。FAO 推荐的 P－M 模型认为作物冠层覆盖是均匀的或“大叶片”假设，但是忽略了土壤蒸发。在大尺度流域，“大叶片”假设是无效的，经常有多种植被并存，而某些区域在一些时段内植被一直是非“关闭”的。地表蒸发和植物蒸散将水汽输入大气，二者之间的相对重要性随着植被的发展显著变化。理想的蒸散发计算方法是能反映地表条件的影响并对不同的时间尺度和不同地区均有很好的适用性，S－W 满足此要求。斯坦纳德（Stannard，

图 2.3 蒸发皿观测示意图

1993）和费德勒等（Federer 等，1996）对包括 P－M 模型和 S－W 模型在内的一系列蒸散发模型进行了比较，发现这些模型的对蒸散发的计算结果差别很大。斯坦纳德（Stannard，1993）和弗洛斯马提（Vorosmarty，1998）等发现水文模型对 ET_0 算法很敏感，特别是在高湿润地区，而 S－W 模型执行效果最佳，而且，植被截留在水循环中起着重要的作用，只有 S－W 模型适用于计算植被截留蒸散发（Federer 等，1996）。

2.4.2.1 P－M 模型

基于能量平衡原理的 Penman－Monteith［式（2.2）］方法是一个具有物理基础的计算蒸散量的方法，该方法根据动力学原理及热力学原理，考虑了辐射、温度、空气湿度等各项因子的综合影响，因此，FAO 推荐该方法作为估算蒸散发的唯一标准方法（张新时，1989；姚小英等，2007）。

$$lE=\frac{\Delta(R_n-G)+c_p\rho\frac{e_s-e_a}{r_a}}{\Delta+\gamma\left(1+\frac{r_s}{r_a}\right)} \tag{2.2}$$

式中：Δ 为不同温度下饱和水汽压曲线上的斜率，$kPa\cdot K^{-1}$；R_n 为净辐射量，$MJ\cdot m^{-2}$；G 为土壤热通量，$MJ\cdot m^{-2}$；γ 为空气湿度常数，$kPa\cdot K^{-1}$；e_s 为不同温度的饱和水汽压，kPa；e_a 为实际的水汽压，kPa；ρ 为常压下空气平均密度，$kg\cdot m^{-3}$；c_p 为空气的定压比热，$1.0\times10^{-3}\ MJ\cdot kg^{-1}\cdot K^{-1}$；$r_a$ 为气动阻抗，$s\cdot m^{-1}$；r_s 为表面阻抗，$s\cdot m^{-1}$。

公式中各因子的求解方法如下（Allen 等，1998）。

$$R_n=(1-ref)S^{\downarrow}+\varepsilon(L^{\downarrow}-\sigma T_s^4)=H+lE+G \tag{2.3}$$

式中：ref 为地表漫反射系数，0.23；σ 为史蒂芬-波尔茨曼常数（Stefan－Boltzman），$5.67\times10^{-8}W\cdot m^{-2}\cdot K^{-4}$；$S^{\downarrow}$ 为太阳辐射量，$MJ\cdot m^{-2}$；ε 为地表面放射率，$MJ\cdot m^{-2}$；T_s 为地表面温度，K；$L^{\downarrow}$ 为向下的大气长波放射量，$MJ\cdot m^{-2}$；H 为显热通量，$MJ\cdot m^{-2}$；lE 为潜热通量，$MJ\cdot m^{-2}$；其他因子如前所述。

$$\Delta=\frac{4098\times\left[0.6108\exp\left(\frac{17.27T}{T+237.3}\right)\right]}{(T+237.3)^2} \tag{2.4}$$

$$\rho=1.293\times\frac{273.15}{273.15+T}\times\frac{P}{101.3}\times\left(1-0.378\frac{e_a}{P}\right) \tag{2.5}$$

$$e=6.1078\exp\left(\frac{17.2693882WT}{237.3+WT}\right)-0.000662\times1013(DT-WT) \tag{2.6}$$

$$e_s=0.6108\exp\left(\frac{17.27T}{T+237.3}\right) \tag{2.7}$$

$$P=101.3\exp\left(\frac{-Alt}{8200}\right) \tag{2.8}$$

$$\gamma=0.665\times10^{-3}P \tag{2.9}$$

$$l=2.50-0.0024T \tag{2.10}$$

式中：P 为大气压力，kPa；T 为空气温度，℃；DT 为干球温度，℃；WT 为湿球温度，℃；l 为水的汽化潜热，$MJ \cdot kg^{-1}$；Alt 为气象观测点的高程，m。

土壤热通量 $G=0.1R_n$（白天），$G=0.5R_n$（夜晚）。

$$r_a=\frac{\ln\left(\frac{z-d}{z_{0m}}\right)\ln\left(\frac{z-d}{z_{0h}}\right)}{k^2u} \tag{2.11}$$

式中：z 为气象观测的高度，m；d 为零平面置换高度，m；z_{0m} 为动量传递的粗糙长度，m；z_{0h} 为热和水汽传递的粗糙长度，m；k 为 von Karman's 常数，0.41；u 为高度为 z 处的风速，$m \cdot s^{-1}$。

对于广阔的作物种植区域，零平面的置换高度 d 和动量传递的粗糙长度 z_{0m} 可由作物的高度推求。

$$d=\frac{2}{3}H_c \tag{2.12}$$

$$z_{0m}=0.123H_c \tag{2.13}$$

式中：H_c 为作物的高度，m。

热和水汽的粗糙长度 z_{0h} 可由下式近似计算。

$$z_{0h}=0.1z_{0m} \tag{2.14}$$

表面阻抗 r_s 描述水蒸汽流通过蒸腾的作物和蒸发的土壤表面产生的抵抗，因为地面不是完全被植被所覆盖，抵抗因子需考虑地面蒸发的影响。如果作物的蒸腾作用不是以潜在的蒸腾速率进行，抵抗因子还取决于植被的水分状态。表面阻抗 r_s 的参数用式（2.15）推求（Black，1979；Dickinson，1984）。

$$r_s=\frac{r_{s\min}}{LAI}(F_1F_2F_3F_4)^{-1} \tag{2.15}$$

式中：LAI 为叶面积指数；F_1、F_2、F_3、F_4 分别为与太阳辐射量、蒸汽压亏缺、温度和土壤水分有关的函数；$r_{s\min}$ 为最小表面阻抗。

需用最小二乘法非线性回归求解 F_1、F_2、F_3、F_4。表面阻抗 r_s 受个别环境条件的影响。

2.4.2.2 修正的 P－M 公式

参考作物的蒸散发（ET_0）采用 FAO56 推荐的参考作物的蒸散发计算公式[修正的 Penman－Monteith 公式，式（2.16）]计算，其计算条件为充分湿润的参考植被（高 12cm），表面阻抗为 $70s \cdot m^{-1}$，以及反射率为 0.23（Allen 等，1998），式（2.16）也称此条件下的潜在蒸散发计算公式。

$$ET_0=\frac{0.408\Delta(R_n-G)+\gamma\frac{37}{T+273}u(e_s-e_a)}{\Delta+\gamma(1+0.34u)} \tag{2.16}$$

式中各因子意义与前述对应相同。

2.4.2.3 沙特尔沃思-华莱士模型（S-W）

$$lE=C_cET_c+C_sET_s \tag{2.17}$$

式中：ET 为蒸散发，mm·d^{-1}（以1d为计算时间步长为例）；ET_c、ET_s 分别为应用于P-M模型的封闭冠层的蒸散和土壤蒸发量，mm·d^{-1}；C_c、C_s 为抵抗函数的加权系数。

式中各因子计算方法如下：

$$ET_c=\frac{\Delta(R_n-G)+[(24\times3600)\rho c_p(e_s-e_a)-\Delta r_a^c(R_n^s-G)]/(r_a^a+r_a^c)}{\Delta+\gamma[1+r_s^c/(r_a^a+r_a^c)]} \tag{2.18}$$

$$ET_s=\frac{\Delta(R_n-G)+[(24\times3600)\rho c_p(e_s-e_a)-\Delta r_a^c(R_n-R_n^s)]/(r_a^a+r_a^s)}{\Delta+\gamma[1+r_s^s/(r_a^a+r_a^c)]} \tag{2.19}$$

$$C_c=\frac{1}{1+R_cR_a/[R_s(R_c+R_a)]} \tag{2.20}$$

$$C_s=\frac{1}{1+R_sR_a/[R_c(R_s+R_a)]} \tag{2.21}$$

$$R_a=(\Delta+\gamma)r_a^a \tag{2.22}$$

$$R_c=(\Delta+\gamma)r_a^c+\gamma r_s^c \tag{2.23}$$

$$R_s=(\Delta+\gamma)r_a^s+\gamma r_s^s \tag{2.24}$$

式中：R_n 为某一参考高度的净辐射，MJ·m^{-2}·d^{-1}；R_n^s 为土壤表面净辐射通量，MJ·m^{-2}·d^{-1}；r_a^c 为冠层的总边界层阻抗，s·m^{-1}；r_s^c 为冠层总气孔阻抗，s·m^{-1}；r_a^a 为冠层和参考高度之间的气动阻抗，s·m^{-1}；r_a^s 为土壤和平均冠层高度之间的气动阻抗，s·m^{-1}；r_s^s 为土壤表面阻抗，s·m^{-1}；其他因子如前所述。

S-W模型示意图见图2.4。

水面蒸发可以用沙特尔沃思（Shuttleworth，1993）提出的模型［式(2.25)］推求，该模型取代了彭曼风速函数的气动阻抗公式，以 $r_s=0$ 代入P-M模型。

$$ET=\frac{\Delta}{\Delta+\gamma}0.408\ (R_n-G)\ +\frac{\gamma}{\Delta+\gamma}2.624\ (1+0.536u_2)\ (e_s-e_a) \tag{2.25}$$

式中：u_2 为高度为2m处的风速，m；其他因子如前所述。

Zhou 等（2006，2007）给出了 S-P 模型详细参数化的过程。对于推求潜在蒸散发量 ET_0，在环境条件下以最小气孔阻力，土壤水分可以充分地供给冠层蒸散的条件下，土壤表面的阻抗采用 500s・m^{-1}，对于植物截留的潜在蒸发量，两者被设为 0。

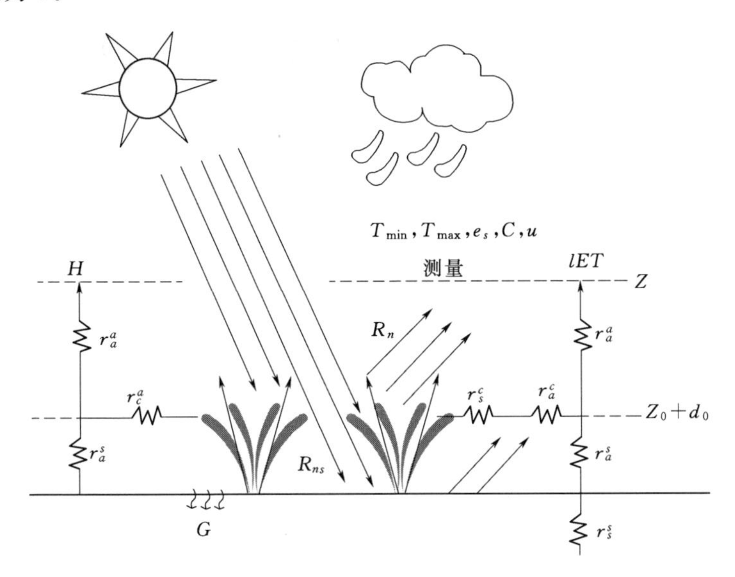

图 2.4　S-W 模型示意图

Z—参考高度，m；T_{min}、T_{max}—日最低、最高温度，℃；

C—云量，u—高度为 Z 处的风速，m・s^{-1}

2.5　降雨-径流过程计算

2.5.1　流域划分

对于不同尺度的流域来说，其水系由主流和各级支流连接而成，而无论是主流或是各级支流，都由坡面和河道构成。降雨发生后，雨水降落到地面上，当满足产流条件，自流域各级支流的坡面产流并汇入河道，水流逐次汇入其下一级支流，最后汇入主流。以分布式水文模型的概念来表达流域的产汇流过程，需要对流域各级支流进行划分，在流域分级的基础上，按照各级支流的空间连接关系（水流入关系）将分割后的各级支流再连接起来。上述过程是按照流域各级支流的空间连接关系先分割后再集中化的过程，即根据河网实现对流域分布式模型化，该过程的示意图如图 2.5 所示。

图 2.5 中，支流 4、5 汇入支流 2，支流 6、7 汇入支流 3，支流 2、3 汇入 1，各级支流均由坡面和河道构成，各支流（1～7）分割后再连接的过程如图 2.5

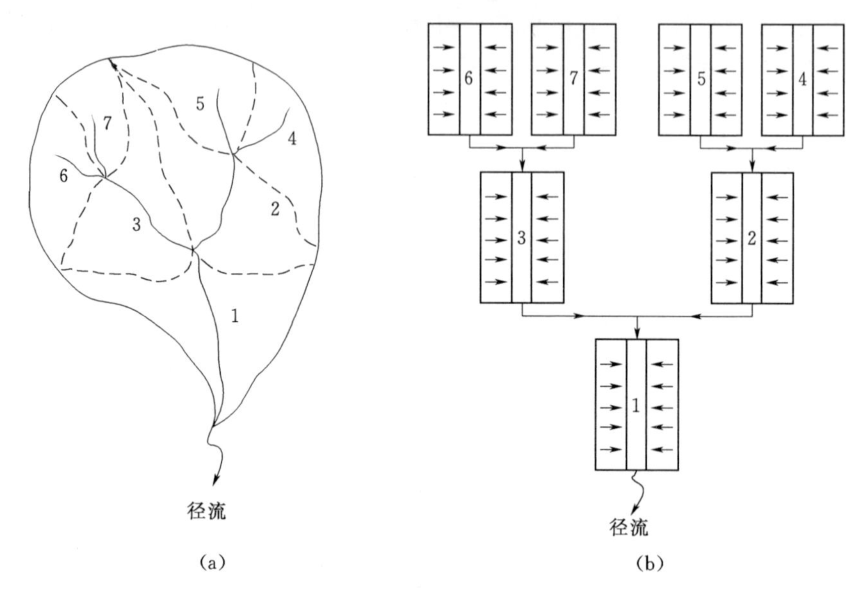

图 2.5 流域分布式模型化示意图

（b）所示。

2.5.2 计算公式

在过往的研究中，对流域产汇流计算的方法有很多，如应用比较广泛的水箱模型（Tank model）（Suzuki 等，1998）、贮留函数模型（Storage routing model）（Harada，1999）以及运动波模型（Kinematic wave model）（Takasao 等，1985）等。

水箱模型（Tank model）可用于非线性水流的计算，既可以应用于集总式水文模型也可应用于分布式水文模型。在计算时，水箱模型需要较少的参数且对参数的准确率定相对容易实现，可对流域长期降雨-径流过程进行较高精度的计算，但对于短期的径流计算，尤其是因短历时暴雨产生洪峰量的计算，利用水箱模型的计算结果与实际值之间往往存在较大的误差。此外，水箱模型缺少足够的物理性基础，即缺少流域实际的地形、地质（土壤水力学物理特性）等条件（Tomosugi 等，1993；Hatta 等，1997）。

贮留函数模型主要用于线形水流的模拟与计算。相对于水箱模型，利用贮留函数模型对短历时暴雨产生径流过程的计算，可得到较高精度的结果，以该种方法模拟的洪峰值，与实际洪峰流量误差较小。但对于长期的降雨-径流过程计算，利用贮留函数模型得到的计算结果与实际值之间存在较大的误差，所以此方法更适合对短历时暴雨所产生的洪峰量的模拟与预测。同时，贮留函数法必要的参数也缺少物理性基础（Sonoyama 等，2001）。

基于运动波理论基础方程式的运动波模型是建立在河道抵抗法则基础之上，用物理性的参数表达流域的实际情况，因此具有充分的物理性。在径流计算时，其基础方程式之一的运动方程式可用一维均匀流的河道抵抗法则进行置换，即其河道抵抗法则与均匀流的平均流速方程式一致。与水箱模型及贮留函数模型相比，运动波模型不但适用于短历时暴雨的降雨-径流过程的计算，也适用于流域长期降雨-径流过程的计算（Tanaka 等，1999）。运动波模型不但适用于对地表径流的准确计算，也适用于对垂直渗透及横向渗透流运动过程的计算，因此被广泛地应用于不同规模和地形条件流域的降雨-径流数值计算（Yomoto，1992；Chua，2008）。

2.5.2.1 坡面区间连续方程式的建立

如图 2.6 所示的任意流域的坡面区间单元体水收支示意图，图中，b 为单元宽度，m；Δx 为坡面流向上的单位长度，m；h 为地表径流的深度，m；r 为降雨量，$m \cdot s^{-1}$；f_1 为第一层土壤平均渗透速度，$m \cdot s^{-1}$；Q 为流入单元体的地表径流量，$m^3 \cdot s^{-1}$；$Q+\partial Q/\partial x dx$ 为流出单元体的径流量，$m^3 \cdot s^{-1}$；对于地表径流，在计算时间步长 Δt 内以质量守恒定律建立数学模型如下：

$$\frac{\partial A}{\partial t}\Delta x\Delta t=Q\Delta t-\left(Q+\frac{\partial Q}{\partial x}dx\right)\Delta t+r\Delta x\Delta tb-f_1\Delta x\Delta tb \tag{2.26}$$

式中：A 为地表径流的断面面积，m^2；其他因子如前所述。

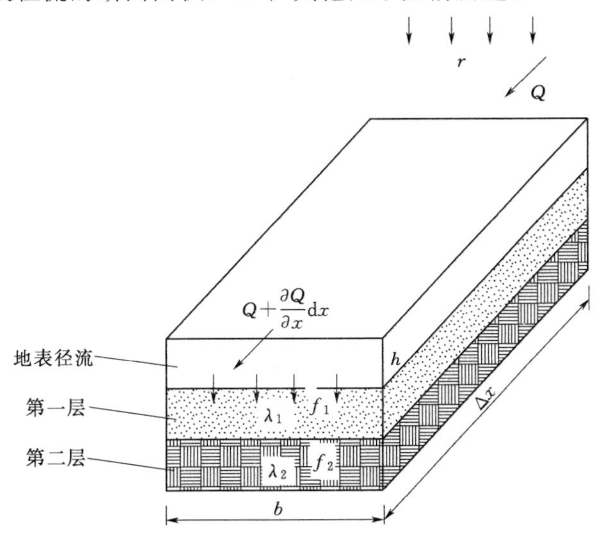

图 2.6 流域坡面单元体水收支示意图
（蒸散发 ET 一般被认为是由一定深度的土层提供，如图中第一层）

式（2.26）经整理后得：

$$\frac{\partial A}{\partial t}+\frac{\partial Q}{\partial x}=(r-f_1)b \tag{2.27}$$

式中：$A=bh$，$Q=qb$，其中，q 为单宽流量，$m^2\cdot s^{-1}$，方程式两边约去相同因子 b，得：

$$\frac{\partial h}{\partial t}+\frac{\partial q}{\partial x}=r-f_1 \tag{2.28}$$

式（2.27）和式（2.28）为一维地表径流的连续方程式。

对于如图 2.5 所示的流域各级支流，由坡面和河道构成。以运动波理论基础方程式构建降雨-径流计算方法如下（Sueishi，1955；Sumiya，1980）。其中式（2.30）中的 r_c 表示地表径流的源汇项，是式（2.28）中等号右侧各项一般化的形式。

$$\frac{\partial h}{\partial t}+\frac{\partial q}{\partial x}=r_c \quad (0\leqslant x\leqslant L) \tag{2.29}$$

$$q=\alpha h^m \tag{2.30}$$

式中：t 为时间因子，s；x 为水流方向上自坡面上游端的距离，m；h 为水深，m；q 为坡面上的单宽流量，$m^2\cdot s^{-1}$；L 为坡面长度，m；α、m 为坡面上决定水流状态的常数。

式（2.30）是等流公式的置换形式，对于洪水计算，可以很好地应用于曼宁（Manning）抵抗法则，此时，坡面常数 α、m 表示为：

$$\alpha=\frac{\sqrt{i}}{N},\quad m=\frac{5}{3} \tag{2.31}$$

式中：i 为坡面坡度；N 为坡面的等价粗度（糙率）。

将式（2.30）代入式（2.29），式（2.29）可以表示为：

$$\frac{\partial h}{\partial t}+\frac{\mathrm{d}q}{\mathrm{d}h}\frac{\partial h}{\partial x}=\frac{\partial h}{\partial t}+m\alpha h^{m-1}\frac{\partial h}{\partial x}=r_c \tag{2.32}$$

式（2.32）的特征方程式可以表示为

$$\frac{\mathrm{d}x}{m\alpha h^{m-1}}=\frac{\mathrm{d}t}{1}=\frac{\mathrm{d}h}{r_c} \tag{2.33}$$

当 $r_c\neq 0$ 时，式（2.33）可以由式（2.34）～式（2.36）表示：

$$\frac{\mathrm{d}x}{\mathrm{d}t}=m\alpha h^{m-1} \tag{2.34}$$

$$r_c\mathrm{d}t=\mathrm{d}h \tag{2.35}$$

$$r_c\mathrm{d}x=m\alpha h^{m-1}\mathrm{d}h=\mathrm{d}q \tag{2.36}$$

当 $r_c=0$ 时，只有式（2.34）成立。

2.5.2.2 坡面区间水流计算在时间上的差分

式（2.33）或式（2.34）～式（2.36）表示的特性曲线在时间上以步长 Δt

进行差分，当 $r_c \neq 0$ 时，得到如下两个差分式。

$$r_{cj}\Delta t = h_j - h_{j-1} \tag{2.37}$$

$$r_{cj}\Delta x_j = q_j - q_{j-1} \tag{2.38}$$

式中：j 为计算过程中时间步长的次序编号，表示坡面上水流自上游端开始在流向上经过的时间；Δx_j 为时间点 $j-1$ 和 j 之间的间隔 Δt 内水流的传播距离。将式（2.37）、式（2.38）进一步整理，可以得到如下形式的差分式。

$$h_j = h_{j-1} + r_{cj}\Delta t \tag{2.39}$$

$$q_j = \alpha h_j^m = \alpha(h_{j-1} + r_{cj}\Delta t)^m = \alpha\left[\left(\frac{q_{j-1}}{\alpha}\right)^{1/m} + r_{cj}\Delta t\right]^m \tag{2.40}$$

$$\Delta x_j = \frac{q_j - q_{j-1}}{r_{cj}} \tag{2.41}$$

当 $r_c = 0$ 时，即无源汇项，水流为恒定流的情况下，水深 h 和单宽流量 q 都不发生改变，所以有式（2.42）成立。

$$h_j = h_{j-1},\ q_j = q_{j-1} \tag{2.42}$$

在此条件下，只有特性方程曲线式（2.34）成立，利用该条件，可以得到如式（2.43）的差分式。

$$\Delta x_j = m\alpha h_j^{m-1}\Delta t = m\alpha^{1/m} q_j^{(1-1/m)\Delta t} \tag{2.43}$$

自坡面上游端出发的水流在 j 时刻传播的距离 X_j，可以利用式（2.41）或式（2.43）求得的 Δx_j 以下式逐次推求。

$$X_j = X_{j-1} + \Delta x_j \tag{2.44}$$

如果有时间点 n 计算的累积距离超过坡面长 L 的情况发生，或者说有 $X_n > L$ 而 $X_{n-1} < L$ 的情况发生时，说明水流在 $n-1$ 至 n 的时段内到达了坡面下游端。$j = n-1$时段水流自上游传播到坡面下游端的距离 Δx_c 按下式计算。

$$\Delta x_c = L - X_{n-1} \tag{2.45}$$

坡面下游端的单宽流量 q_c 以及水流自 $n-1$ 时刻到达坡面下游端的时间 Δt_c，利用上式求得的 Δx_c，以式（2.40）～式（2.43），按下列公式所示方法进行推求。

当 $r_{cn} \neq 0$ 时

$$q_c = q_{n-1} + r_{cn}\Delta x_c \tag{2.46}$$

$$\Delta t_c = \frac{h_c - h_{n-1}}{r_{cn}} = \frac{1}{\alpha^{1/m} r_{cn}}(q_c^{1/m} - q_{n-1}^{1/m}) \tag{2.47}$$

当 $r_{cn} = 0$ 时

$$q_c = q_{n-1} \tag{2.48}$$

$$\Delta t_c = \frac{\Delta x_c}{m\alpha^{1/m} q_c^{(1-1/m)}} \tag{2.49}$$

因而，水流从坡面上游端自时刻 i 出发，到达坡面下游端的时刻 T_c 可以由式（2.50）表示。

$$T_c=(i+n-1)\Delta t+\Delta t_c \tag{2.50}$$

2.5.2.3 河道区间的计算

与坡面区间水流计算方法建立过程相似，依据质量守恒定理，基于图 2.6 所示单元的水收支平衡，建立方程式如下：

$$\frac{\partial A}{\partial t}\Delta x\Delta t=Q\Delta t-\left(Q+\frac{\partial Q}{\partial x}\mathrm{d}x\right)\Delta t+r\Delta x\Delta tB-f_1\Delta x\Delta tB+q'\Delta x\Delta t \tag{2.51}$$

式中：A 为河道区间水流断面面积，m^2；B 为河宽（河道水流的宽度），m；q' 为流入到河道区间的坡面单宽流量，$\mathrm{m}^2\cdot\mathrm{s}^{-1}$；其他因子对应于坡面区间各因子，各因子的形式和物理意义与坡面区间对应相同。对式（2.51）进行整理，得

$$\frac{\partial A}{\partial t}+\frac{\partial Q}{\partial x}=rB-f_1B+q' \tag{2.52}$$

以 q 代替式（2.52）等号右侧各项，作为流入（流出）河道区间源汇之和，得到式（2.53），式（2.53）和式（2.54）作为河道区间水流计算的基本公式。

$$\frac{\partial A}{\partial t}+\frac{\partial Q}{\partial x}=q \quad (0\leqslant x\leqslant L_c) \tag{2.53}$$

$$Q=GA^M \tag{2.54}$$

式中：L_c 为河道长度，m；G、M 为由水流形态决定的常数（河道流常数）；如果将式（2.53）、式（2.54）中的因子作如下置换，$A\rightarrow h$，$Q\rightarrow q$，$q\rightarrow r_c$，$L_c\rightarrow L$，$G\rightarrow\alpha$，$M\rightarrow m$，则两式在形式上与式（2.29）、式（2.30）相同。

2.6 本章总结

本章主要介绍了分布式水文模型构建的有关基础理论和基本知识，包括 DEM 及其特点，降雨（水）数据的常用获取途径及处理方法，分布式水文模型的基本特征，蒸散发计算的常用模型，流域降雨-径流基本计算方法的建立过程（地下水计算方法未介绍）。本章内容为开发分布式水文模型的预备知识，基于目标流域的实际研发分布式水文模型过程中，对于多源数据的处理以及算法建立过程需要针对数据或流域的实际情况具体处理，具体内容请见以后各章针对具体流域构建分布式水文模型的详细介绍。

参考文献

[1] Allen R G, Pereira L S, Raes D, et al. Crop evapotranspiration: guidelines for computing crop water requirements. FAO, Rome. 1998, pp. 300.

[2] Band L E. Topographic partition of watersheds with digital elevation models [J]. Water Resources Research, 1986 (2): 15-24.

[3] Black T A. Evapotranspiration from douglas fir stands exposed to soil water deficits [J]. Water Resources Research, 1979, 15: 164 - 170.

[4] Chua Lloyd H C, Wong Tommy S W, Sriramula L K. Comparison between kinematic wave and artificial neural network models in event - based runoff simulation for an overland plane [J]. Journal of Hydrology, 2008, 357: 337 - 348.

[5] Dickinson R E. Modeling evapotranspiration for three - dimensional climate models [M]. Climate processes and climate sensitivity. In: Geophys. Monogr. 29, Am. Geophys. Union. 1984.

[6] Federer C A, Vörösmarty C, Fekete B. Intercomparison of methods for calculating potential evaporation in regional and global water balance models [J]. Water Resources Research, 1996, 32 (7): 2315 - 2322.

[7] Harada M. Hydraulic analysis on stream - aquifer interaction by storage function models [J]. Journal of Hydraulic, Coastal and Environmental Engineering, 1999, 628 (Ⅱ - 48): 189 - 194.

[8] Hatta S, Fujita M, Yamanashi M. Study on deep percolation based on the unsaturated flow theory and tank model [J]. Annual Journal of Hydraulic Engineering, JSCE, 1997, 41: 25 - 30.

[9] Manning J C. Applied Principles of Hydrology [M]. Publisher: Prentice Hall, 1996.

[10] Monteith J L. "Evaporation and environment" . Symposia of the Society for Experimental Biology. 1965, 19: 205 - 224. PMID 5321565. Obtained from Forest Hydrology and Watershed Management - Hydrologie Forestiere et Amenagement des Bassins Hydrologiques (Proceedings of the Vancouver Symposium, August 1987, Actes du Col1oque de Vancouver, Aout 1987): IAHS - AISH Publ. no. 167, 1987, pp. 319 - 327.

[11] Penman H L. Natural Evaporation from open water, bare soil and grass [A]. Proceedings of the Royal Society of London, 1948, Series A, 193, 120 - 145.

[12] Qian Y D, Lu G N, Chen Z M. Study for networks of runoff and sediment transport from grid digital elevation data [J]. Journal of Sediment Research, 1997 (3) : 24 - 31.

[13] Shuttleworth W J. Evaporation. In: Maidment, D. R. (Ed.), Handbook of Hydrology. McGraw - Hill, New York, 1993, pp. 4. 1 - 4. 53.

[14] Shuttleworth W J, Wallace J S. Evaporation from sparse crop - an energy combination theory [J]. Quarterly Journal of the Royal Meteorological Society, 1985, 111: 839 - 855.

[15] Sonoyama H, Hoshi K, Ide Y. Generalization of storage routing function model with loss mechanisms [J]. Advances in River Engineering, 2001, 7: 465 - 468.

[16] Stannard D I. Comparison of Penman - Monteith, Shuttleworth - Wallace, and modified Priestley - Taylor evapotranspiration models for wildland vegetation in semiarid rangeland [J]. Water Resources Research, 1993, 29 (5): 1379 - 1392.

[17] Sueishi T. flood analysis by the characteristic curve [J]. Journal of Japan Society of Civil Engineering, 1955, 29: 74 - 87.

[18] Sumiya M. Runoff analytical technique (6) - 3. rainwater runoff method - flood analysis by surface flow model [J]. Journal of Japanese Society of Irrigation, Drainage and Rec-

lamation Engineering，1980，48 (6)：37－43.

[19] Suzuki M，Momota H，Jinno K. Statistical study for tank model identified by genetic algorithm [J]. Annual Journal of Hydraulic Engineering，JSCE，1998，42：115－120.

[20] Takasao T，Shiiba M，Nakakita E. Lumping of the kinematic wave model [A]. Proceedings of the Japanese Conference on Hydraulics，1985，29：239－244.

[21] Tanaka G，Fujita M，Kudo M. Comparison between the kinematic wave model and the storage routing function runoff model－frequency characteristic and stochastic characteristic [J]. Journal of Hydraulic，Coastal and Environmental Engineering，1999，614 (Ⅱ－46)：21－36.

[22] Tomosugi K，Urata H. Suggestion and investigation of a new method for flood runoff estimation in minor river basin [A]. Proceedings of annual conference of the Japan Society of Civil Engineers，1993，48：228－229.

[23] Tribe A. Automated recognition of valley lines and drainage networks from grid digital elevation models：a review and a new method [J]. Journal of Hydrology，1992，139 (1/4)：263－293.

[24] Turcotte R，Fortin J P，Roussean A N，et al. Determination of the drainage structure of a watershed using a digital elevation model and a digital river and lake network [J]. Journal of Hydrology，2001，240 (3－4)：225－242.

[25] Vorosmarty C J，Fekete B M，Tucker B A. Global River Discharge，1998，1807－1991，V. 1. 1 (RivDIS).

[26] Yomoto A，Mohammad Nazrul Islam M. Kinematic analysis of flood runoff for a small－scale upland field [J]. Journal of Hydrology，1992，137：311－326.

[27] Zhou M C，Ishidaira H，Hapuarachchi H P. Estimating potential evapotranspiration using Shuttleworth－Wallace model and NOAA－AVHRR NDVI data to feed a distributed hydrological model over the Mekong River basin [J]. Journal of Hydrology，2006，327：151－173.

[28] Zhou M C，Ishidaira H，Takeuchi K. Estimation of potential evapotranspiration over the Yellow River basin：reference crop evaporation or Shuttleworth－Wallace? [J]. Hydrological Processes，2007，21 (14)：1860－1874.

[29] 韩奎学，安国庆. 土壤水分蒸散发规律的初步探讨 [J]. 南水北调与水利科技，2012，10 (1)：45－47.

[30] 李志林，朱庆著. 数字高程模型 [M]. 武汉：武汉测绘大学出版社，2000.

[31] 潘竟虎，刘春雨. 基于TSEB平行模型的黄土丘陵沟壑区蒸散发遥感估算 [J]. 遥感技术与应用，2010，25 (2)：183－188.

[32] 王中根，刘昌明，吴险峰. 基于DEM的分布式水文模型研究综述 [J]. 自然资源学报，2003，18 (2)：168－173.

[33] 王中根，刘昌明，左其亭，等. 基于DEM的分布式水文模型构建方法 [J]. 地理科学进展，2002，21 (5)：430－439.

[34] 魏文秋，于建营. 地理信息系统在水文学和水资源管理中的应用 [J]. 水科学进展，1997，8 (3)：296－300.

[35] 辛晓洲，田国良，柳钦火. 地表蒸散定量遥感的研究进展 [J]. 遥感学报，2003，7

(3)：233-240.

[36] 易永红，杨大文，刘钰，等. 区域蒸散发遥感模型研究的进展 [J]. 水利学报，2008，39 (9)：1118-1124.

[37] 姚小英，蒲金涌，王澄海，等. 甘肃黄土高原40年来土壤水分蒸散量变化特征 [J]. 冰川冻土，2007，29 (1)：126-130.

[38] 张新时. 植被的PE（可能蒸散）指标与植被气候分类（Ⅱ）：几种主要方法与PEP程序介绍 [J]. 植物生态学与地植物学学报，1989，13 (3)：197-207.

第3章　平原区中尺度流域分布式水文模型的构建

3.1　中小尺度流域的概念

流域是指由地表水及地下水的分水线所包围的相对闭合的集水区域，分地面集水区和地下集水区两类，如果地面集水区和地下集水区相重合，称为闭合流域。因为地下水分水线不易确定，习惯上将地面径流分水线所包围的集水区称之为流域。对于流域分级，曾肇京等（1996）探讨了根据流域面积、流域内人口数量、流域多年平均径流流量等不同指标对流域进行划分，将流域分为五级。按照流域面积划分，五级流域的面积在 $10^4 km^2$ 以下。对于中小尺度流域，尚未有明确的权威性定义，水文学研究者习惯地将面积在 $100km^2$ 以上、$10^4 km^2$ 以下的流域称为中尺度流域（朱丽等，2011；张淑兰等，2013）。小流域通常是指二级、三级支流以下以分水岭和下游河道出口断面为界，集水面积在 $50km^2$ 以下的相对独立和封闭的自然汇水区域。小流域的基本组成单位是微流域，是为精确划分自然流域边界并形成流域拓扑关系而划定的最小自然集水单元。中小尺度流域一般具备以下两个基本特点：①在流域范围内地形地貌相似，没有显著差别；②基础水文地质条件相似，即土壤垂直剖面物理属性相似，土层以及含水层的分布表现为尺度大小的不同，没有数量上的差异。另外，基于流域面积和水资源量的限制，中小尺度流域内一般不具备修建大型水利工程的条件。

3.2　阿伦河流域概况

3.2.1　流域位置及尺度

依托流经内蒙古东部和黑龙江省西部的阿伦河流域构建平原区流域分布式水

文模型。阿伦河发源于大兴安岭吉勒肯山，是嫩江右岸一级支流，松花江的二级支流，流经内蒙古自治区阿荣旗和黑龙江省甘南县，以及齐齐哈尔市郊西北部，在齐齐哈尔市额尔门沁村附近注入嫩江，流域地理坐标（N48°48′～47°37′3″，E122°04′～124°4′44″），主河道长318km，河宽25～40m，平均水深约2m，流域总面积6297km²，属于中尺度流域，其中黑龙江省境内流域面积为1661km²（黄金柏等，2015）。图3.1为阿伦河流域地理位置示意图，图3.2为阿伦河流域数字高程图形（DEM）。

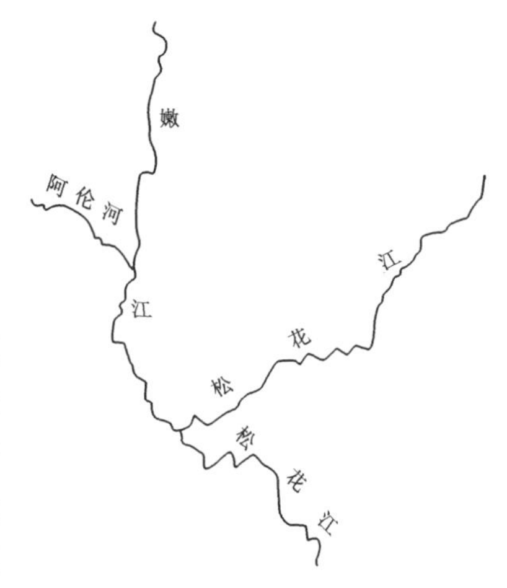

图3.1　阿伦河流域示意图

图3.2　阿伦河流域数字高程图形DEM

3.2.2　地势、地形和地貌

阿伦河处于大兴安岭东南坡，地势由西北向东南阶梯式递降，由低山丘陵漫岗向松嫩平原过渡，其中平原面积占81.6%，为流域主要地形，其余地形主要为丘陵，占流域面积18.4%。阿伦河流域形状为东西长，南北窄的狭长条状，由西北向东南倾斜，海拔高程153～198m。阿伦河中下游位于松嫩平原西部，为嫩江、阿伦河河谷平原。流域上游地面坡降为1/1000～1/2000，下游平原地势平坦低洼，地面坡降为1/2000～1/2500。流域内地貌按照形态特征，可以划分为低山丘陵、山前台地、扇形平原、一级阶地、高漫滩、低漫滩6种形态；按地貌成因类型分为构造剥蚀地形、剥蚀堆积地形、堆积地形3种类型。

3.2.3 气象及水文

阿伦河流域气候属寒温带大陆性季风气候，气候条件季节变化明显，冷热悬殊，冬季漫长寒冷，春季干燥多风，夏季湿润多雨，秋季降温迅速多早霜，每年11月上旬至翌年4月中旬为结冰期。根据流域内黑龙江省甘南县甘南气象站历年统计资料可知，该地区多年平均气温2.5℃，历年最低气温－35.4℃（1956年1月），历年最高气温39℃（1968年7月），最冷月份1月，多年平均气温－19.1℃，最热7月，多年平均气温21.8℃，年均气温差达41℃。

流域多年平均降水量461mm，年降水量的分布趋势是从上游山区向中游平原递减，最大年降水量为1991年的713.5mm，最小年降雨量为1979年的310.2mm。降水量年内分配不均，主要集中在6—9月的雨季，该时段占全年降水量的82%左右，7月雨量最大，占全年降雨量的30%，10月至翌年5月降水量很少，且多为降雪，12月至翌年2月降水量仅占全年降雨（水）的1.6%，降水量的年际变化不大，变差系数为0.22。阿伦河流域蒸发量较大，据甘南站20cm蒸发皿实测统计，多年平均蒸发量1499.8mm，4—6月蒸发量占全年的74%，最大为5月，占全年的19%（刘新宇等，2000；张玉峰，2012；王继常等，2014）。阿伦河流域2011—2015年月降雨（水）分布见图3.3。

阿伦河流域内只设有一个水文站——位于内蒙古阿荣旗境内的那吉水文站（N48°5′45.16″，E123°27′50.19″，水文观测断面上游集水区面积4212km²）。根

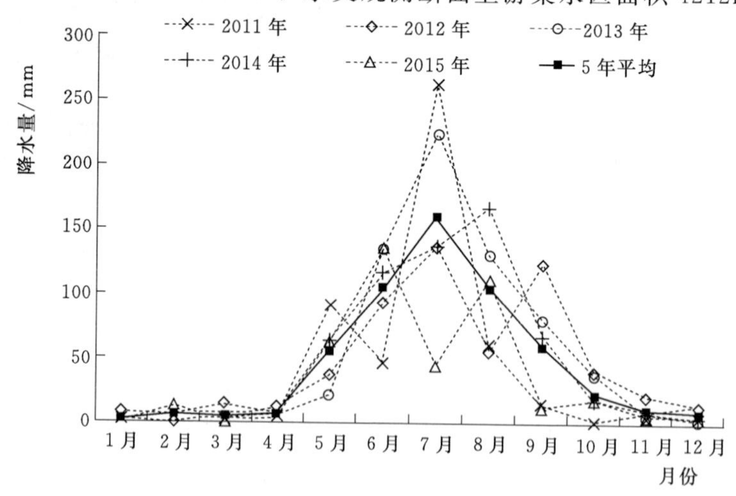

图3.3 阿伦河流域2011—2015年月降雨（水）分布图

（阿伦河流域2011—2015年均降水量530mm，高于多年平均降雨量461mm；该5年月平均降水量以7月最大，月平均降水量近似于正态分布）

据那吉水文站1953年以来的冰情观测资料统计，流域最早封冻日期为11月4日，平均封冻日期为11月30日，最晚开河日期为4月27日，平均开河日期为4月7日，平均封冻天数137天，平均最大冰厚1.83m。

3.3 水文气象观测及水文地质情况调查

3.3.1 水文观测

为获取支撑分布式水文模型数值计算的基础数据，在流域内进行了水文气象数据的观测和收集活动。降雨观测采用翻斗式雨量计（型号：7852M-L10），地表径流流量和地下水（潜水水位）观测采用水位计（型号：HM-910-02-309）。径流观测断面为甘南县兴隆乡阿伦河大桥断面（N48°1′21.93″，E123°36′28.14″），该断面位于内蒙古阿荣旗那吉水文站和阿伦河入嫩江河口之间，且到两者之间的距离相差不大，断面的上游集水区面积为4640km²，占流域总面积的73.7%，自河源到流量观测点的主河道长239km。地下水水位和降雨观测地点均为（N48°1′30.68″，E123°34′6.90″）。积雪深的观测采用在选定的观测点（点1：N48°1′55.99″，E123°38′47.73″；点2：N48°1′53.73″，E123°39′17.28″）设置毫米刻度尺对逐日积雪深进行观测，进行野外观测的自设置水文设备布置图如图3.4所示。部分野外水文观测实地图如图3.5所示。自观测水文数据自2012年初开始，受外界不确定因素（如人为生产活动）的影响，观测数据在时间序列上存在不同程度的缺失。对于中尺度流域，融雪及降雨-径流过程的计算需要多点

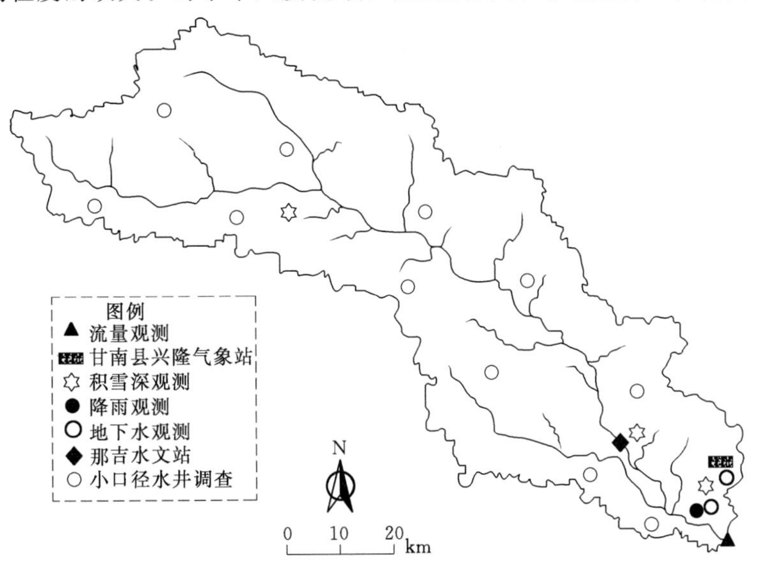

图3.4 阿伦河流域野外水文观测布置示意图

数据支撑。除了自观测水文数据，其他主要基础数据来源为阿伦河流域内蒙古阿荣旗那吉水文站的水文资料（流量、降雨、积雪深）和黑龙江省甘南县气象局的水文气象资料（降雨、气温、风速、积雪深、太阳辐射量等）。

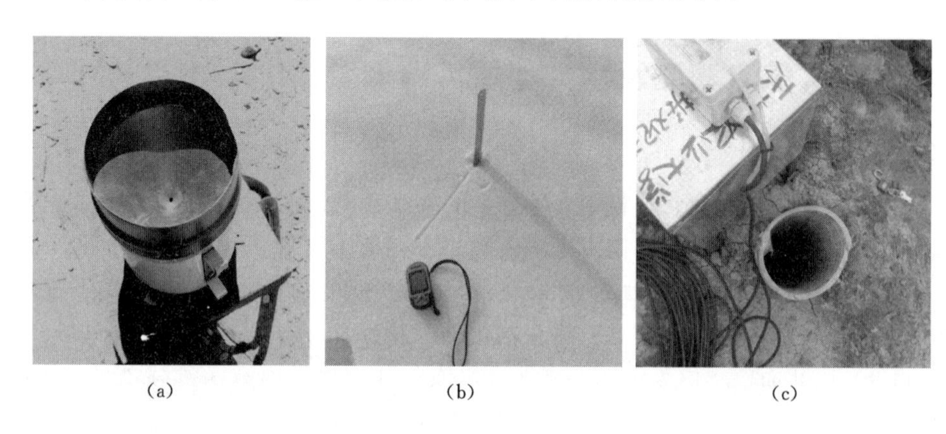

图 3.5　阿伦河流域野外水文观测实地图
（a）雨量观测；（b）积雪深观测；（c）地下水（潜水）观测

3.3.2　基础水文地质条件调查及模型化

研发具有物理属性的流域分布式水文模型，需要对流域土壤垂直剖面的物理性条件（基础水文地质条件）模型化，作为雨水降落到地面以后在垂向运动的载体，使水流在垂向上的运动受流域实际物理条件的约束。雨水自降落到地面上，在垂向上向下渗透，渗透速度取决于土壤实际的水力学特性，即土壤垂向的渗透能力，而土壤因自地面开始至地下某一含水层（如潜水含水层）在垂向上的物理性如渗透速度、有效孔隙率、横向透水系数等随着深度的增加而改变，即土壤在垂向上的物理条件不均一。以阿伦河流域自地面开始至第一个弱透水层表面，即包气带和潜水含水层为例，对点尺度土壤垂直剖面模型化过程进行说明。首先，当包气带尺度较大时，筛选自地面开始至某一深度上的具有相似物理属性的土层为第一层（或表层），其下与第一层土壤的物理属性存在明显差别但至某一深度上物理性相似的土壤为第二层，以此类推，通过钻孔调查确定各调查点位置土层的厚度；接下来，测量含水层（潜水）的特征尺寸，即使在流域内的同一地点，潜水含水层的深度也存在时间上的波动性，因此量测的潜水深度，只能作为所调查地点在调查时间点上的深度；而后，在当前调查地点所在区域（如属于阿伦河流域的同一级、二级或三级支流范围内）下垫面物理条件相似条件下，在空间上选取若干个不同的调查点，对土壤垂直剖面分层情况进行调查，筛选各调查点土层的厚度及含水层厚度的特征尺寸，作为下垫面条件相似区域内的土壤垂直剖面模型。虽然土壤的物理性质存在时间和空间上的分异特性，但通过上述方法和过程对土壤垂直剖面模型化，可以使下垫面相似区域的土壤垂直剖面模型与实际土壤物理条件之间尽量保持“一致性”；最后，根据对流域内各个区域土壤垂直剖面物理特性的调查结果，实现对流域土壤垂直剖面的模型化。

对土壤垂直剖面分层情况的调查方法，主要通过简单机械结合人工劳作的方式通过钻孔实验（利用土钻开挖小口径水井，直径 5cm）的方式进行［图 3.6 (a)］，钻孔深度达到潜水含水层底部的弱透水层表面。如图 3.4 所示为钻孔调查点的大致分布图。对土壤垂直剖面物理性模型化过程中，在土壤垂向分层情况及特征尺寸筛选的基础上，通过简易渗透实验［图 3.6（b）］（在 3.9.2 节“土壤物理性参数”中详细说明）结合土壤比抵抗调查法［图 3.6（c）］以及环刀法率定土壤的渗透系数、透水系数以及有效孔隙率等参数（郑继勇，2004）；实现对流域内不同地点的土壤垂直剖面条件（基础水文地质条件）的模型化以及率定土壤垂直剖面模型的特征参数。

(a)

(b)

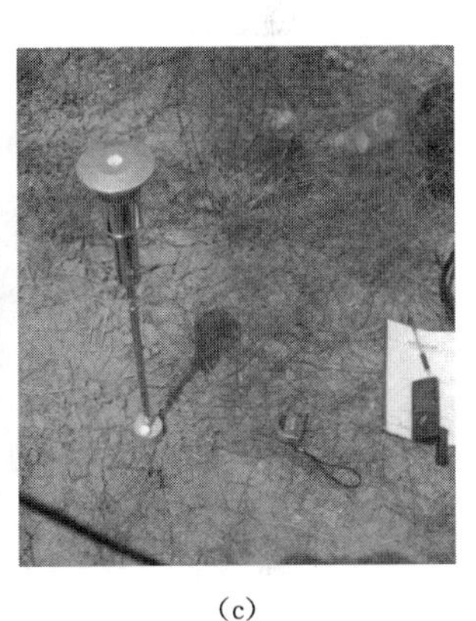

(c)

图 3.6　野外钻孔调查及土壤物性调查实验

(a) 钻孔实验（开挖小口径水井）；(b) 简易渗透实验；(c) 土壤比抵抗调查

由于野外客观条件如人力资源及设备条件所限，对阿伦河流域土壤垂直剖面物理性的调查，一小部分钻孔深度没有达到饱和带（潜水含水层）底部，即为不完整潜水井。另一方面，因不具备抽水试验以及对承压含水层调查的机械条件，没有对承压含水层水力学特性参数进行调查。

筛选流域内对土壤垂直剖面条件多点调查的结果，对土壤垂向分层情况的模型化如图 3.7（b）所示。流域土壤垂直剖面模型（基础水文地质模型）由坡面和河道构成，坡面区间自地面开始至潜水含水层底部（黏土层表面）被分成两层，第一层主要成分为黑垆土，其厚度在流域范围内有较大变化，坡面上的变动范围在 5～10m 之间，但坡面与河道结合部的表层（第一层）厚度较小。潜水含水层位于第一层的下部，其下是黏土层（第一个弱透水层），其厚度超过 20m，黏土层的下部是第一承压含水层和砂岩层。河道区间自河床表面至黏土层表面被分为一层，其厚度自上游至下游有较明显变化，整体上呈逐渐减小的趋势。各土层的厚度及土壤水力学参数将在 3.9 节中给出；坡面区间的潜水含水层自由水面在坡面下端与河道径流相通，二者之间存在着补给关系，河道径流与地下水（潜水）含水层之间的补给关系如图 3.8 所示。

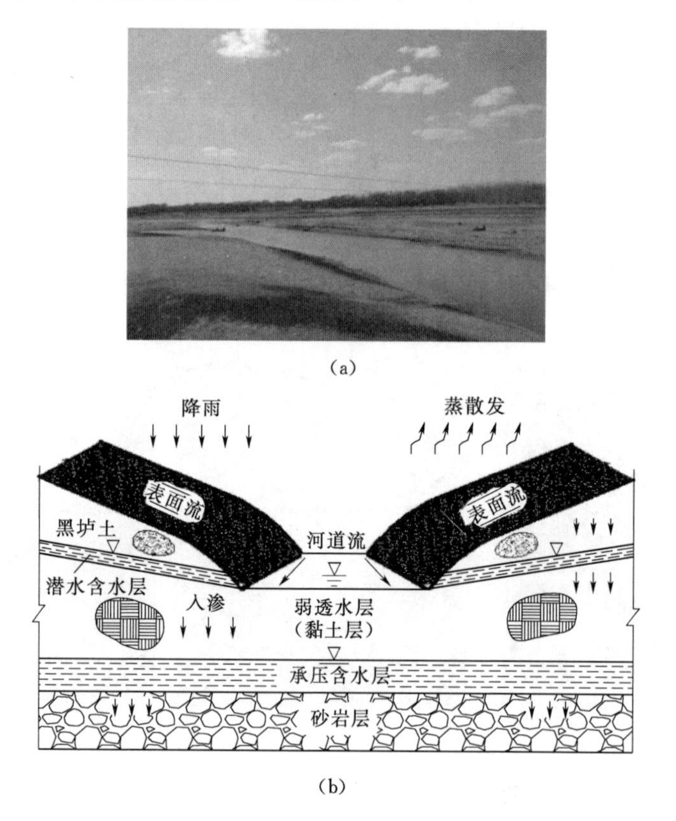

(a)

(b)

图 3.7　阿伦河流域自然实景（局部）和流域土壤垂直剖面模型化

(a) 阿伦河流域自然实景；(b) 流域土壤垂直剖面模型化（基础水文地质条件模型）

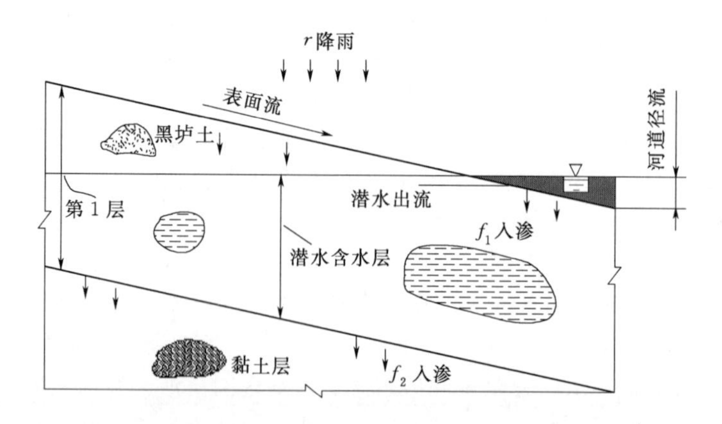

图 3.8　河道径流与地下水（潜水）含水层之间的关系

3.4 基础方程式

降雨-径流过程计算是时间和空间上的连续计算，该过程包括雨水的垂向入渗、地表产汇流（满足产流条件）、地下水的横向渗透和蒸散发。基本方程式主要包括地表径流和地下水（渗透流）的连续方程式和运动方程式，此部分内容虽在2.5.2节进行了介绍，但是针对不同的地形条件（水文地质条件）构建降雨-径流过程计算方法，其基本方程式在表达上会有所区别。坡面区间和河道区间的计算，受同一组方程式的支配，因为河道区间降雨-径流计算过程中，有来自坡面区间的汇流，所以导致支配方程式在形式上会有所不同，本研究中，基于运动波理论的基础方程式分别构建坡面区间和河道区间的降雨-径流过程数值方法。

3.4.1 坡面区间降雨-径流计算

地表径流连续方程式：

$$\frac{\partial h}{\partial t}+\frac{\partial q}{\partial x}=r-f_1 \tag{3.1}$$

平均流速公式（一维地表径流运动方程式）：

$$v=\frac{1}{n}R(h)^{\frac{2}{3}}I^{\frac{1}{2}} \tag{3.2}$$

$$Q=A(h)v \tag{3.3}$$

式中：t 为计算的时间因子，s；x 为计算的空间因子，m；h 为地表径流的水深，m；q 为单宽流量，$m^2\cdot s^{-1}$；r 为有效降雨量，$m\cdot s^{-1}$；f_1 为第一层（表层）土壤平均渗透速度，$m\cdot s^{-1}$；v 为流速，$m\cdot s^{-1}$；n 为糙率（曼宁粗度系数），$m\cdot s^{-1/3}$；R 为水力半径，m；I 为水力坡度，计算时以河道坡度代替；Q 为流量，$m^3\cdot s^{-1}$；A 为地表流断面面积，m^2。

渗透流（地下水）连续方程式（第一层）：

$$\lambda_1\frac{\partial \overline{h}_1}{\partial t}+\frac{\partial \overline{q}_1}{\partial x}=f_1-f_2-ET \tag{3.4}$$

达西公式（渗透流运动方程式）：

$$\overline{v}_1=k_1\frac{\mathrm{d}\overline{H}_1}{\mathrm{d}x} \tag{3.5}$$

$$\overline{q}_1=\overline{v}_1\overline{h}_1 \tag{3.6}$$

式中：λ_1 为第一层土壤的有效孔隙率；$\overline{h}_1$ 为第一层土壤中潜水（渗透流）水深[图3.7（b）]，m；$\overline{q}_1$ 为第一层土壤中渗透流单宽流量，$m^2\cdot s^{-1}$；$\mathrm{d}\overline{H}_1$ 为相邻两个计算断面之间渗透流的水头差（当计算的基准面选在潜水含水层底部，即弱透水层上表面时，相邻断面的水头差 $\mathrm{d}\overline{H}_1$ 可以用相应的水位差 $\mathrm{d}\overline{h}_1$ 代替），m；f_2 为由第一层向第二层的渗透速度，$m\cdot s^{-1}$；$\overline{v}_1$ 为渗透流流速，$m\cdot s^{-1}$；k_1 为横向透水系数，$m \cdot s^{-1}$；ET 为蒸散发，$m \cdot s^{-1}$。

一般认为植被蒸散发由自地面开始至地下某一深度的土壤水分提供，在平原区的研究对象阿伦河流域，表层土壤的平均厚度在2m以上，主要作物（植被）的根系层在60cm以内，因此，认为蒸散发由表层（第一层）土壤水分提供。

坡面区间第二层渗透流（地下水）计算的支配方程式与第一层相同，只是公式中各因子的下脚标要相应地改变（1→2）。因为本研究中对阿伦河流域坡面区间地下水的调查没有达到第二层（承压水）的深度，所以，相应的计算公式在此略去。

3.4.2 河道区间降雨-径流计算

如图3.7（b）所示的阿伦河流域土壤垂直剖面模型，基于流域地形（水文地质）特征，坡面上产生的地表径流汇入到河道径流，同时，坡面的潜水与河道径流之间也存在补给关系，通常情况下，当河道水位降低，坡面区间的地下水（潜水）会流入河道区间。

地表径流连续方程式：

$$\frac{\partial A}{\partial t}+\frac{\partial Q}{\partial x}=(r-f_1)b+q'+\bar{q}_1 \tag{3.7}$$

运动方程式（曼宁径流平均流速公式）：

$$Q=\frac{1}{n}R(h)^{\frac{2}{3}}I^{\frac{1}{2}}A(h) \tag{3.8}$$

式中：q'为坡面区间地表径流单宽流量（汇入河道地表径流），$m^2 \cdot s^{-1}$；$\bar{q}_1$ 为汇入到河道地表径流的来自坡面区间潜水（地下水）的单宽流量，$m^2 \cdot s^{-1}$；其他因子河道区间与坡面区间对应相同，其中 A 为河道径流断面面积，其为水深 h 的函数，因为天然河道过水断面多为不规则断面，断面水深与流量的关系多为高阶隐函数关系，在计算时，通常将过水断面近似地视为宽浅矩形断面（水深≪过水断面宽度），即水力半径 R 近似地利用水深 h 置换，从而，式（3.8）可表示成式（3.9）形式。

$$Q=\frac{1}{n}h^{\frac{5}{3}}I^{\frac{1}{2}}B \tag{3.9}$$

式中：B 为过水断面宽度，m；其他因子与上述对应相同。

由于河道区间地下水为承压水［图3.7（b），无潜水含水层］，其与坡面承压水相通，只是该承压含水层对于坡面区间是第二层，对于河道区间是第一层。如前所述，由于对土壤垂直剖面调查的设备条件和手段的限制，对流域内的承压含水层水文地质的调查未能进行，只是基于对现有水文地质资料结合对流域内多点钻孔调查结果的分析，对承压含水层（第二层）的水文地质条件有初步了解的基础上，构建了如图3.7（b）所示的土壤垂直坡面模型。因为坡面第一层向第二层和河道地表径流存在垂向的渗透［分别为坡面区间 f_2，式（3.4）；河道区

间 f_1，式 3.7)]，在验证模型实用性的基础上，可以利用模型计算近似地推求潜水对承压水的补给（坡面区间）和径流对承压水的补给量（河道区间）。而对于模型本身而言，对其结构有完整性的要求，一般而言，对于地表径流模拟，当模拟对象为小尺度流域且短历时的降雨事件，其主要影响因子为第一层土壤的物理性参数（垂向渗透系数和横向透水系数等），当降雨历时较长或对降雨-径流过程进行长期计算时，表层以下土壤（第二层及以下）对降雨-径流的模拟（计算）精度也会产生较小的影响，需要构建结构相对完整的土壤垂直剖面模型（一般包含潜水含水层计算及潜水向下渗透过程）来表达。现实条件下构建的阿伦河流域的土壤垂直剖面模型为图 3.7（b）所示的坡面区间分为两层，河道区间为一层的结构形式。如图 3.7（b）所示的阿伦河流域土壤垂直剖面模型中承压含水层计算公式如下。

渗透流连续方程式：

$$\lambda_m \frac{\partial \overline{h}_m}{\partial t} + \frac{\partial \overline{q}_m}{\partial x} = f_m - f_{m+1} \tag{3.10}$$

达西公式（渗透流运动方程式）：

$$\overline{v}_i = k_i \frac{\mathrm{d}\,\overline{H}_i}{\mathrm{d}x} \tag{3.11}$$

$$\overline{q}_i = \overline{v}_i \,\overline{h}_i \tag{3.12}$$

式中：m 为层的编号，如上所述，对于如图 3.7（b）所示的土壤垂直剖面，坡面区间 m 为 2，河道区间 m 为 1；λ 为承压含水层的储水率；其他因子同前。

3.5 融雪计算方法

3.5.1 积雪融雪区融雪计算的意义

在寒冷气候条件下，积雪融雪是重要的水文现象，积雪区的融雪计算是地球水文循环和气候学的一个基本参数（Emre 等，2005；Su 等，2011）。融雪径流模型的研究对洪、旱灾害的监测与预报及水资源管理都具有重要的实用价值。融雪计算的研究在国际上开展较早，其数值计算技术已趋成熟。在国内，有关融雪的研究也有很多，陈小飞等（2003）基于对冻融侵蚀性的研究结合简易的热收支法，构建了融雪积雪水量模型；赵求东等（2007）基于能量平衡建立融雪模型，通过遥感数据反演模型参数，改善了融雪模型的算法；裴欢等（2008）基于 3S 技术，以能量平衡原理和水量平衡原理构建了分布式融雪径流模型；为提高融雪径流的模拟精度，穆振侠等（2009）采用气温日数法，借助 GIS 和 RS 确定了融雪型新安江模型参数。根据融雪计算的有关研究可知，能量平衡法因为具有很强的实用性而被广泛地采用，同时，GIS、RS 技术与融雪模型的有机结合、建立高时空分辨率分布式融雪模型考虑融雪过程中的水热耦合将是今后融雪模型研究的重要发展方向（Cazorzi 等，1996；赵求东等，2007）。

对近年来针对分布式流域降雨-径流过程和融雪计算有关研究的分析可知，对耦合融雪的降雨-径流过程数值模型的研究较少。在可检索到的文献中，武见等（2007）在总结暴雨融雪混合洪水形成规律的基础上，结合分布式水文模型建立了一个雨雪混合洪水预报模型；万育安等（2010）建立了一种基于温度指标的可应用于资料短缺流域的积雪融雪模型，并与分布式水文物理模型 BTOPMC 进行了耦合。

我国考虑融雪计算的分布式流域降雨-径流过程数值模型研究尚处于初期阶段，本研究依托黑龙江省西部半干旱区典型流域为研究区，在构建分布式流域降雨-径流过程数值模型的基础上，研发耦合融雪的分布式水文模型，为寒区中小尺度流域耦合融雪的降雨-径流过程计算以及地表径流的推求提供实用的方法。

3.5.2 融雪计算方法

3.5.2.1 降水形态的判断

在融雪计算中，能量平衡法被广泛地采用（Herrero 等，2009），该方法主要依赖融雪期的气象数据，通过计算积雪层的融雪热量来计算融雪量。降雪与降雨不同，降雨到达地面后将发生渗透、径流（在满足产流条件下）和蒸发，而降雪在地面上会发生停留，在吸热后将会融化。融雪过程主要受气象因子的支配。积雪量和融雪量的准确推求对于融雪过程计算非常重要，而对降雪量的准确推求是实现对积雪量准确推求的前提条件。推求降雪量，首先要对降水形态进行判断，本研究中以式（3.13）和式（3.14）作为降雨或降雪的判断条件（Kondo，1994）。

$$T_c = 11.5 - 1.5e_a \tag{3.13}$$

$$e_a = rhe_s \tag{3.14}$$

式中：T_c 为降水形态（雨或雪）的判别温度,℃，当实际气温 $T > T_c$ 时，为降雨；当 $T \leqslant T_c$ 时，为降雪；e_a 为实际水汽压，hPa；e_s 为饱和水汽压，hPa；rh 为相对湿度,%。

此处，以气温和湿度作为降水形态判别温度的支配因子，在积雪、融雪计算过程中，气温是很多函数的主要影响因子，因此，对于流域融雪计算，气温是必要的参数，而当流域尺度较大，地面起伏较大的情况下，同一流域内气温会存在差别，需要根据标高对气温进行修正，采用式（3.15）对不同高程点的气温进行修正。

$$T_i = T_0 + \alpha_T (h_i - h_0) \tag{3.15}$$

式中：α_T 为气温的高度修正系数,℃/m；h_0 为观测地点的标高，m；T_0 为观测地点的气温,℃；h_i 为分布式流域第 i 个区域的平均标高，m。

另外，在同一地点，降雪量会随着标高的增加而有所增大，降雪量可以表示成标高的一阶线性函数，采用式（3.16）作为标高变化条件下降雪量的修正公式（Modeling of the snowmelt runoff for dam inflow predictions，Japan，1990）。

$$r_i = r_0[1+\alpha(h_i - h_0)] \tag{3.16}$$

式中：α 为降雪的高度修正系数，1/m；h_0 为降雪观测地点的标高，m；r_0 为观测地点的降雪量，mm；h_i 为第 i 个区域的平均标高，m。

3.5.2.2 融雪量的推定

融雪量计算是基于能量平衡原理，通过计算积雪层的热收支过程来推求融雪热量，从而进行融雪量计算，其计算公式如下：

$$Q_g = R - \varepsilon\sigma T_s^4 - H - lE + Q_b + Q_r \tag{3.17}$$

$$R = (1 - ref)S + \varepsilon L \tag{3.18}$$

$$L = \sigma(273.15 + T)^4 \tag{3.19}$$

式中：Q_g 为从积雪层表面和底部获取的热量（积雪层热量的增量），即融雪热量，W/m^2；R 为入射辐射量，W/m^2；ε 为积雪比辐射率；σ 为斯蒂芬-波尔兹曼（Stefan - Bohzman）常数，$5.67\times10^{-8}W/(m^2\cdot K^4)$；$T_s$ 为积雪层表面温度，K；H 为显热通量，W/m^2；lE 为潜热通量，W/m^{-2}；Q_b 为积雪层底面与土壤之间的热传导交换量，W/m^{-2}；Q_r 为雨的热量（只在积雪过程中有降雨发生的情况下考虑），W/m^2；ref 为积雪层表面漫反射系数；S 为水平面太阳辐射量，W/m^2；L 为向下的大气辐射量，W/m^2；T 为空气温度，K。

显热通量（H）与潜热通量（lE）的计算式如下：

$$H = C_p\rho C_H U(T_s - T + 273.15) \tag{3.20}$$

$$lE = l\rho C_E U[(1 - rh)q_{sat}(T) + \Delta(Ts - T + 273.15)] \tag{3.21}$$

式中：C_p 为空气的定压比热，J/(kg·K)；ρ 为空气密度，kg/m^3；C_H、C_E 分别为显热和潜热对应的容积系数；U 为风速，m/s；l 为水的汽化潜热，J/kg；$q_{sat}(T)$ 为气温对应的饱和比湿；Δ 为不同温度下饱和水汽压曲线上的斜率，kPa/K；其他因子与前述对应相同。

在假设 $Q_g=0$，积雪层表面温度可以由式（3.22）计算，此时，$C_H=C_E$

$$T_s = \frac{R - \varepsilon\sigma T^4 - l\rho C_H(1 - rh)q_{sat}(T)}{4\varepsilon\sigma T^3 + (l\Delta + C_p)\rho C_H U} + T \tag{3.22}$$

当 $T_s<0$℃时，不会发生融雪现象，当 $T_s\geqslant0$℃时，发生融雪现象，融雪深按下式推求。

$$M_S = Q_g/(\rho_D L_f) \tag{3.23}$$

式中：M_S 为融雪深，m；ρ_D 为积雪密度，kg/m^3；L_f 为冰的融解比热，J/kg；上述各式中各参数由如下公式确定。

$$l=2.50\times10^{6}-2400T \tag{3.24}$$

$$\rho=1.293\times\frac{273.15}{273.15+T}\times\frac{P}{1013.25}\times\left(1-0.378\frac{e_a}{P}\right) \tag{3.25}$$

$$q_{sat}(T)=\frac{0.622(e_s/P)}{1-0.378(e_s/P)} \tag{3.26}$$

$$e_s=6.1078\times10^{9.5T/(265.3+T)} \tag{3.27}$$

$$\frac{dq_{sat}}{dT}=\frac{de_s}{dT}\frac{0.622P}{(P-0.378e_s)^2} \tag{3.28}$$

$$\frac{de_s}{dT}=\frac{6.1078\times2834\times10^{9.5T/(265.3+T)}}{0.4615\times(273.15+T)^2} \tag{3.29}$$

式中：P 为大气压，hPa；其他因子同前。

3.5.2.3 积雪深和积雪平均密度的推定

积雪密度的变动范围一般在 100～600kg/m³，有积雪发生的情况下，积雪层的密度在压密作用下将随着时间不断增加并逐渐达到最大值，即使在积雪量相同的情况下，积雪密度和积雪深也会有所不同。在计算时，需要对积雪层厚度和平均积雪密度进行计算，否则，当积雪层厚度较大时，若采用同一积雪密度将对融雪计算结果产生误差。只有在积雪层厚度很小的情况下，才可以近似地认为积雪密度是一个常数。当积雪层被看作一层，按照以下公式计算积雪深和积雪密度（Kazama，1997）。

（1）降雪密度计算。以气温 T 为支配因子的降雪密度计算公式如下：

$$\rho_s=\begin{cases}20.0 & (T<-2.0)\\ 46.7+13.3T & (-2.0\leqslant T<1.0)\\ 60.0 & (T\geqslant1.0)\end{cases} \tag{3.30}$$

式中：ρ_s 为降雪的密度，kg/m³。

（2）压密过程。降雪发生后，如有积雪发生，则雪的自重会引起积雪层的压密，压缩高度按式（3.31）～式（3.34）计算。

$$dD=\beta_N R_S\left(\frac{D}{10}\right)^{0.24}\frac{\rho_w}{\rho_D} \tag{3.31}$$

$$\rho_D=\rho_w\frac{S}{D'}+\beta_c(\rho_{max}-\rho_D') \tag{3.32}$$

$$D=D'-d_D+D_n \tag{3.33}$$

$$D_n=R_s\frac{\rho_w}{\rho_s} \tag{3.34}$$

式中：dD 为积雪的压缩高度，m；β_N 为降雪的压缩系数；R_S 为降雪量，m；D 为降雪前的积雪深，m；ρ_w 为水的密度，kg/m³；ρ_D 为原积雪层密度，kg/m³；S 为降雪前积雪层中的水深，m；D' 为降雪后的积雪深，m；β_c 为压缩速度，其随气温的变化而有不同；ρ_{max} 为积雪层最大密度（积雪层最终压缩密度），kg/m³；ρ_D' 为计算前积雪层密度，kg/m³；D_n 为降雪的厚度，m；ρ_s 为降雪的密度，kg/m³。

式（3.32）中，压缩速度 β_c 为温度支配函数，按下式计算。

$$\beta=\begin{cases}0.000005 & (T<1.0)\\ 0.000005T & (T\geqslant 1.0)\end{cases} \tag{3.35}$$

为检验积雪深和积雪密度计算模型，对阿伦河流域一积雪观测点（N46°1′53.73″，E123°39′17.28″）2012年11月1日至2013年3月1日的积雪深进行模拟，气象数据利用流域内甘南县兴隆乡气象站（N48°1′44.59″，E123°39′26.30″）的同期数据，对该时段内的逐日积雪深的模拟结果和积雪密度的计算结果如图3.9所示。由图3.9可知，积雪深的计算值和观测值的拟合度较高，因为积雪深的计算受气温因子的支配，而逐日气温存在波动性，所以，和观测积雪深相比，积雪深的计算值呈现出较频繁的波动性，但波动幅度不大。如图中积雪密度曲线所示，在积雪发生后积雪密度逐渐增大并达到相对稳定的状态，即积雪密度达到压密的最大值。而后，随着降雪的发生，积雪层密度会随着降雪量的不同（新增积雪深）而出现短时间内的减小现象，但变动幅度不大，在计算期间内，其值在大部分时间保持在500kg/m³左右。经过对积雪深和积雪密度计算方法模拟结果的考察可知，如上述构建的积雪深和积雪密度的计算方法可以用于研究区的融雪计算。

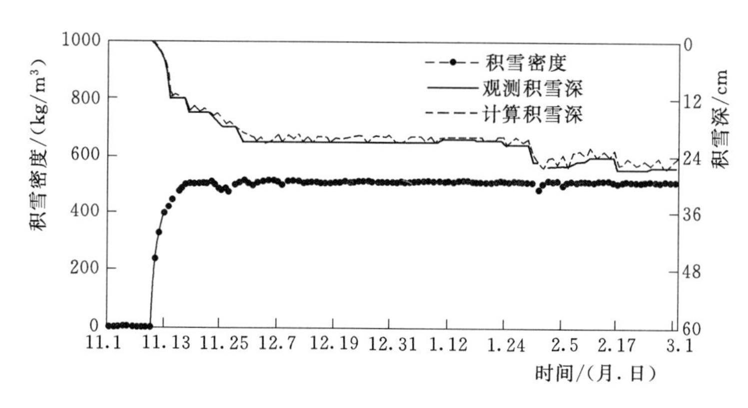

图3.9 积雪深和积雪密度计算示例（2012年11月1日至2013年3月1日）

3.6 有限差分方法

3.6.1 差分方案

有限差分方法（Finite difference method）是一种求偏微分（或常微分）方

程和方程组定解问题数值解的方法，简称差分方法。有限差分法具有简单、灵活以及通用性强等特点，基于有限差分建立的算法可以利用计算机技术实现计算，是求解偏微分方程数值解常用的、有效的方法。如果问题只与时间有关，则需要对微分方程式在时间上进行离散；如果问题只与空间有关，则需要对微分方程式在空间上进行离散；如果问题是时间和空间上的连续过程，则需要对微分方程式在时间上空间上进行离散。按照在时间和空间上离散方法的不同，有限差分法可以分为后退差分法、前进差分法和中间差分法（The Japan Society of Mechanical Engineers，1998）。以一维水流的水深因子 h 为例（图 3.10），对不同差分方案下其在时间和空间上的离散方法进行说明，图 3.11 对后退差分法、前进差分法和中间差分法的时空离散过程分别进行示意。

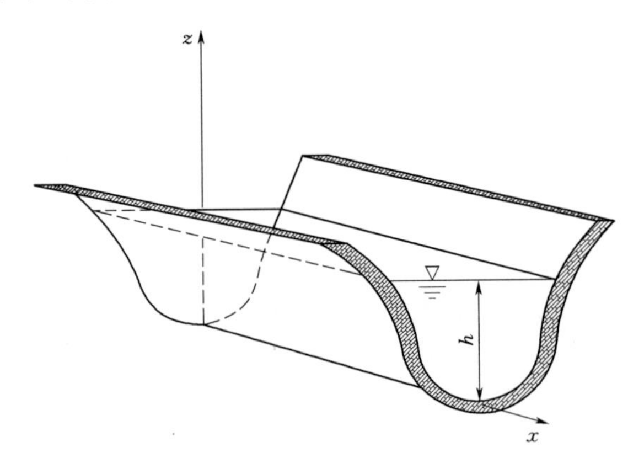

图 3.10　一维水流坐标系（h 为水深）

如图 3.11（a）所示，在后退差分方案中，空间上，以当前点当前时刻的水深（h_i^n）和前一点当前时刻的值（h_{i-1}^n）计算时间上当前点下一时刻的值（h_i^{n+1}）；如图 3.11（b）所示为前进差分方案，空间上，以当前点当前时刻的水深（h_i^n）和下一点当前时刻的值（h_{i+1}^n）计算时间上当前点下一时刻的值（h_i^{n+1}）；如图 3.11（c）所示为中间差分方案，以前一点当前时刻的值（h_{i-1}^n）和下一点当前时刻的值（h_{i+1}^n）计算当前点下一时刻的值（h_{i+1}^{n+1}）；其中，中间差分方案为二次精度。因为在计算顺次序上的任何一点都可视为当前点，所以，求解当前点下一时刻的值为模型预测的功能，即在时间上计算（预测）当前点下一时刻的值。

3.6.2　降雨-径流过程基础方程式的差分形式

降雨-径流过程是时间上和空间上的连续计算，需要对地表径流和渗透流的连续方程式在时间上和空间上进行离散化，即有限差分，因为数值计算要从流域的源点（河网上末级子流域的最上端）开始，需要依赖于末级子流域上端的边界

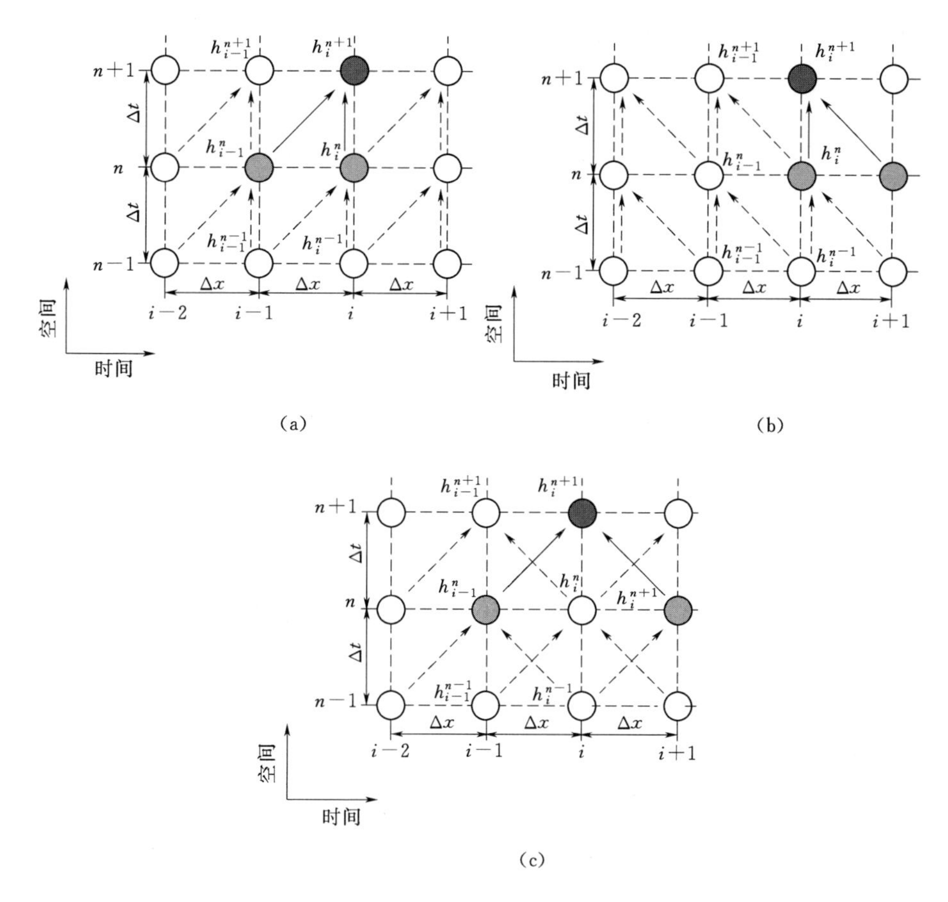

图 3.11　不同差分方案示意图

(a) 后退差分示意图；(b) 前进差分示意图；(c) 中间差分示意图

水文条件，所以常采用后退差分方案进行差分，地表径流连续方程式（3.1）和渗透流（地下水）的连续方程式（3.4）的差分形式分别如式（3.36）和式（3.37）所示。

坡面区间地表径流连续方程式的差分式：

$$h_i^{n+1}=h_i^n-\Delta t\left(r-f_1-\frac{q_i^n-q_{i-1}^n}{\Delta x}\right) \tag{3.36}$$

坡面区间渗透流（第一层）连续方程式的差分式：

$$\overline{h}_i^{n+1}=\overline{h}_i^n+\frac{\Delta t}{\lambda_1}\left(f_1-f_2-ET-\frac{\overline{q}_i^n-\overline{q}_{i-1}^n}{\Delta x}\right) \tag{3.37}$$

河道区间地表径流连续方程式（3.7）的差分式：

$$A_i^{n+1}=A_i^n+\Delta t\left[(r-f_1)b+q'+\overline{q}_1-\frac{Q_i^n-Q_{i-1}^n}{\Delta x}\right] \tag{3.38}$$

渗透流（任意层）连续方程式（3.10）的差分式：

$$\overline{h}_{mi}^{n+1}=\overline{h}_{mi}^{n}+\frac{\Delta t}{\lambda_m}\left(f_m-f_{m+1}-\frac{\overline{q}_{mi}^{n}-\overline{q}_{mi-1}^{n}}{\Delta x}\right) \tag{3.39}$$

式中：n 为计算时间上单位步长次序的编号；i 为水流方向上栅格次序的编号；对于坡面区间 $m=2$，对于河道区间 $m=1$；其他因子同前。

3.7 定解条件

3.7.1 定解问题

微分方程的定解问题就是在满足某些定解条件下求微分方程的解。在初始时刻所要满足的定解条件，称为初值条件（或初始条件）；在空间区域的边界上要满足的定解条件称为边界条件。不含时间而只带边界的定解问题，称为边值问题；与时间有关而只带初始条件的定解问题，称为初值问题；同时具备初始条件和边界条件的问题，称为初值边值混合问题，即定解问题。定解条件包括初始条件和边界条件（吴吉春等，2009），定解问题往往不具有解析解，或者其解析解不易计算，所以要采用可行的数值解法。有限差分方法就是一种数值解法，如上所述，它的基本思想是先把问题的定义域进行网格化，然后在网格点上，按适当的数值微分公式把定解问题中的微商换成差商，从而把原问题离散为差分格式，进而求出数值解。此外，还要研究差分格式解的存在性和唯一性、解的求法、解法的数值稳定性、差分格式的解与原定解问题的真解的误差估计、差分格式的解当网格大小趋于零时是否趋于真解（即收敛性）（朱幼兰等，1980）。

3.7.2 降雨-径流计算的初始条件

计算的初始时刻，河道区间和坡面区间末级子流域源点处地表径流的水深设为 0。

渗透流计算的初始时刻，坡面区间第一层渗透流（潜水）在末级子流域源点处的初始水深通过钻孔调查，根据潜水含水层深度的测量结果通过计算确定，即 $\overline{h}=\lambda H$，其中，λ 为有效孔隙率，H 为层厚；坡面区间第二层地下水的初始水深和河道区间地下水（第一层）的初始水深通过对流域内现有承压含水井水深的调查近似确定。

3.7.3 降雨-径流计算的边界条件

在水流方向上，对于坡面区间，无论是地表径流还是渗透流，计算开始时刻的边界条件与初始条件相同；在计算开始后，其前一次的计算结果（如水深、流量）作为下一次计算的边界条件。

对于河道区间地表径流计算的边界条件，因为有来自坡面区间地表和第一层的流入量［如图 3.7（b）、式（3.7）］，该流入量作为河道区间地表径流在计算方向上各栅格处计算的边界条件。

在垂向上（渗透方向），因为实际产生的渗透依赖于各层的水深，渗透流的边界条件需通过分别考察地表径流和各层地下水水深与计算时间步长的比值，并与该层水分支出项的大小进行比较而设定，如坡面区间地表径流计算的垂向边界条件由式（3.40）经计算确定。

$$\frac{\partial h}{\partial t}+\frac{\partial q}{\partial x}=r-\alpha,\ \alpha=\begin{cases}f_1 & (h/\Delta t\geqslant f_1)\\ h/\Delta t & (h/\Delta t<f_1)\\ 0 & (h=0)\end{cases} \tag{3.40}$$

式中：α 为引入参数，用来确定在地表径流在水深为 h 时，在垂向上由地表向第一层入渗的实际渗透速度，其值由式（3.40）计算确定［计算方法见式（3.40）］；即当 $h/\Delta t\geqslant f_1$ 时，由地表向第一层的渗透速度为 f_1；当 $h/\Delta t<f_1$ 时，由地表向第一层的渗透速度为 $h/\Delta t$；当地表径流水深 $h=0$ 时，由地表向第一层的实际渗透速度为0；其他因子同前。

按照同样的方法，坡面区间由第一层向第二层的实际入渗速度 f_2，以及由第二层继续向下一层入渗的速度 f_3，即第一层和第二层垂直方向计算的边界条件分别由式（3.41）和式（3.42）确定。

$$\lambda_1\frac{\partial\overline{h}_1}{\partial t}+\frac{\partial\overline{q}_1}{\partial x}=f_1-ET-\beta_1,\ \beta_1=\begin{cases}f_2 & (\lambda_1\overline{h}_1/\Delta t\geqslant ET+f_2)\\ \lambda_1\overline{h}_1/\Delta t & (\lambda_1\overline{h}_1/\Delta t<ET+f_2)\\ 0 & (\overline{h}_1=0)\end{cases} \tag{3.41}$$

$$\lambda_2\frac{\partial\overline{h}_2}{\partial t}+\frac{\partial\overline{q}_2}{\partial x}=f_2-\beta_2,\ \beta_2=\begin{cases}f_3 & (\lambda_2\overline{h}_2/\Delta t\geqslant f_3)\\ \lambda_2\overline{h}_2/\Delta t & (\lambda_2\overline{h}_2/\Delta t<f_3)\\ 0 & (\overline{h}_2=0)\end{cases} \tag{3.42}$$

式中：β_1、β_2 为引入参数，分别用来表示在第一层和第二层的地下水深分别为 $\overline{h}_1$、$\overline{h}_2$ 时，由第一层向第二层和由第二层向其下一层的实际渗透速度，如当 $\lambda_1\overline{h}_1/\Delta t\geqslant ET+f_2$ 时，由第一层向第二层渗透速度为 f_2；当 $\lambda_1\overline{h}_1/\Delta t<ET+f_2$ 时，由第一层向第二层实际渗透速度为 $\lambda_1\overline{h}_1/\Delta t$；当第一层中的地下水（潜水）水深 $\overline{h}_1=0$ 时，由第一层向第二层的渗透速度为0。由第二层继续向下渗透边界条件与由地表向第一层以及由第一层向第二层渗透的边界条件的确定方法和逻辑计算过程相同；其他因子同前。

河道区间垂直方向上计算的边界条件的确定方法与坡面区间遵循相同的逻辑和计算过程，与坡面区间相比，河道区间的地表径流由于有来自坡面区间的流入成分导致其垂向计算边界条件的计算公式与河道区间对应区间［地表和第一层，式（3.40）和式（3.41）］在形式上有所差别，式（3.43）所示为河道区间地表径流垂向渗透计算的边界条件，河道区间第一层及以下垂向计算的边界条件的计算公式在此略去。

$$\frac{\partial A}{\partial t}+\frac{\partial Q}{\partial x}=(r-\alpha)b+q'+\bar{q}_1, \quad \alpha=\begin{cases} f_1 & (h/\Delta t \geqslant f_1) \\ h/\Delta t & (h/\Delta t < f_1) \\ 0 & (h=0) \end{cases} \tag{3.43}$$

式中：α 为引入参数，用来确定河道区间地表径流的水深为 h 时，在垂向上由地表入渗到第一层的实际渗透速度，其值由式（3.43）计算确定（此公式中没有考虑河道区间水面蒸发）。

3.8 模型结构

以计算机语言 Fortran 开发分布式水文模型（实现算法的计算程序），分布式流域降雨-径流过程计算模型由 3 个基本模块构成，即参数输入模块、降雨-径流模块和结果输出模块。“参数输入模块”的功能是读入水文（降雨）、气象数据，河网上分布式小流域的尺度参数（如坡面长、坡度，河道长、坡度、宽度等），土壤垂直剖面模型的物理性参数（各层的垂向渗透系数、横向透水系数、有效孔隙度、初始水深及厚度等）。

“降雨-径流模块”是模型的核心计算模块，用于实现基于运动波理论的基础方程式［式（3.1）～式（3.12），式（3.36）～式（3.39）］构建的降雨-径流计算方法，对全流域的降雨-径流（坡面-河道产汇流及渗透）过程进行计算。“降雨-径流模块”有 3 个子模块构成，分别是“定解条件子模块”（设定计算的初始条件和边界条件），“坡面区间产汇流子模块（含蒸散发）”以及“河道产汇流子模块”。其中在“坡面区间产汇流子模块”和“河道区间产汇流子模块”分别由各区间的“水流方向（纵向）计算”和“渗透方向（垂向）计算”两个二级子模块构成。

“结果输出模块”的功能是根据用户需要，输出数值计算的部分结果。如图 3.12 所示为分布式流域降雨-径流计算模型的基本结构和模块之间的耦合关系，如图 3.13 所示为耦合融雪的降雨-径流分布式水文模型的基本结构。“融雪模块”的功能是利用气象数据实现对融雪的计算［式(3.17)～式（3.21），式（3.31）～式（3.34)］，耦合融雪的分布式水文模型是在分布式降雨-径流模型基本结构上增加了一个融雪计算模块。

模型开发（程序编译）过程中，首先，分别开发“参数输入模块”“降雨-径流模块”和“结果输出模块”的子程序，开发“降雨-径流模块”子程序时，注重各级模块之间的逻辑连接关系。在完成各子模块程序开发的基础上，对构成分布式流域降雨-径流计算模型的各基本模块进行耦合。而后，对耦合后的程序（模型）进行逻辑正确性检验，即按照水流在流域河网纵向上（水流方向）的运

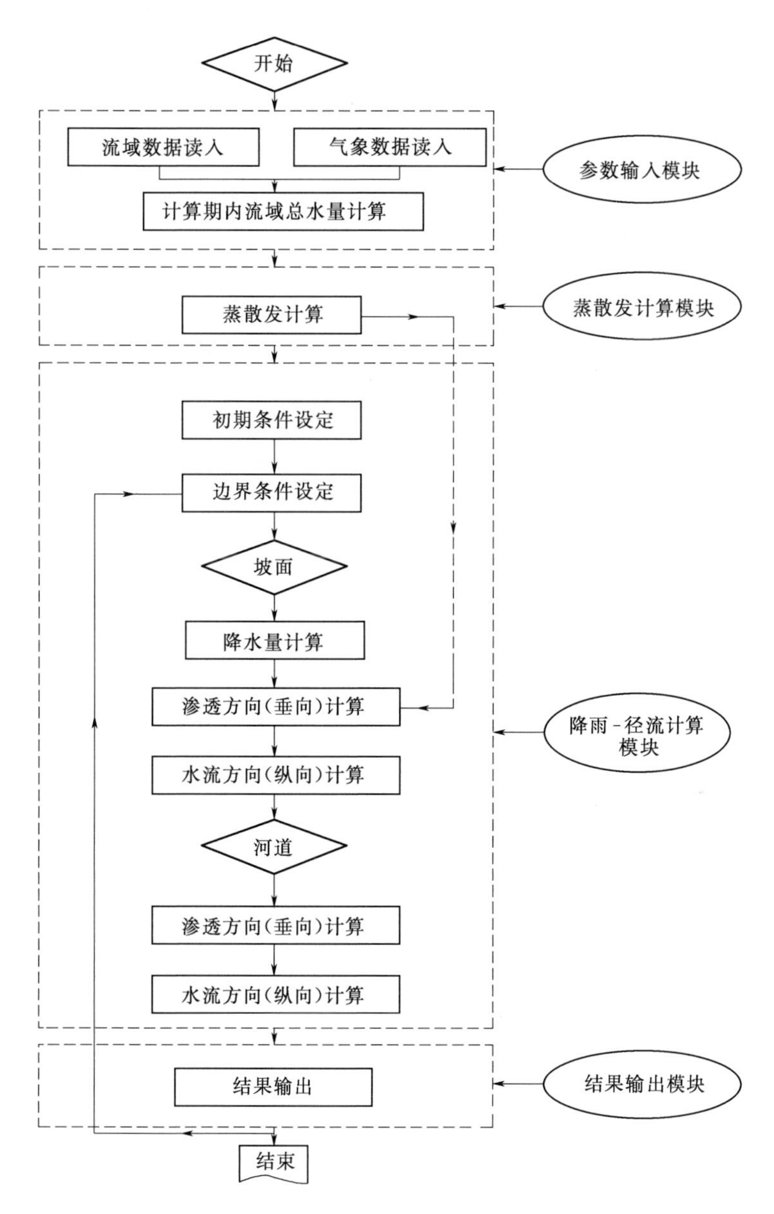

图 3.12 分布式水文模型降雨-径流过程数值模型的基本结构

动过程和在土壤垂直剖面模型上的运动过程检验各子模块和各级模块耦合关系的正确性。对于耦合融雪的分布式水文模型，在检验分布式流域降雨-径流模型逻辑正确性的基础上，还需检验融雪模块的正确性以及融雪模块与降雨-径流模型耦合后计算逻辑是否正确，从而确保模型对流域耦合融雪的降于-径流过程模拟在时空过程上的正确性。

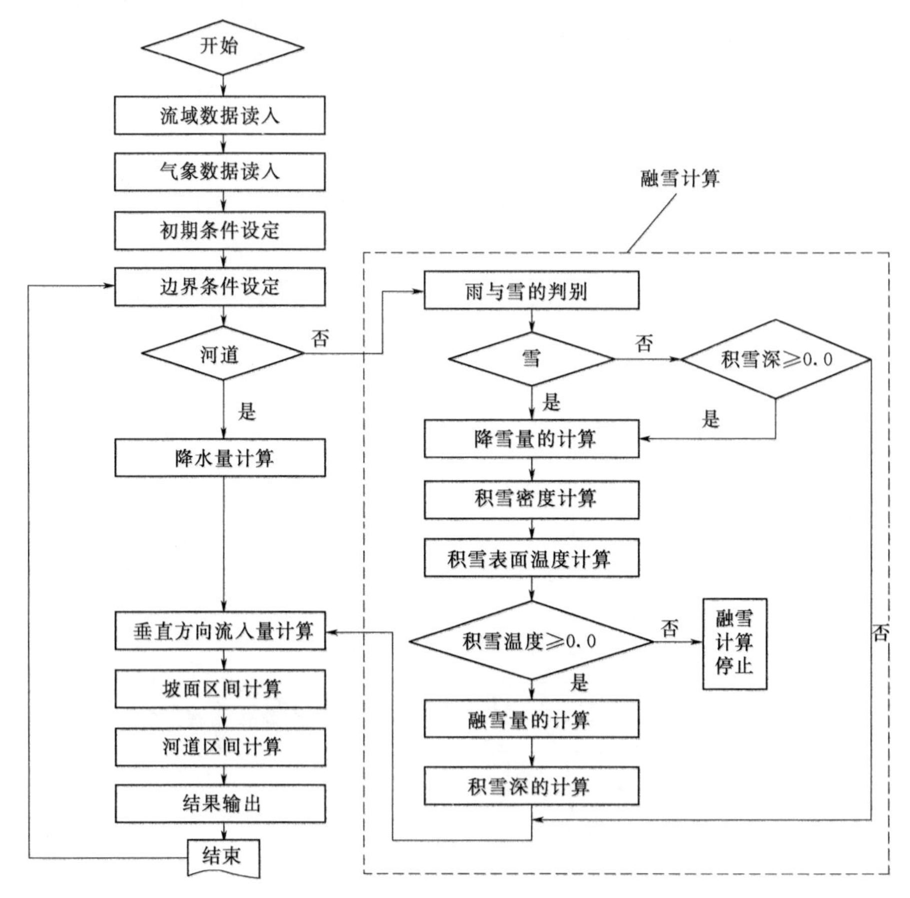

图 3.13　耦合融雪分布式水文模型的基本结构

3.9　参数率定

物理性分布式水文模型需要大量的参数驱动模型计算，参数包括流域的尺度参数（坡面长、坡度、河道长度、宽度等）和流域下垫面物理性参数如各层（模型垂向分层结构上）土壤的垂向渗透系数、横向透水系数、层厚、有效孔隙率等。对参数进行准确率定是实现模型高精度计算的前提条件。在流域空间上，具有物理性的分布式水文模型虽然以同一组参数驱动模型计算，但各参数的值会随着流域内空间位置的不同而发生变化，大部分参数具有时空分异特性，即参数值随着时间和空间的改变而有所不同。所以，物理性分布式水文模型需要对流域河网上划分的各级子流域分别配置参数，以阿伦河流域计算区域为例［径流观测断面——甘南县兴隆乡阿伦河大桥断面（N48°1′21.93″，E123°36′28.14″）的上游集水区（图 3.14 和图 3.15）］对模型参数的率定过程进行说明。

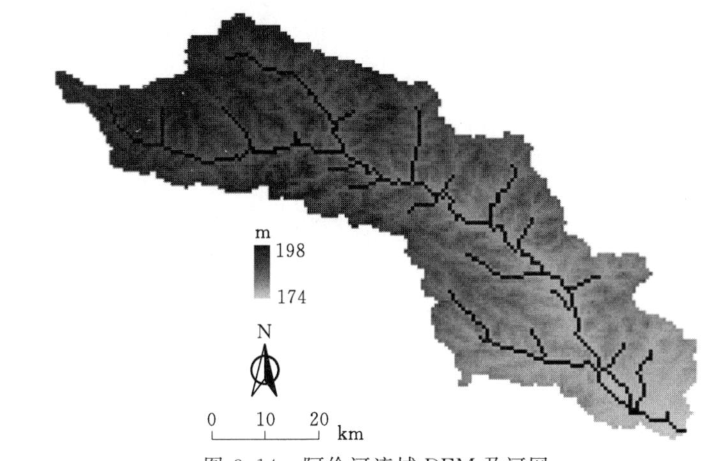

图 3.14 阿伦河流域DEM及河网

（地表径流观测点以上集水区域，面积4640km²）

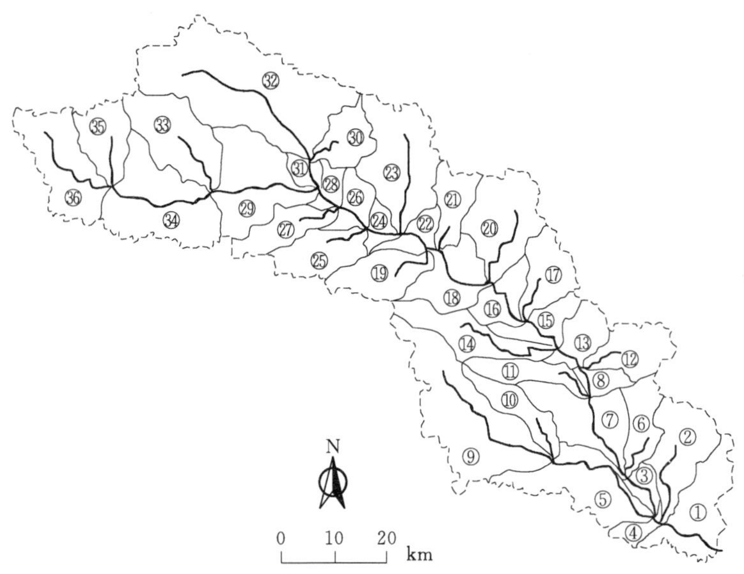

图 3.15 阿伦河流域地表径流观测点以上区域流域划分（分布式模型化）

3.9.1 坡面及河道尺度参数

流域的尺度参数如坡面长、河道长、河宽以及坡度等参数，基于流域DEM利用GIS-ArcMap确定，其中流域河网主要河道的宽度以DEM结合水准测量确定，坡面以及河道糙率（曼宁粗度系数）通过实验率定。图3.14所示的阿伦河流域甘南县兴隆乡大桥断面以上集水区域的河网上各小流域尺度参数以及坡面、河道糙率等参数见表3.1。由于同一时段内流域覆被空间分布存在差别，以及同一区域覆被存在季节性差异，表3.1中给出的坡面和河道糙率是近似值。

表 3.1 各小流域坡面及河道的尺度参数

小流域编号	左侧坡面长/km	左侧坡度	左侧坡面糙率/(s·m$^{-1/3}$)	右侧坡面长/km	右侧坡度	右侧坡面糙率/(s·m$^{-1/3}$)	河道长/km	河道坡度	河床糙率/(s·m$^{-1/3}$)	河宽/km	各小流域面积/km^2	河道面积/km^2
1	2.45	0.0004	0.08	12.74	0.0004	0.08	17.26	0.0004	0.05	0.395	262	6.8
2	3.16	0.00043	0.08	4.90	0.00043	0.08	19.03	0.00043	0.05	0.036	153	0.7
3	0.87	0.00045	0.08	1.94	0.00045	0.08	13.9	0.00045	0.05	0.32	39	4.4
4	5.82	0.0004	0.08	0.64	0.0004	0.08	0.64	0.0004	0.05	0.325	4	0.2
5	5.06	0.00045	0.08	1.17	0.00045	0.08	31.57	0.00045	0.05	0.086	197	2.7
6	2.78	0.00052	0.08	1.73	0.00052	0.08	10.65	0.00052	0.05	0.036	48	0.4
7	4.78	0.00043	0.08	6.31	0.00043	0.08	23.22	0.00043	0.05	0.398	258	9.2
8	2.19	0.00043	0.08	1.11	0.00043	0.08	5.03	0.00043	0.05	0.402	17	2.0
9	8.13	0.0004	0.08	3.58	0.0004	0.08	39.31	0.0004	0.05	0.082	460	3.2
10	2.25	0.00041	0.08	1.64	0.00041	0.08	7.18	0.00041	0.05	0.04	28	0.3
11	2.59	0.00046	0.08	0.87	0.00046	0.08	9.63	0.00046	0.05	0.048	33	0.5
12	2.08	0.00042	0.08	2.44	0.00042	0.08	10.08	0.00042	0.05	0.05	46	0.5
13	1.22	0.00055	0.08	7.54	0.00055	0.08	9.49	0.00045	0.05	0.365	83	3.5
14	1.17	0.00053	0.08	1.72	0.00053	0.08	28.26	0.00045	0.05	0.039	82	1.1
15	2.80	0.00047	0.08	10.40	0.00047	0.08	12.3	0.00046	0.05	0.35	162	4.3
16	3.67	0.00044	0.08	5.40	0.00044	0.08	14.38	0.00048	0.05	0.347	130	5.0
17	3.16	0.00048	0.08	4.18	0.00048	0.08	11.18	0.0005	0.05	0.078	82	0.9
18	4.38	0.00056	0.08	7.65	0.00056	0.08	21.88	0.00055	0.05	0.334	263	7.3
19	0.86	0.0006	0.08	2.80	0.0006	0.08	14.23	0.00056	0.05	0.076	52	1.1

续表

小流域编号	左侧坡面长/km	左侧坡度	左侧坡面糙率/(s·m$^{-1/3}$)	右侧坡面长/km	右侧坡度	右侧坡面糙率/(s·m$^{-1/3}$)	河道长/km	河道坡度	河床糙率/(s·m$^{-1/3}$)	河宽/km	各小流域面积/km^2	河道面积/km^2
20	3.87	0.00064	0.08	3.16	0.00064	0.08	20.81	0.00054	0.05	0.065	146	1.4
21	2.44	0.00074	0.08	1.22	0.00074	0.08	7.42	0.0006	0.05	0.102	27	0.8
22	2.73	0.00072	0.08	1.93	0.00072	0.08	9.09	0.00065	0.05	0.055	42	0.5
23	7.99	0.00063	0.08	6.07	0.00063	0.08	24.31	0.00068	0.05	0.092	342	2.2
24	2.29	0.00067	0.08	2.59	0.00067	0.08	8.27	0.00067	0.05	0.33	40	2.7
25	1.74	0.00073	0.08	1.94	0.00073	0.08	11.64	0.00073	0.05	0.066	43	0.8
26	1.71	0.00078	0.08	1.98	0.00078	0.08	6.77	0.00078	0.05	0.326	25	2.2
27	1.67	0.00082	0.08	1.70	0.00082	0.08	9.87	0.00082	0.05	0.054	33	0.5
28	0.87	0.00084	0.08	3.16	0.00082	0.08	5.66	0.00084	0.05	0.302	23	1.7
29	3.46	0.00086	0.08	8.14	0.00084	0.08	32.25	0.00086	0.05	0.295	374	9.5
30	2.73	0.00089	0.08	2.10	0.00084	0.08	6.78	0.00087	0.05	0.072	33	0.5
31	2.12	0.0009	0.08	0.90	0.00086	0.08	11.68	0.0009	0.05	0.086	35	1.0
32	7.23	0.00093	0.08	4.74	0.00089	0.08	46.63	0.00094	0.05	0.06	558	2.8
33	2.73	0.00094	0.08	4.38	0.00093	0.08	17.01	0.00096	0.05	0.1	121	1.7
34	5.93	0.00095	0.08	5.96	0.00096	0.08	32.18	0.00098	0.05	0.265	382	8.5
35	1.74	0.0011	0.08	4.15	0.0001	0.08	10.16	0.0011	0.05	0.072	60	0.7
36	3.32	0.001	0.08	4.89	0.00098	0.08	26.28	0.0012	0.05	0.108	216	2.8

注 表3.1中，第12列“各小流域面积”和第13列“河道面积”不是模型“参数输入模块”的必要内容，在此给出的原因是为检验各小流域和河道的面积累加值是否与该区域的集水面积一致。

如前文所述，阿伦河流域注入嫩江河口处由于人为因素对河道进行了加宽以及两河道水流交汇等原因，造成水流观测难度加大（图 3.2），特别是枯水期水位较低的时段，所以，该断面不适合作为地表径流观测断面，选择甘南县兴隆乡阿伦河大桥断面作为地表径流观测点，该断面集水区面积为 4640km²，占流域总面积的 73.7％。

3.9.2 土壤物理性参数

土壤的物理性参数如水力学特性参数、土层厚度以及地下水（潜水）含水层厚度等，通过野外实验、钻孔调查以及实际调查等途径确定。

土壤水力学特性参数，特别是表层土壤水力学特性参数如渗透系数、透水系数、有效孔隙率等对产流和入渗过程有很大的影响。土壤表层垂向渗透系数和横向透水系数通过简易渗透实验确定。首先，以自制简易渗透试验装置进行野外实验［图 3.16（a）］。实验装置主要由支架［图 3.16（a）中未绘出］和标记刻度的储水器两部分组成，下部设有模拟点降雨的出水孔。根据水量平衡原理，自渗透实验开始至有地表径流产生的临界状态为止，表层土壤已达到或接近饱和状态，表层土入渗量和土壤入渗能力达到平衡，此时，降雨量全部入渗到土壤中。

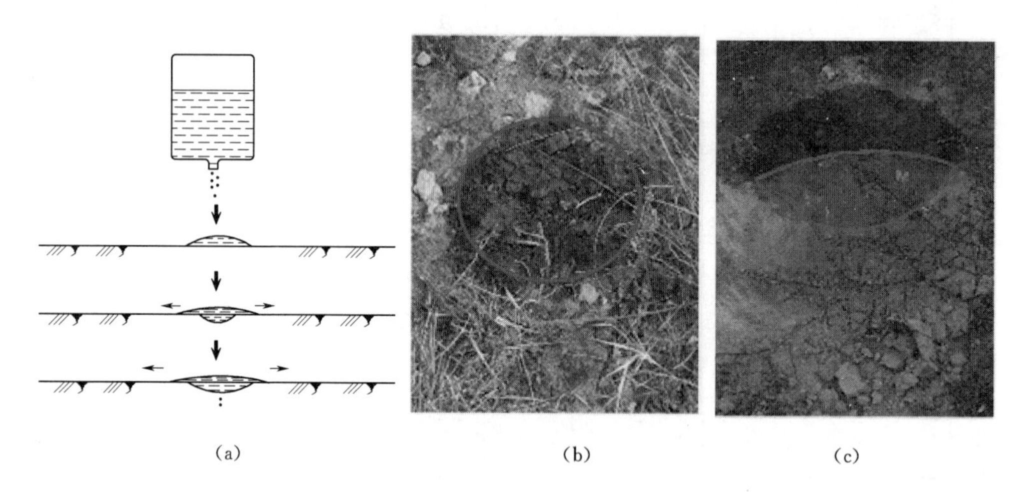

(a)　(b)　(c)

图 3.16　简易渗透装置示意图及渗透轮廓

（a）简易渗透试验装置；（b）地表水平面渗透轮廓；（c）土壤垂直剖面渗透轮廓

以储水器在地面的投影为参照面积，根据贮水器直径、水面下降高度及实验时间可计算出降雨强度。试验将雨量（出水量）控制在 13.27cm³/min（相当参照面积范围内降雨强度为 4mm/min）。试验结束后的渗透轮廓如图 3.16（b）、（c）所示，其中，水平面渗透轮廓近似为圆形，其直径可用刻度尺沿着两个垂直的方向多次测量后取平均值确定；土壤垂直剖面渗透轮廓近似为弧形区域，其最大弦长为地面渗透轮廓的直径，垂向最大渗透深度为地表至渗透轮廓线底部中心部位的距离，每个实验点测量3次取平均值，作为渗透深度。

接下来，基于稳定渗透理论和水量平衡原理建立计算模型。如图3.16（a）和图3.17（a）所示，当水降落到地面后，其运动方式可以分解为水平方向的均匀扩散及竖直方向的入渗两部分。设到某时刻为止，降落到地面上的总水量为V_t，在单位时间Δt内，水沿圆的径向扩散距离为Δr_c，自圆心开始沿径向每增加Δr_c对应的圆环面积增量为ΔA_c，则在水平方向上渗透区域为一组环形区域[图3.17（a）]，以ΔV_i表示流入和流出第i个环形区域的水量差，则该差值为第i个环形区域内的渗透量。根据水量平衡及稳定渗透原理，可以建立入渗量、时间以及水平扩散距离的函数关系式；在竖直方向上，单位时间内的渗透深度变化Δh是入渗量ΔV、时间t以及土壤渗透能力的函数。

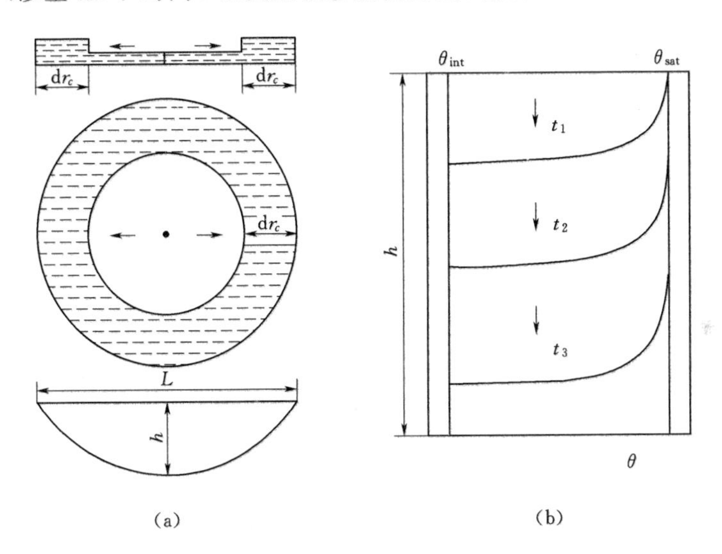

图3.17 渗透模型示意图

（a）渗透模型示意图；（b）表土含水量变化示意图

图3.17（b）为模型结构下渗透过程中表土含水量变化示意图，各点渗透实验开始时的初始含水率和实验终止时的饱和含水率分别设为θ_{int}和θ_{sat}，在稳定渗透理论下，各渗透实验点的初始和饱和含水量被设定为两个不等的常数。渗透实验开始后，表土层的含水率在表土层内（各渗透试验点的最大深度h）随着渗透时间的增加自上而下由初始含水率θ_{int}开始逐渐增加至饱和含水率θ_{sat}[图3.17（b），其中$t_3>t_2>t_1$]，可以根据上述水量和渗透关系建立式（3.44）～式（3.47）所示的渗透计算方法。

质量（水量）平衡连续方程式：

$$\frac{\partial A_c}{\partial t}+\frac{\partial V}{\partial r_c}=f \tag{3.44}$$

$$\mathrm{d}A_{ci}=\pi[(r_{ci}+\mathrm{d}r_c)^2-r_{ci}^2] \tag{3.45}$$

垂向渗透运动方程式：

$$\frac{\mathrm{d}h}{\mathrm{d}t}=\frac{f}{K} \tag{3.46}$$

$$K=\lambda\mathrm{d}\theta=\frac{\lambda}{h}\frac{\mathrm{d}V}{\mathrm{d}A_c} \tag{3.47}$$

式中：t 为时间因子，s；r_c 为径向空间因子，m；f 为渗透系数，m/s；V 为水体积，其变化量 $\mathrm{d}V$ 用来表示单位时间内的渗透量，m^3/s；$\mathrm{d}A_{ci}$ 为环形区域面积，m^2；r_{ci} 为第 i 个环形区域的内径，m；λ 为土壤有效孔隙率；h 为到某一时刻为止的渗透深，m；θ 为土壤体积含水率，$\mathrm{cm}^3/\mathrm{cm}^3$；$K$ 为一引入参数，用来表示与土壤含水率、饱和度及孔隙率之间的关系，是与土壤实际渗透能力有关的参数。

通过上述实验和计算方法，可以近似地推求出研究区域内各种植被条件下的表层土壤垂向渗透系数。同时，根据各渗透实验点上径向渗透距离和试验时间的关系，可以近似地推求出表层土壤横向透水系数的大小。另外，一般情况下，表土的初期（不饱和）渗透系数要大于饱和渗透系数，因此，通过上述实验所测得的表层土壤渗透系数，只是在实验期间内表层垂向渗透系数的平均值。

对于土壤垂直剖面各土层的厚度以及潜水含水层的厚度，通过野外多点钻孔调查（参见 3.3.2 节）结合对流域内现有潜水井水深的调查确定。因为流域下垫面土壤物理性参数呈现出时空变化特征，对于河网分级得到的 36 个小流域（图 3.15、表 3.1），用于模型计算的物理性参数有数百个，通过实际调查和实验确定各分布式小流域全部土壤物理性参数十分困难。由于野外实验和调查的技术和条件所限，部分参数（以下称未定参数，如坡面区间第二层及河道区间土壤垂向渗透系数、横向透水系数、土壤有效孔隙率，以及由坡面区间第二层向下的垂向渗透系数等）很难通过实际调查和简易渗透实验确定。本研究中，在考虑流域尺度以及参照基于河网对流域分级的结果，选取流域内 40 个点（图 3.4 示意选取的调查点在流域内自上游至下游接近均匀分布，所有调查点并未在图中全部给出）作为钻孔调查点，在钻孔调查的基础上进行简易渗透实验，确定表层土壤垂向渗透系数、横向透水系数、有效孔隙率等参数。这些参数的值是通过野外调查或实验确定的，称之为确定参数。而对于未定参数的率定，通过利用模型海量计算进行参数寻优的方法来进行。其主要过程为：首先，给这些未定参数赋予一个合理的初值，如对坡面区间表层（第一层）和第二层通过钻孔调查所取得土样的简单分析可知，坡面第二层土壤的密实度要大于表层土壤，一般情况下，其第二层的垂向渗透系数、横向渗透系数以及土壤有效孔隙率等基本物性参数要小于第一层土壤，因为第一层土壤的上述参数的值已通过实验和调查的方式确定（确定参数），所以，基于第一层土壤上述参数值，给第二层土壤对应的参数配置初值，其他未定参数亦然。接下来，将确定参数和未定参数整理成“参数输入文件”。利用模型计算，输出观测断面流量的数值结果，与该断面同期观测结果进行比较，即数值模拟。因为流量观测值与数值模拟结果之间存在误差，为减小误差，调整未定参数的值，再与确定参数代入模型计算，通过反复调整参数并考察数值模拟结果，数值模拟的误差将逐渐减小。最后，当误差满足误差判断基准要求精度时［式（3.48）］，即实现了模型的参数率定。因为参数太多，表3.2给出了模型主要参数的特征值，即流域各级分布式小流域各主要参数（表3.2）的值与该表所示对应参数值具有相同的数量级。

表3.2　　模型计算主要参数

参　　数	坡　　面		河道	单位
	第1层	第2层		
糙率（曼宁粗度系数）n	0.08	—	0.06	$s \cdot m^{-1/3}$
透水系数 k	1.0×10^{-5}	2.5×10^{-6}	4.0×10^{-6}	$m \cdot s^{-1}$
垂向渗透系数 f	3.0×10^{-6}	4.0×10^{-7}	4.5×10^{-7}	$m \cdot s^{-1}$
层厚 H_s	10	25.0	25.0	m
初始水深 h	3.0	—	—	m
有效孔隙率 λ	0.35	0.20	0.20	—

3.10　参数灵敏度分析

参数的灵敏度分析有助于进一步了解主要参数对研究流域水文过程的影响以及模型的校准（姚苏红等，2013）。参数灵敏度分析的常用方法是莫里斯（Morris）的筛选方法（One factor at a Time，OAT），此筛选方法主要用于确定输入对产出影响最大的子集（Francos，2003），它是一种基于复制和随机的、简单但是有效的对大量输入的模型参数当中的部分重要因子进行筛选的方法（Saltelli等，2008）（有关对OAT方法的详细说明请见Morris，1991）。该方法用于降雨-径流数值模型参数灵敏度分析时，通过有限的模型运行次数对有影响力的非模型因素进行鉴别（Morris，1991）。基于此方法，用于灵敏度分析因子的值是随机变化的，同时固定其他参数的值。基于在选定的参数取值变化条件下对模型输出结果（数值模拟结果）影响程度的分析来评价该参数的灵敏度（Francos，2003）。在阿伦河流域分布式水文模型所用大量参数中，选取对降雨-径流计算结果影响较大的 6 个主要参数（包括表 3.2 中 5 个组要参数，只对于坡面区间）进行了分析，根据灵敏度分析结果，对各参数的重要程度用等级进行标识，参数的取值范围及等级分析结果见表 3.3。

表 3.3　模型主要参数灵敏度分析

参　数	定　　义	取值范围	等级
$f_1/(\mathrm{m \cdot s^{-1}})$	第 1 层垂向渗透系数	$a\times(10^{-5}\sim10^{-6})$	1
$k/(\mathrm{m \cdot s^{-1}})$	第 1 层透水系数	$a\times(10^{-5}\sim10^{-6})$	2
H_s/m	第 1 层厚度	8.0～12.0	3
h/m	第 1 层初始水深	2.0～4.0	4
$n/(\mathrm{s \cdot m^{-1/3}})$	糙率（曼宁粗度系数）	0.05～0.12	5
$los/(\mathrm{m \cdot s^{-1}})$	损失系数	$b\times10^{-8}$	6

注　a 的取值范围为 1.0～9.0，b 的取值范围为 1.0～2.0，其中 los（损失系数）用于近似模拟垂向上由坡面第二层继续向下的渗透的速度。

3.11　模型验证

3.11.1　数值模拟

数值模拟是基于计算机技术，结合有限差分或有限元概念，通过数值计算和图像显示的方法，达到对工程问题和物理问题乃至自然界各类问题研究的目的。在流域分布式水文模型研究中，数值模拟作为检验模型实用性和有效性的重要技术手段而被广泛应用（Yakirevich 等，1998；McKillop 等，1999）。本研究中，通过对观测径流过程的数值模拟（观测流量与数值结果的比较）来检验所构建的分布式水文模型在研究区阿伦河流域降雨-径流计算中的实用性。如前所述，径流的观测断面为黑龙江省甘南县兴隆乡境内阿伦河大桥断面（图 3.15），该断面上游区域的集水面积（降雨-径流计算面积）为 4640km²。选取不同时期的降雨径流事件作为模拟对象，包括次降雨事件条件下的降雨-径流过程，长期（计算期间有多次降雨事件发生）降雨-径流事件过程模拟，部分数值模拟结果如图 3.18 所示。

图 3.18（a）、（b）是对次降雨事件的径流模拟结果，观测径流和计算值之间的整体拟合效果较好，虽然两者在个别时段内存在一定的差异，但差异不大，且峰值误差很小，说明模型对次降雨事件产生径流过程的模拟能力很强，有很好的实用性；图 3.18（c）所示为长期降雨-径流过程数值模拟结果，时间自 2012 年 1 月 1 日至 2013 年 12 月 31 日（2 年），由于计算的时间步长为 1s，数据点过多，所以将数值结果整理成以 1d（1 日）为序列的数据，由该图可知，数值结果

在时间序列上很好地再现了观测径流发生的过程，说明模型在阿伦河流域长期降雨-径流过程计算中具有很好的实用性；如图3.18（d）所示为研究区2013年主要融雪期（3月16日至4月15日）的降水-径流模拟结果，由该图所示结果可知，在计算期间内，计算流量与观测流量之间存在一定的误差（融雪期流量处于较高水平及以后的时段内），但两曲线在时间过程上仍有很好的拟合度，说明模型（融雪计算模块）适用于研究流域融雪期的融雪计算。基于以上模型对研究流域降雨-径流过程以及融雪过程数值模拟结果的分析可知，本研究依托阿伦河流域

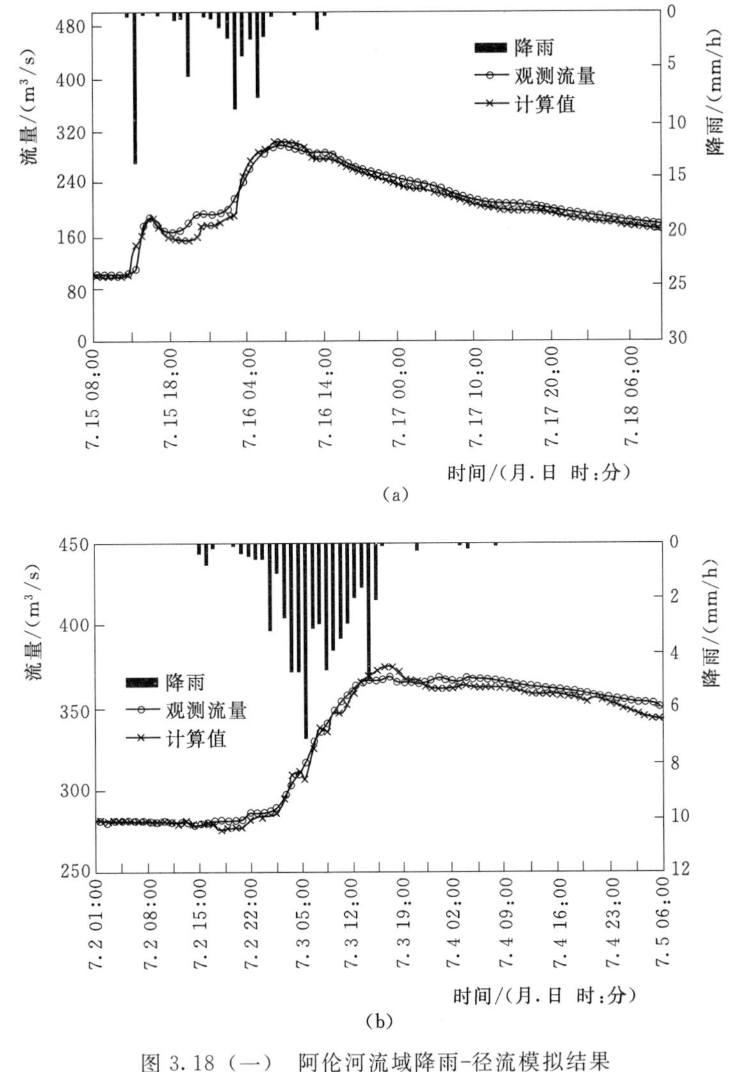

图3.18（一）　阿伦河流域降雨-径流模拟结果

（a）降雨-径流数值模拟（次降雨事件2013年7月15—18日）；

（b）降雨-径流数值模拟（次降雨事件2013年7月2—5日）

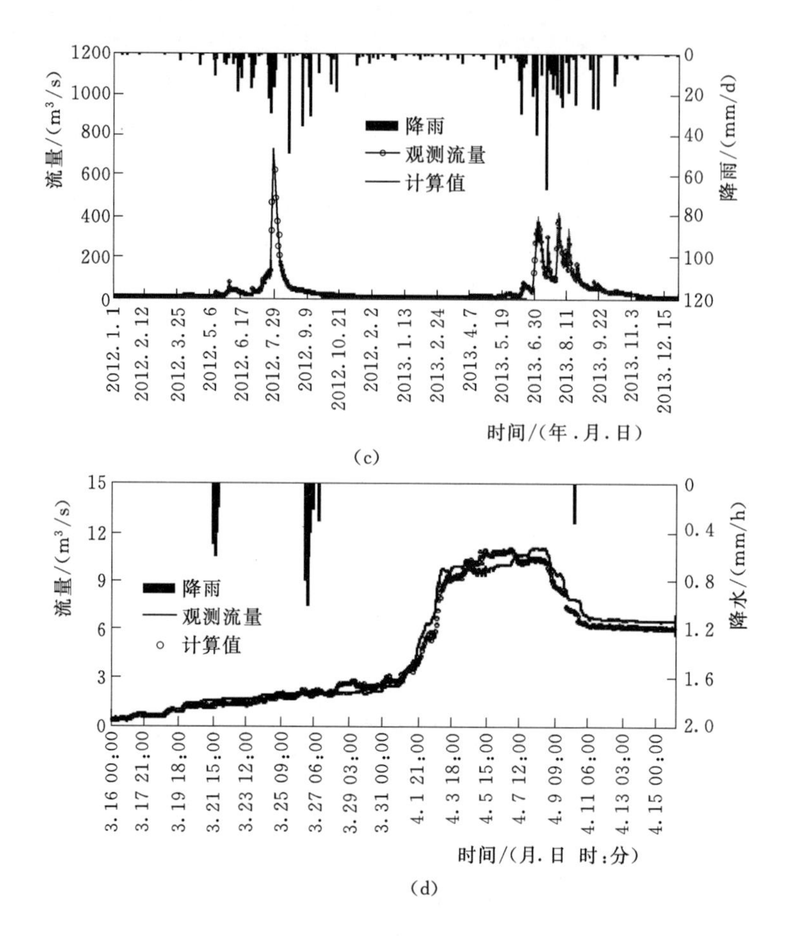

图 3.18（二） 阿伦河流域降雨-径流模拟结果

（c）长期降雨-径流数值模拟（2012 年 1 月 1 日至 2013 年 12 月 31 日）；

（d）融雪期径流结果模拟（2013 年 3 月 16 日至 4 月 15 日）

开发的耦合融雪的分布式水文模型，在该流域的降雨-径流以及融雪计算中，具有很好的实用性。

3.11.2 误差分析

式（3.48）被《日本河流侵蚀控制技术规范》［Japan River erosion control technical criterion of MLIT（Ministry of Land，Infrastructure，Transport and Tourism，Japan，1997)］推荐为误差评价的基准，该式作为一个具有兼容性的客观基准被提出并在误差分析中有广泛的应用（Yamamoto，2003)，该基准允许的误差为小于 0.03。

$$E = \frac{1}{n}\sum_{i=1}^{n}\left[\frac{Q_o(i) - Q_c(i)}{Q_{op}}\right]^2 \tag{3.48}$$

式中：E 为误差；n 为计算次数；$Q_o(i)$ 为 i 时刻的观测流量，m^3/s；$Q_c(i)$ 为 i 时刻的计算流量，m^3/s；Q_{op} 为计算时段内的最大观测流量，m^3/s。

对降雨-径流模拟结果［图 3.18 所示的降雨-径流过程的模拟结果］进行随机误差计算，结果见表 3.4。

表 3.4　随机误差计算结果索引和模型的 *NSE*

时　　段	误差	*NSE*	备　　注
2013 年 3 月 16 日至 4 月 15 日	0.005	0.920	融雪期
2013 年 4 月 1 日至 4 月 10 日	0.008	0.916	融雪期
2013 年 7 月 2 日至 7 月 5 日	0.004	0.935	雨季次降雨事件
2013 年 7 月 15 日至 7 月 18 日	0.007	0.958	雨季次降雨事件
2013 年 7 月 15 日 12：00 至 7 月 16 日 6：00	0.018	0.912	雨季次降雨事件集中降雨期间
2012 年 1 月 1 日至 2013 年 12 月 31 日	0.003	0.980	长期降雨-径流过程

模拟结果误差随机计算的结果表明，对于次降雨产生的径流事件、融雪期径流、长期径流过程模拟结果的误差都在误差判断基准的允许范围之内，说明模型对研究区降雨-径流及融雪过程的计算具有很高的精度，可以用于阿伦河流域降雨-径流和融雪的数值计算。

3.11.3　模型效率检验

纳什效率系数（Nash - Sutcliffe efficiency，*NSE*）被用于模型效率检验，有如下两个原因：① *NSE* 由美国土木学会（American Society of Civil Engineers，ASCE，1993）和 Legates and McCabe（1999）推荐；② *NSE* 在结果报告中信息丰富，因而被广泛地应用。*NSE* 通过归一化统计用来确定与实测数据方差相比残差的相对大小（Nash and Sutcliffe，1970），Sevat and Dezetter（1991）也发现 *NSE* 是最好的反应曲线整体拟合效果的目标函数。*NSE* 的值介于 1.0 和负无穷（$-\infty$）之间，其值等于 1 时为最优值，处于 0.0 和 1.0 之间通常被认为是可接受的性能水平。*NSE* 在水文模型效率评价中应用相当频繁（Moriasi 等，2007）。*NSE* 的值由式（3.49）计算。

$$NSE = 1 - \frac{\sum_{i=1}^{n}[Q_o(i) - Q_c(i)]^2}{\sum_{i=1}^{n}[Q_o(i) - Q_{mean}]^2} \tag{3.49}$$

式中：Q_{mean} 为评价（计算）期间内观测数据的平均流量，$m^3 \cdot s^{-1}$；其他因子同式（3.48）对应相同。

对如图 3.18 所示的模型对降雨-径流过程模拟（计算）各期间内的 *NSE* 进

行计算，结果见表 3.4。由 *NSE* 的计算结果可知，各模拟期间的 *NSE* 都在 0.90 以上，说明本研究开发的分布式水文模型在阿伦河流域耦合融雪的降雨-径流计算中具有很高精度和效率。

3.12 计算结果及讨论

3.12.1 降雨-径流模型计算结果

图 3.19 中，由于数值计算的时间步长为 1s，数据点过密，所以将甘南县兴隆大桥断面和阿伦河汇入嫩江断面的径流计算结果整理成日序列数据，那吉水文站日序列径流数据通过实际观测得到。

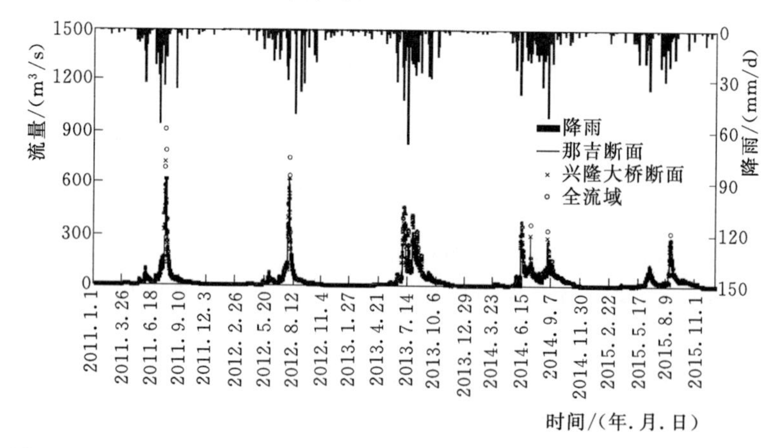

图 3.19 阿伦河流域甘南县兴隆大桥断面、阿伦河汇入嫩江断面（全流域）以及那吉水文站断面的降雨-径流过程线（2011 年 1 月 1 日至 2015 年 12 月 31 日）

降雨数据是降雨-径流过程计算必要的基础数据。将阿伦河流域通过自设雨量计观测结合在流域内各气象测站收集得到的降雨数据（2011—2015 年），利用泰森多边形法则（Thiessen method，2.2.4 空间分布式降雨数据）处理成空间分布型降雨数据，与气象数据以及 3.9 节中率定的流域尺度与土壤物理性参数整理到模型的“参数输入模块”。对甘南县大桥断面的降雨-径流过程（图 3.15 所示区域的出口断面，N48°1′21.93″，E123°36′28.14″；汇水面积 4640km²），阿伦河注入嫩江河口处的径流过程（图 3.2 所示出口断面，N47°37′3″，E124°4′44″，面积 6297km²）进行模型计算，将以 1s 为步长的数值结果整理成日序列数据。此外，通过收集得到了内蒙古自治区阿荣旗那吉水文站（N48°5′42.15″，E123°28′7.44″，汇水面积 4212km²）的日序列观测径流量数据。图 3.19 所示为包括上述两个断面流量的模型计算结果和那吉水文站观测流量的降雨-径流过程线。

根据图3.19可知，甘南县兴隆大桥断面、全流域（阿伦河入嫩江河口断面）以及那吉水文站断面的径流过程相似，其主要差别表现在雨季集中降雨产生的流量峰值在各断面有所不同，在平水期，各断面的流量相差不大，但随着集水面积的增加，平水期流量有些许的增加，但不明显。

3.12.2 面积与流量的关系分析

在流量相对集中时期（雨季），提取3个断面同期20次降雨-径流过程计算结果进行分析，并对3个断面的同期径流量进行比较，其结果见表3.5。根据表3.5结果可知，甘南县兴隆大桥断面和那吉水文站断面，所选取的20次集中流量的均值以及计算期间内各断面的平均流量与全流域同期流量的比值相差不大，如那吉水文观测断面流量与全流域对应结果的比值为0.75和0.72，甘南县兴隆大桥断面流量与全流域同期流量的比值为0.85和0.84。在此基础上，对甘南县兴隆大桥断面和那吉水文站断面的流量进行随机提取并与全流域同期结果进行比较，基于得到的比较结果并结合表3.5结果可知，随着流域汇水面积的增加，流量会随之增大，但并不是按照线性规律增加，即流域汇水面积尺度的增加与流量的增加之间不符合线性关系。

表3.5 那吉断面、兴隆大桥断面和全流域面积与流量的比较

断　　面	那吉水文站	甘南县兴隆大桥	全流域（嫩江入口）
汇水面积/km^2	4212	4640	6297
20次日集中流量均值/（m^3/s）	198	225	265
计算期内流量均值/（m^3/s）	27.8	32.4	38.7
汇水面积占流域比例	0.67	0.74	1
20次集中流量均值与流域同期流量之比	0.75	0.85	1
断面平均流量与流域平均流量的比	0.72	0.84	1

3.12.3 径流系数推求

根据数值计算结果和降雨观测结果，可推求出2011—2015年阿伦河全流域、甘南县兴隆大桥断面和那吉水文站断面计算期间逐月和各年的径流系数，2011—2015年流域降雨量和3个断面的径流系数推求结果见表3.6。由表3.6结果可知，2011—2015年（5年），流域最大年降雨量为650.9mm（2013年），最小年降雨量为410mm（2015年），5年的平均年降雨量为530mm，略高于阿伦河流域所在地区的多年平均降雨量461mm。阿伦河流域（2011—2015年）的年地表径流量的数量级为10^8～10^9m^3，其中，2013年流域地表径流量最大，那吉水文站断面、甘南县兴隆大桥断面和全流域的地表径流量分别为11.8亿m^3、13.9亿m^{3}和17.0亿m^3，径流系数分别为0.429、0.460和0.415；2015年径流总量最小，

所对应的3个断面的年径流量分别为6.3亿m^3、7.0亿m^3和8.5亿m^3，径流系数分别为0.366、0.368和0.327。那吉水文站断面、甘南县兴隆大桥断面和阿伦河流域2011—2015年的年平均径流量分别为8.76亿m^3、10.30亿m^3和12.74亿m^3，年平均径流系数分别为0.389、0.422和0.376。

表3.6　　2011—2015年径流系数推求结果

年份	年降雨量/mm	断面径流量和径流系数						各断面平均径流系数
		那吉水文站		兴隆大桥		全流域		
		径流量/亿m^3	径流系数	径流量/亿m^3	径流系数	径流量/亿m^3	径流系数	
2011	490.2	7.7	0.374	9.1	0.40	11.7	0.379	0.38
2012	520.5	7.7	0.352	9.5	0.393	11.5	0.350	0.36
2013	650.9	11.8	0.429	13.9	0.460	17.0	0.415	0.43
2014	580	10.3	0.422	12.0	0.446	15.0	0.409	0.42
2015	410	6.3	0.366	7.0	0.368	8.5	0.327	0.35
计算期间（2011—2015年）平均径流系数								0.39

根据对降雨-径流过程模拟结果的误差分析可知（参见3.11.2节），数值结果（阿伦河流域全域和甘南县兴隆大桥断面）与实际流量之间存在一定的误差（小于3%），而那吉水文站断面、甘南县兴隆大桥断面的集水面积分别占流域总面积的67%和74%，这两个断面的汇流过程也可以较充分地反应阿伦河流域的汇流特点，所以取3个断面的平均径流系数作为流域的径流系数。2011—2015年3个断面（数值计算断面：阿伦河入嫩江断面和甘南县兴隆大桥断面；流量观测断面：那吉水文站断面）的年平均径流系数分别为0.38、0.36、0.43、0.42和0.35，5年平均径流系数为0.39，即阿伦河流域的年径流系数略低于40%，在流域年水收支近似保持平衡的条件下，阿伦河所在区域的年蒸散发量在60%以上。

阿伦河流域位于半干旱区，该地区多年降雨量与潜在蒸散发量的比值在0.2～0.5之间，年降雨量季节性分布不均，超过60%的雨量集中在6—8月，从而，该区地表径流主要集中在雨季，与雨季相比，年内其他时间地表径流明显偏少（图3.19）。表3.7所示为2011—2015年阿伦河流域6—8月的降雨量和基于数值计算结果推求的径流系数。在计算的5年内，6—8月的降雨量占年平均降雨量的64%，在2011年、2013年和2014年，同期降雨量占当年降雨量的比例超过70%，而2012、2014年6—8月的径流系数超过0.50，5年内6—8月的平均径流系数为0.45；根据降雨量的观测结果和径流的数值计算结果可知，5年内，2013年6—8月的降雨量最大，达480.6mm，2015年最小，仅为188.1mm，此两年同期径流系数分别为0.39和0.49；计算期间内（2011—2015年）8月的径流系数最大，均值达到0.64。

表3.7　2011—2015年阿伦河流域6—8月降雨量和径流系数索引

年　份	2011	2012	2013	2014	2015	5年平均值
6—8月降雨量/mm	365	280.2	480.6	416.2	188.1	346.0
占年降雨量百分比/%	74.5	53.8	73.8	71.8	45.9	64
径流系数	0.44	0.53	0.39	0.53	0.49	0.45

3.12.4　融雪计算及讨论

对2011—2015年阿伦河流域主要融雪期（3月1日至4月15日）的融雪过程进行模型计算，计算区域为甘南县兴隆大桥断面以上集水区域，将数值计算结果整理为日序列值，图3.20所示为各年主要融雪期的积雪深-径流曲线。

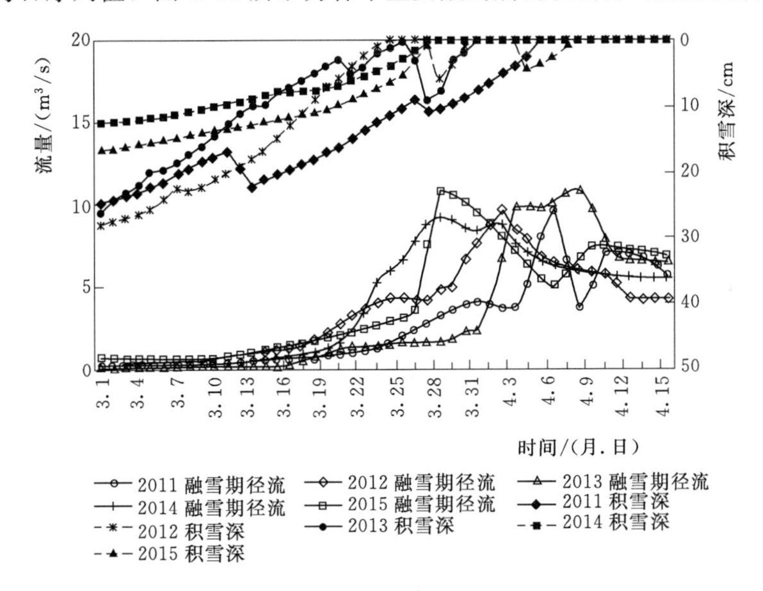

图3.20　2011—2015主要融雪期平均积雪深-融雪流量曲线
（甘南县兴隆大桥断面融雪期流量，计算期间为各计算年的3月1日至4月15日）

对研究流域积雪深的观测和融雪计算结果的分析可知，该区的主要融雪期在3月中旬至4月初，2011—2015年各年的最大积雪深分别为24.6cm、28.0cm、26.0cm、12.8cm和16.5cm，融雪期内的流量均值相差不大，各年的融雪流量峰值在10m³/s左右（图3.20），最大融雪流量为10.9m³/s（2013年4月8日；2015年3月28日），融雪期间峰值流量最小的年份为2014年（3月28日），为9.2m³/s。如图3.20所示，计算区域的流量在融雪初期变化不大，表现出缓慢的、逐渐增加的趋势；融雪过程受实际天气条件的影响较大，融雪流量一般在3

月下旬达到峰值，并在峰值附近保持数日后（因各年积雪深和融雪过程不同而存在差异），流量呈现比较平稳的下降趋势；阿伦河流域 2011—2015 年融雪径流对各年的径流贡献率（占当年径流量的百分比）分别为 1.4%、1.4%、0.6%、2.0%和 2.2%，5 年平均融雪径流贡献率为 1.5%。

3.12.5 地下水（潜水）计算（模拟）结果分析

分布式水文模型的降雨-径流模块中基于达西渗流公式和垂向的不饱和渗透理论构建了地下水（潜水渗流）的计算方法。在地下水观测点 1（N48°1′33.68″，E123°34′6.90″），自 2014 年 7 月开始进行地下水观测，由于人为干扰和地下水水位计工作状态被影响等原因，数据存在多处缺失。利用钻孔调查所开挖的小口径水井（潜水井，直径 5cm），虽然数量较多，但是主要用于基础水文地质情况调查以及土壤物理参数的率定，量测的以“旬”为步长水位数据只能为考察通过观测得到的地下水数据变动范围的合理性提供参考，不适合作为地下水模拟的比较数据。自 2015 年 7 月 20 日，在流域内增设地下水观测点（N48°1′44.59″；E123°39′26.30″，图 3.4），获取了观测期间内的地下水水位（潜水水位）数据。利用 2015 年 7 月 20 日至 2016 年 8 月 13 日的降雨（水）数据，基于模型计算得到的降雨和地下水水位变动过程线（观测值和模拟值）如图 3.21 所示。

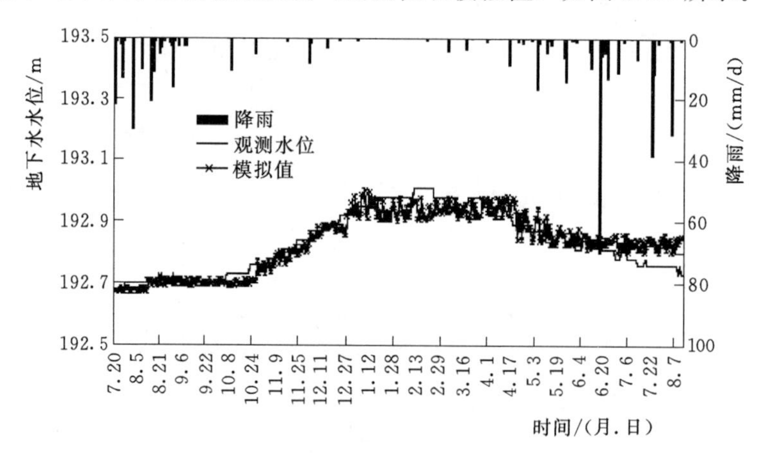

图 3.21 流域地下水变动及模拟结果
（2015 年 7 月 20 日—2016 年 8 月 13 日）

基于对现有地下水资料和数据的分析可知，在阿伦河流域，地下水埋深随流域内地理位置的改变而有所不同，地下水（潜水）水位在作物生长期结束后（10 月开始）逐渐升高，到 12 月末左右达到一年中较高水平，并保持较高水位至翌年 4 月末，其主要原因是在每年作物生长期以外的时间内，因为没有植物蒸散发消耗土壤水分，又由于该时段内气温处于一年中较低水平，土壤蒸散发对土壤水分消耗较少，而在冬季，自地面开始至垂向某一深度的土层被冻结（冻结深度超过1.0m）且有雪被覆盖，土壤水分损失很小，潜水得到来自土壤水的有效补给，同时地下水没有集中消耗。在观测时间内，地下水在年间对应时间点上，如2015年7月20日和2016年7月20日，地下水位分别是192.68m和192.72m，期间的降雨量是412mm，根据观测点基础水文地质条件调查结果，可以推求潜水含水层的孔隙率在0.40左右，说明2016年7月20日地下水水位较2015年相同的时间点上升0.016m，即降雨量对地下水的补给量约16mm。此为点尺度地下水的1年间水位变动的评估结果，其变化特性只能大致反映流域内潜水的年间变动情况，不能代表流域尺度地下水的变动特性。若要对阿伦河流域地下水变动在多年条件下是否保持平衡进行分析，需要长序列的地下水数据（或准确数值模拟数据）的支撑，对流域尺度地下水的观测及模拟的有关研究将在后续研究中陆续展开。

如图3.21所示，地下水（潜水）的模型计算值与观测值之间在地下水处于较高水位期间存在较大误差，模拟值明显低于观测值，且计算值日波动幅度较大。作为模型计算功能的一部分，为了实现对地下水的准确模拟（计算），在对本研究中基于达西渗透理论建立的地下水计算模块进一步修正和检验的基础上，必要时需要基于理查德兹（Richards）方程式构建垂向不饱和渗透模型（王玉珉等，2004；田富强等，2007），并结合达西渗流理论重新构建地下水计算模块，用于支撑地下水的数值模拟研究。

3.13 模型应用上的限制

3.13.1 物理性参数率定方面的限制

基于地理信息系统结合运动波理论的基础方程式构建的分布式水文模型，模型的运行需要大量的物理性参数，即以物理性参数驱动模型对流域的降雨-径流过程进行模拟（Shiiba等，2008；Sarkar and Dutta，2012）。此类模型虽具有模型研发理念上的先进性和应用上的推广前景（Chua等，2008），但模型所需大量物理性参数的率定工作，致使模型在研究开展相对落后或资料不足地区的应用难于实现，也给模型的推广应用带来了很大的挑战。在本研究中，由于实验条件和调查手段所限，模型的参数率定工作在阿伦河流域开展得并不充分，如在坡面和河道物理性参数率定过程中，坡面区间第二层和河道区间的第一层（河床及以下土层）的大部分土壤物理性参数的率定（3.9.2节土壤物性参数中所定义的未定参数），都是先赋予其合理的初值，利用模型海量计算通过考察数值模拟结果的误差，而后微调参数值以使数值模拟结果达到误差判断基准的要求而实现的。此种方法虽然在很多同类研究中也被采用，但该方法的合理性常被业内研究者所质疑，所率定参数的合理性（同一参数率定值与实际值之间存在的差异）也存在疑问。同时，坡面区间自第二层向下渗透的速度采用损失系数来近似评价，所有这些，都对模型的物理基础产生了影响，某种程度上降低了模型的物理性基础。

另一方面，由于阿伦河流域（包括降雨-径流过程数值模拟区域）存在多种土地利用方式，作物生长期内植被分布比较复杂，即使是同一类型植被，其在生长期内吸水和蒸散发特性在时间过程上也有很大差异，加之支撑流域尺度蒸散发估算的气象数据相对缺乏，仅以彭曼-蒙蒂斯公式对流域蒸散发的准确推求难于实现，即蒸散发的推求结果与植被实际蒸散发之间存在误差较大，从而，对降雨-径流计算结果（模拟精度）产生影响。所以，在流域植被分布比较复杂的情况下，在以彭曼-蒙蒂斯公式推求蒸散发的基础上，需要积极探求更有效的蒸散发推求和评估方法，以提升蒸散发推求的准确度，从而提高模型对降雨-径流过程模拟的精度。

3.13.2 模型结构上的限制

本研究中，依托阿伦河流域的下垫面实际条件以地理信息系统结合运动波理论基础方程研发了适用于阿伦河流域耦合融雪的分布式水文模型，模型在阿伦河流域降雨-径流计算和融雪计算中的实用性和计算效率得到了验证，但是，模型的结构通用性不强，如在垂直方向的计算，其适应于与阿伦河流域地形和基础水文地质条件结构相似的流域，即在结构上适用于如图 3.7 所示的土壤垂直剖面模型。该分布式水文模型在具有如图 3.7 所示土壤垂直剖面（基础水文地质）条件的流域应用时，只需针对目标流域重新率定土壤垂直剖面模型的参数，将结果整理到“参数输入模块”，无需对模型本身结构进行修改，即在不改变模型基本结构的前提下，可以实现模型在地形和水文地质条件相似流域耦合融雪的降雨-径流研究中的应用。而对于和阿伦河流域地形（基础水文地质条件）不同的流域来说，由于模型本身结构的限制，要实现模型的应用难度很大，模型结构需要根据目标流域的土壤垂直剖面条件重新模型化并重新率定参数。如何突破针对单一地形条件所构建的分布式水文模型结构通用性不强的问题？如何研发出适用于不同地形（水文地质条件）条件下具有结构通用性的分布式水文模型？是分布式水文模型研究者所面临的一个很大的挑战，本书将在第 6 章对如何研发结构通用性水文模型的有关内容进行深入的探讨。

3.14 本章总结

3.14.1 模型构建及水文计算结果方面的结论

（1）融雪、降雨-径流计算方面，一定程度上揭示了黑龙江省西部半干旱区降雨-径流的季节性特征和融雪径流过程特点。

1）根据 2011—2015 年降雨观测结果和降雨-径流过程数值计算结果可知，

2011—2015年的降雨量分别是490.2mm、520.5mm、650.9mm、580mm和410mm，年径流系数分别为0.38、0.36、0.43、0.42和0.35，5年平均径流系数为0.39。

2）阿伦河流域的降雨和径流主要集中在雨季，2011—2015年6—8月的降雨量均值占5年降雨量均值的64%，同期的径流量占年径流总量的77%，径流系数为0.45。

3）2011—2015年，主要融雪期的融雪径流分别占年径流的1.4%、1.4%、0.6%、2.0%和2.2%，5年内融雪径流对年径流的贡献率均值为1.5%。

4）阿伦河流域的流量和集水面积尺度的关系为非线性关系。

（2）在耦合融雪的分布式水文模型研发方面，完成了适用于阿伦河流域耦合融雪的分布式水文模型的构建，模型具有较高的计算精度和效率值，并实现了模型在阿伦河流域融雪和降雨-径流计算中的应用。

1）基于野外实际调查，对具有黑龙江省西部半干旱区典型水文、气象和地形条件的阿伦河流域土壤垂直剖面（基础水文地质）条件实现了模型化。

2）基于地理信息系统结合运动波理论的基础方程式及能量平衡法构建了阿伦河流域耦合融雪的分布式水文模型，通过对观测水文数据（流量）的数值模拟，检验了模型的实用性。

3）模型的计算精度较高，误差小于0.03；模型的效率较高，*NSE*在0.90以上。

另外，本章结尾部分对所研发的适用于阿伦河流域耦合融雪的分布式水文模型的不足之处，包括结构通用性不强，部分参数率定方法导致模型物理性降低等问题进行了阐述，相关问题期待在将来对分布式水文模型的继续研究中加以解决。

3.14.2 本研究对于黑龙江省西部半干旱区的意义

（1）我国黑龙江省西部半干旱区水文及水资源研究开展相对滞后，研究基础薄弱，缺少可支撑流域尺度地表水资源准确推求的有效工具。本项目依托具有该地区典型水文和气象特征的阿伦河流域下垫面的物理条件，构建了耦合融雪的分布式水文模型并实现了应用，为该地区各中小尺度流域提供了实用的耦合融雪的降雨-径流计算模型，可以有效解决该地区流域尺度地表水资源难于推求的问题，为东北寒旱区流域尺度构建数值模型平台打下了研究基础。

（2）位于黑龙江省西部半干旱区的松嫩平原是我国重要的商品粮基地，但该区季节性水资源相对缺乏，支撑水资源有效评估的基础水文数据不足。本项目基于水文观测和模型计算结果，对2011—2015年阿伦河流域的降雨-径流及融雪径流进行了计算和分析，一定程度上揭示了该区季节性降雨-径流特征以及地表水资源（降雨-径流和融雪径流）的发生过程，对该地区水资源的季节性合理开发利用以及保证粮食产能具有重要意义，也为该地区水文及水资源的深入研究提供了部分数据基础。

参考文献

[1] ASCE. Criteria for evaluation of watershed models [J]. Journal of Irrigation and Drainage Engineering, 1993, 119 (3): 429-442.

[2] Cazorzi F, Fontana G D. Snowmelt modeling by combining air temperature and a distributed radiation index [J]. Journal of Hydrology, 1996, 181: 169-187.

[3] Chua Lloyd H C, Wong Tommy S W, Sriramula L K. Comparison between kinematic wave and artificial neural network models in event-based runoff simulation for an overland plane [J]. Journal of Hydrology, 2008, 357: 337-348.

[4] Emre Tekeli A, Zuhal Akyürek, Arda Sorman A, et al. Using MODIS snow cover maps in modeling snowmelt runoff process in the eastern part of Turkey [J]. Remote Sensing of Environment, 2005, 97: 216-230.

[5] Francos A. Sensitivity analysis of distributed environmental simulation models: understanding the model behavior in hydrological studies at the catchment scale. Reliability Engineering and System Safety, 2003, 79 (2): 205-218.

[6] Herrero J, Polo M J, Monino A. et al. An energy balance snowmelt model in a Mediterranean site [J]. Journal of Hydrology, 2009, 371: 98-107.

[7] Japanese River Society. River erosion control technical criterion of MLIT (Ministry of Land, Infrastructure, Transport and Tourism, Japan) [M]. Sankaido, Tokyo, 1997.

[8] Kazama S. Study on the estimation of snowpack density in wide area [J]. Annual Journal of Hydraulic Engineering, JSCE. 1997, 41: 245-250.

[9] Kondo J. Meteorology of the water environment [M]. Asakura Bookstore, 1994.

[10] Legates D R, McCabe G J. Evaluating the use of "goodness-of-fit" measures in hydrologic and hydroclimatic model validation [J]. Water Resources Research, 1999, 35 (1): 233-241.

[11] McKillop R, Kouwen N, Soulis E D. Modeling the rainfall-runoff response of a headwater wetland [J]. Water Resource Research, 1999, 35 (4): 1165-1177.

[12] Modeling of the snowmelt runoff for dam inflow predictions [M]. Public Works Res. Inst., Japan, 1990.

[13] Moriasi D N, Arnold J G, Van L M W. et al. Model evaluation guidelines for systematic quantification of accuracy in watershed simulations [J]. Transactions of the American Society of Agricultural and Biological Engineers, 2007, 50 (3): 885-900.

[14] Morris M D. Factorial sampling plans for preliminary computational experiments [J]. Technometrics, 1991, 33 (2): 161-174.

[15] Nash J E, Sutcliffe J V. River flow forecasting through conceptual models: Part 1. A discussion of principles [J]. Journal of Hydrology, 1970, 10 (3): 282-290.

[16] Saltelli A, Ratto M, Andres T, Campolongo F, et al. Global sensitivity analysis: the Primer [M]. John Wiley & Sons, Ltd., West Sussex, England, 2008.

[17] Sarkar R, Dutta S. Field investigation and modeling of rapid subsurface storm flow through preferential pathways in a vegetated hillslope of northeast India [J]. Journal of Hydrologic Engineering, 2012, 17 (2): 333-341.

[18] Sevat E, Dezetter A. Selection of calibration objective functions in the context of rainfall-runoff modeling in a Sudanese savannah area [J]. Hydrological Science Journal, 1991, 36 (4): 307-330.

[19] Shiiba M, Tachikawa Y, Ichikawa, Y. Kinematic wave flow models for river basin runoff simulation [J]. Annual Journal of Hydraulic Engineering, JSCE, 2008, 52: K: 1-4.

[20] Su J J, van Bochove E, Thériault G, et al. Effect of snowmelt on phosphorus and sediment losses from agricultural water sheds in Eastern Canada [J]. Agricultural Water Management, 2011, 98 (5): 867-876.

[21] The Japan Society of Mechanical Engineers. Fundamentals of Computational Fluid Dynamics [M]. Corona Publishing Co, Ltd. Tokyo, Japan, 1998.

[22] Yakirevich A, Adar A D E M, Borisov V, et al. Distribution of stable isotopes in arid storms: Ⅱ. A double-component model of kinematic wave flow and transport [J]. Hydrogeology Journal 1998, 6 (1): 66-76.

[23] Yamamoto Y. Modeling of rainfall-runoff process in mountainous basin [J]. Annual Journal of Hydraulic Engineering, JSCE. 2003, 47: 253-258.

[24] 陈晓飞，田静，刘小洲，等. 研究冻融侵蚀的融雪积雪水量模型 [J]. 水土保持科技情报，2003，6：13-15.

[25] 黄金柏，温佳伟，王斌，等. 阿伦河流域耦合融雪分布式水文模型的构建 [J]. 人民黄河，2015，37 (11)：18-24.

[26] 刘新宇，赵岭，王立刚，等. 阿伦河流域水土保持林土壤抗蚀性研究 [J]. 防护林科技，2000 (3)：21-23.

[27] 穆振侠，石启中，姜卉芳. 基于RS和GIS的融雪型新安江模型参数的确定 [J]. 人民黄河，2009，31 (1)：38-41.

[28] 裴欢，房世峰，刘志辉，等. 分布式融雪径流模型的设计及应用 [J]. 资源科学，2008，30 (3)：454-459.

[29] 田富强，胡和平. 基于常微分方程求解器的Richards方程数值模型 [J]. 清华大学学报（自然科学版），2007，47 (6)：785-788.

[30] 万育安，敖天其，刘占洲，等. 考虑融雪的BTOPMC模型及其在岷江上游流域的应用 [J]. 北京师范大学学报（自然科学版），2010，46 (3)：322-328.

[31] 王玉珉，王印杰. 非饱和土壤Richards方程入渗求解探讨 [J]. 水文地质工程地质，2004 (1)：9-18.

[32] 王继常，李利. 梅里斯阿伦河流域生物治理工程的探讨 [J]. 防护林科技，2014 (3)：100-101.

[33] 武见，李兰. 一个雨雪混合洪水预报模型及其应用 [J]. 武汉大学学报（工学版），2007，40 (6)：20-23.

[34] 吴吉春，薛禹群. 地下水动力学 [M]. 北京：中国水利水电出版社，2009.

[35] 姚苏红，朱仲元，张圣微，等. 基于SWAT模型的内蒙古闪电河流域径流模拟研究 [J]. 干旱区资源与环境，2013，27 (1)：175-180.

[36] 张淑兰，于澎涛，张海军，等．气候变化对干旱缺水区中尺度流域水文过程的影响[J]．干旱区资源与环境，2013，27 (10)：70－74．

[37] 张玉峰．甘南县阿伦河流域水环境质量现状、变化趋势及防治对策 [J]．黑龙江环境通报，2012，36 (4)：35－36．

[38] 曾肇京，王俊英．关于流域等级划分的探讨 [J]．水利规划，1996 (1)：1－5．

[39] 赵求东，刘志辉，房世峰，等．基于 EOS/MODIS 遥感数据改进式融雪模型 [J]．干旱区地理，2007，30 (6)：915－920．

[40] 赵求东，刘志辉，秦荣茂，等．融雪模型研究进展 [J]．新疆农业科学，2007，44 (6)：734－739．

[41] 郑继勇．水蚀风蚀交错带降雨入渗再分布及土壤水利学性质的变异 [D]．陕西杨陵：中国科学院水利部水土保持研究所，2004．

[42] 朱丽，秦富仓，姚云峰，等．SWAT 模型灵敏性分析模块在中尺度流域的应用——以密云县红门川流域为例 [J]．水土保持研究，2011，18 (1)：161－165．

[43] 朱幼兰，钟锡昌，陈炳木，等．初边值问题差分法及绕流 [M]．北京：科学出版社，1980．

第4章 山区小流域耦合融雪的分布式水文模型构建及应用

4.1 概述

山区是水、森林、矿产、能源、食品和旅游目的地的重要来源，其中大部分正在经历生态退化。从环境和社会的角度，在山区流域，水在连接低地和高地水文过程之间起着主要作用（Nolin Anne，2012），全球约有40%的人口生活在发源于山区的流域。山区表现出独特的气候特性，其气候特点随高程变化明显，山区水文也具有这样的特点（Whiteman，2000）。山区流域的水文变化对于山区本身和低地都有重要的影响，因为全球有超过一半的河流发源于山区（Turton等，1992；Viviroli等，2007；Frisvold and Konyar，2012；Arjouni等，2015）。尽管山区是十分重要的水源地，但由于缺乏观测的数据以及受复杂的建模条件所限，人们对山区水文的了解很有限（Luce等，2013；Meng and Liu，2016）。

中国山区（包括山地、盆地和高原）面积达到663.6万km^2，占全国国土总面积的69.1%，且多分布于北部和西北部的半干旱区。山区水能资源丰富，全国近7亿kW的水能蕴藏量几乎都在山区，河流径流量达$2.4\times10^{12}m^3$，占全国河川径流量的90%以上。山区也是山体滑坡和洪水等自然灾害易发的地区，山区流域一般坡降较大，具有洪水汇流时间短，流量集中等特点，易引发地质灾害。在暴雨发生期间，集中降雨很容易诱发山体滑坡或泥石流。

研发可以对山区流域尺度降雨-径流过程准确模拟的数值模型，可以实现对山区流域地表水资源的准确评估和揭示山区流域降雨-径流过程的特点以及对流域洪水进行预测，对于山区流域水资源的合理开发与利用，建立洪水和防灾预警机制以及促进流域数字化研究的进程，都具有重要意义。

很多水文模型研究人员开展了构建山区流域水文模型方面的研究（Gochis等，2006；Tao and Barros，2013；Tuset 等，2016）。在本研究中，依托对降雨、径流观测具有较好前期研究基础的 Bukuro 流域，构建山区小尺度流域耦合融雪的分布式降雨-径流模型，以期为山区小尺度流域水文模型的深入研究提供方法上的参考以及为山区流域水文模型数值平台的搭建提供研究基础。

4.2 Bukuro 流域简介

Bukuro 流域（N35°25′～35°29′，E134°12′～134°26′）位于日本本州岛西南部鸟取县境内，流域大部分位于山区，是典型的山区流域。该流域所在地区年降水量在 2000mm 左右，冬季（11 月至翌年 3 月）伴有积雪融雪现象（Yamamoto，2006；黄金柏等，2012）。其下游流经鸟取市内并注入 Sendai 流域主流，是 Sendai 流域的一级支流。选取 Bukuro 流域上游，殿市水位观测断面以上的集水区为研究区（面积为 38.1km^2），如图 4.1（a）为研究区示意图，如图 4.1（b）所示为 Bukuro 流域局部典型地貌，可以较清晰地看出流域的典型地貌特征，地表径流（河道径流）的观测地点选在殿市断面。

图 4.1　Bukuro 流域研究区（殿市上游集水区，面积 38.1km^2）和典型地貌示意图
（a）Bukuro 流域研究区示意图；（b）Bukuro 流域局部典型地貌

基于 GIS 以运动波理论（kinematic wave theory）的基础方程式结合能量平衡法构建适用于 Bukuro 流域耦合融雪的分布式水文模型，并对模型的实用性进行检验。

4.3 计算区域的 DEM 与河网

4.3.1 DEM 及河网

研究区的 DEM，利用 50m×50m 地形标高数据以 GIS－ArcMap 生成［图 4.2（a)］。基于 DEM 生成河网过程中，需正确筛选水流方向线的阈值，以确保在该阈值下生成的河网能最大限度地反应流域主流和各级之流之间的空间连接关系。对于所选的 Bukuro 流域的研究区域，利用 DEM 以不同的阈值生成河网时，小流域的数量随所选阈值的不同而发生变化，如图 4.3 所示为不同的阈值与小流域数量关系变化趋势。一般情况下，随着阈值的不断增加，小流域数量呈逐渐减

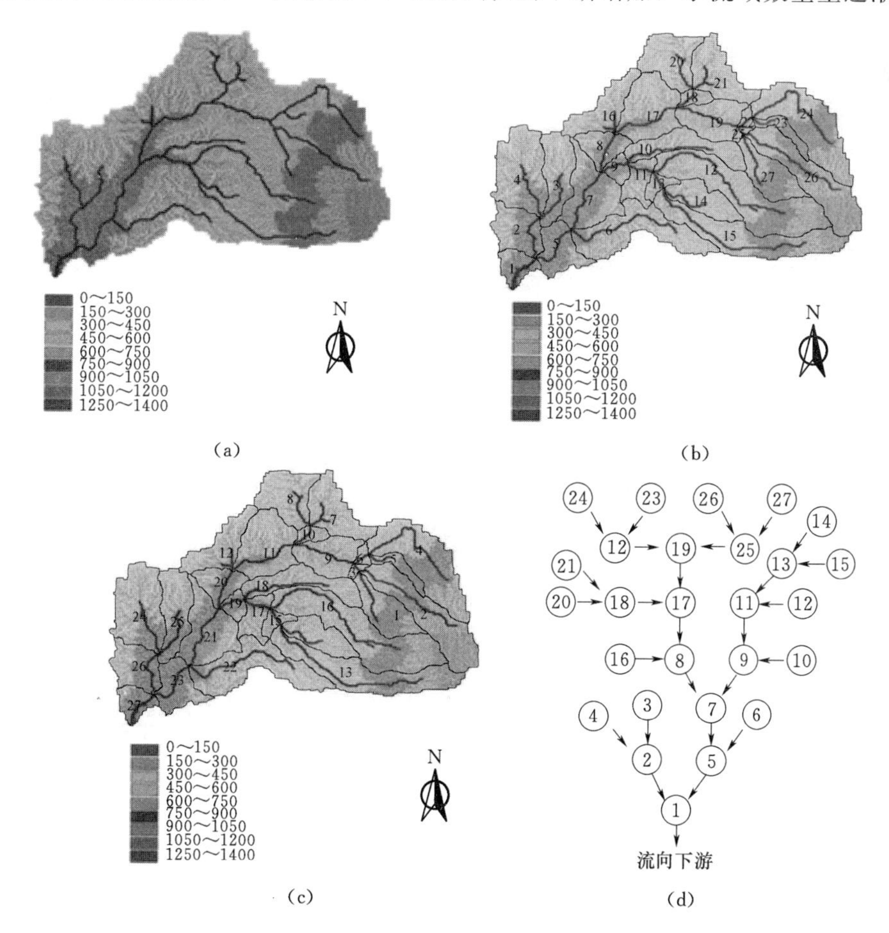

图 4.2　研究流域的河网、流域划分及各分布式小流域空间连接关系
（a）研究区 DEM 及河网；（b）流域划分：Case－1；（c）流域划分：Case－2；
（d）流域的空间连接关系

少的趋势，当阈值达到某一临界值时，小流域数量趋于稳定，即使阈值仍不断增加（阈值增加为缓慢增加，非突变性增加），小流域数量几乎不再变化，在河网生成的效果上，只是表现为小流域河长呈现减小的趋势。此种情况下，即在如图4.3所示阈值达到某一数值后小流域数量呈稳定情况下的值，作为生成流域河网的阈值。对于本研究所选取的Bukuro流域的研究区，阈值为40时，小流域数量达到稳定，对流域河网空间连接形式可以很好地刻画，并对阈值在40前后多次选取不同的值，对生成河网的效果进行比较，最终确定40为基于DEM生成河网的阈值，以此生成的河网如图4.2（a）、（b）所示。

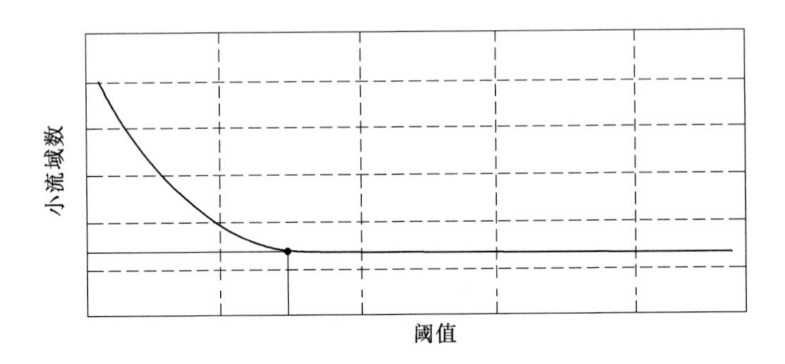

图4.3　基于地理信息系统生成流域河网过程中阈值变化与小流域数量关系示意图

在生成流域河网的基础上，需要对流域进行分级，通过流域划分，将河网分解成由各级支流连接而成的形式，并对各级之流进行编号，用以在模型的“参数输入模块”中确定各级支流的汇流关系（连接关系）的依据。基于生成的流域河网，对河网上各节点（各级之流之间以及支流与主流之间的连接点）进行分割，分割后的各级小流域由坡面和河道构成［图4.2（b）］。对于分割后的小流域，基于汇流关系（流域河道的连接关系）进行连接，从而构成分级后的流域河网。按照上述方法，将本研究的研究区（Bukuro流域殿市断面上游集水区）划分为27个小流域，由此，27个小流域连接而成的研究区分布式流域模型如图4.2（b）、（d）所示。各级流域之间的水流入关系（分布式水文模型计算过程中的汇流关系）如图4.2（d）所示。

本研究中，对研究区各分布式小流域编号顺序的不同是否会对降雨-径流计算结果产生影响进行了探讨，如图4.4所示，Case-1为如图4.2（b）所示的编号顺序利用模型计算得到的降雨-径流过程计算结果（时间：1998年7月1日至1998年8月31日）；Case-2为如图4.2（c）所示的编号顺序（与Case-1编号逆序）对同一期间内降雨-径流过程的计算结果。经对两种编号顺序所得到模型计算结果的比较可知，Case-1和Case-2的计算结果一致，即小流域的编号顺

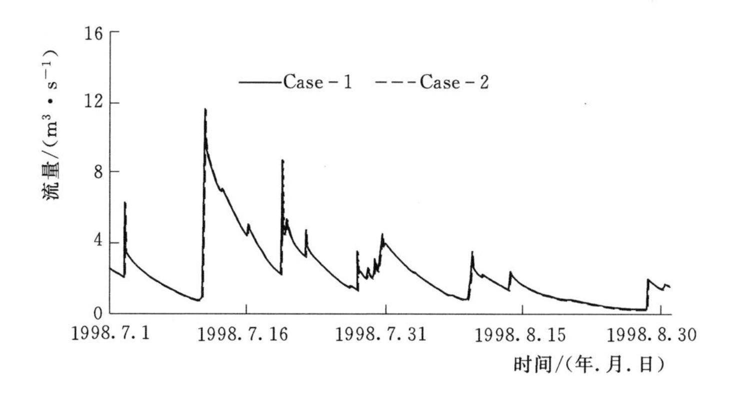

图 4.4 各小流域编号顺序的不同对降雨-径流计算结果的影响（1998 年 7 月 1 日至 8 月 31 日）

序的变化对模型计算结果不产生影响。

4.3.2 河道数量级对模型计算结果的影响

通过对河道数量级和河流特性关联性的分析推求各小流域的河宽。Fukuda（2002）开展了根据 Seidai 流域水系河道的数量级推求河道宽度的有关研究。本研究的研究区位于 Sendai 流域上游区域内，基于 Fukuda（2002）的研究结果（图 4.5 所示）推求河道宽度［研究区的河道数量如图 4.2（b）、（d）所示］，可以得到地表径流观测点（殿市断面）和栃本所在位置对应断面的河宽分别是 17.3m 和 10.2m，而通过测量得到的从栃本到殿市区间的河宽在 5～20m 之间，与基于 Fukuda（2002，图 4.5）方法推求的河宽相比，测量结果的变化范围较大。基于河道数量级与河宽关系推求的结果，位于测量所得到结果的区间内，但与测量结果之间的差值最大达到 10m。而实际上，因为天然河道断面多为不规则形状，河道的宽度（水面宽度）与水位有直接的关系（周方录等，2013），即使是同一断面的河宽在枯水期、丰水期和平水期也有所不同，而通过河道数量级与河宽的关系推求的河宽是一个固定的值，与河流实际情况之间存在差异，由此产生了河道宽度的取值不同对模型计算结果如何产生影响的问题。为评价河宽变化对降雨-径流计算结果的影响，以不同的河宽利用模型对研究区降雨-径流过程进行计算（时间：1998 年 7 月 1 日至 8 月 31 日），其结果如图 4.6 所示。根据图 4.6 所示结果，以河道数量级确定的河宽与河宽其他取值（分别为 10m、15m、20m）利用模型计算得到的径流过程线之间无明显差别，即使在河宽差值为 10m 的情况下模型计算结果之间误差仍然很小。可以认为当河宽取值范围在一个相对合理的范围内（数量级内）变化时，对模型计算结果不会产生明显的影响，所以本研究以基于河道级数与流域特性关系推求的河宽进行模型计算。

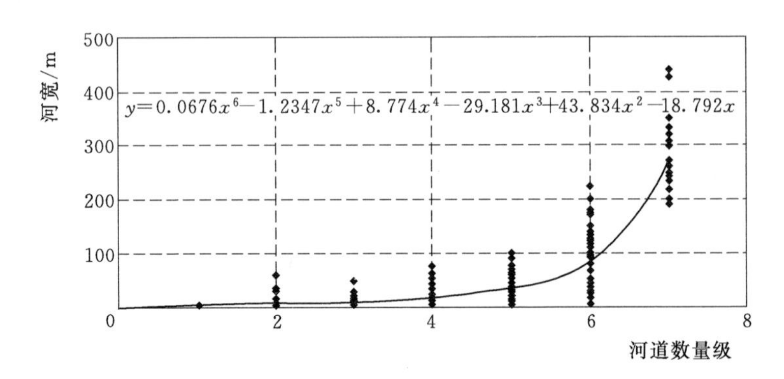

图 4.5 Sendai 水系河道数量级与河宽的关系（Fukuda，2002）

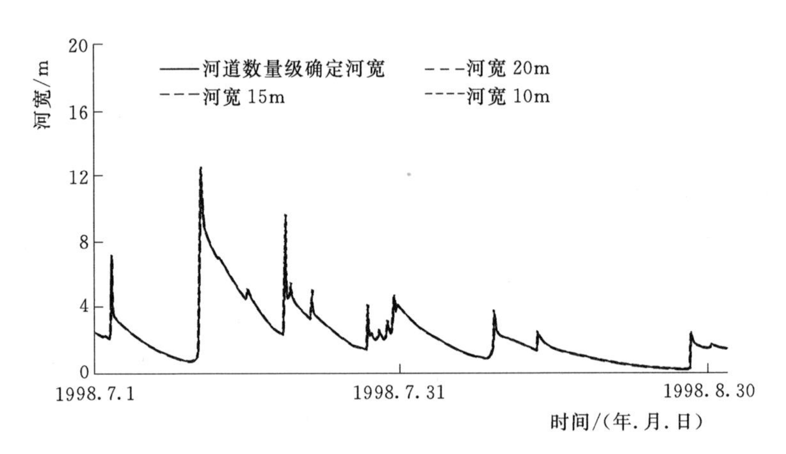

图 4.6 不同河宽的模型计算结果

（1998 年 7 月 1 日至 8 月 31 日）

4.4 流域的尺度参数

研究区内各小流域［图 4.2（b）］的坡面面积、坡面坡度、河道长度、河床坡度、河宽、平均标高等参数见表 4.1。参数的确定方法在第 3 章相关内容介绍中已有阐述（参见 3.9.1 节）。在山区流域，因为地形在垂直方向上变化明显（与平原等其他地形相比），标高对降雨（降雪）的影响较大，如山顶和谷底的同期降水量常常存在明显的差异，所以模型计算所需的降雨数据，需要根据高程数据进行修正。

在第 3 章阿伦河流域坡面及河道的尺度参数中（表 3.1），坡面特征尺度是以坡面长度（km）给出的，在 Bukuro 流域的降雨-径流研究区，坡面区间的尺度参数以面积给出，两种参数表达方式在模型计算时具有相同的功能，即在“参数输入模块”中，以“坡面面积”或“坡面长”记入参数，在模型中可以进行坡面面积和坡面长度的转换，其依据是：每个小流域的两侧坡面被近似地看作矩形，即“左”“右”侧坡面面积被看作是矩形面积，由该面积与对应小流域河道长度的比值，可以计算出坡面的长度。或者由坡面“左”“右”侧坡面的长度与对应区间的河道长度的乘积，可以推出对应小流域的面积。

表 4.1　　各分布式小流域的尺度参数

小流域编号	右侧坡面			左侧坡面			河道区间			
	面积/km²	坡度	平均标高/m	面积/km²	坡度	平均标高/m	河长/m	河宽/m	河床坡度	平均标高/m
1	0.460	0.390	174.9	0.156	0.387	243.0	1150	17.3	0.016	208.9
2	1.020	0.212	242.8	0.249	0.635	303.7	1530	10.2	0.035	273.3
3	1.657	0.196	338.1	0.653	0.198	374.6	1690	9.5	0.056	356.3
4	0.774	0.182	372.3	0.620	0.214	349.2	1470	10.2	0.052	360.8
5	0.454	0.172	265.3	0.695	0.213	219.6	1490	17.3	0.019	242.5
6	1.101	0.141	432.6	1.384	0.145	440.1	3330	9.5	0.085	436.3
7	0.841	0.196	305.2	1.124	0.204	279.7	1950	17.3	0.022	292.4
8	0.496	0.320	276.5	0.308	0.260	377.4	1270	17.3	0.021	327.0
9	0.082	0.385	281.7	0.154	0.304	279.4	720	10.2	0.026	280.5
10	0.985	0.230	348.4	0.453	0.268	497.7	2350	9.5	0.104	423.1
11	0.154	0.309	371.7	0.486	0.170	309.2	650	10.2	0.048	340.5
12	1.770	0.244	639.4	1.887	0.214	780.8	4580	9.5	0.115	710.1
13	0.144	0.370	358.5	0.171	0.253	358.2	630	10.2	0.053	358.3
14	0.704	0.282	467.2	0.386	0.273	542.8	1260	9.5	0.127	505.0
15	1.486	0.176	633.3	1.202	0.164	811.5	4450	9.5	0.140	722.4
16	1.682	0.272	447.4	0.062	0.423	371.2	570	9.5	0.079	409.3
17	1.325	0.274	355.1	0.603	0.256	418.8	1740	17.3	0.034	387.0
18	0.078	0.442	390.1	0.189	0.300	365.5	740	10.2	0.037	377.8
19	0.592	0.316	437.3	0.689	0.496	456.7	1640	17.3	0.060	447.0
20	1.276	0.334	441.7	0.127	0.760	485.4	880	9.5	0.051	463.5
21	0.239	0.351	499.2	1.046	0.224	440.9	510	9.7	0.045	470.1
22	0.094	0.547	528.2	0.068	0.712	575.2	410	10.2	0.217	551.7
23	0.435	0.144	642.0	0.060	0.573	789.5	670	3.5	0.275	715.8
24	1.208	0.154	844.3	1.162	0.209	770.0	3360	9.7	0.128	807.2
25	0.022	0.805	493.8	0.046	0.542	488.8	180	10.2	0.078	491.3
26	0.881	0.272	997.7	1.641	0.119	801.3	3160	9.5	0.177	899.5
27	1.047	0.210	797.5	0.336	0.465	780.6	1660	9.7	0.178	789.0

4.5 流域土壤垂直剖面模型化

基于对 Bukuro 流域地形和基础水文地质条件的调查结果，筛选土壤垂直剖面分层结构的特征参数，构建的研究流域土壤垂直剖面模型如图 4.7 所示。模型在垂直方向上，坡面区间和河道区间均由两层构成，坡面区间的第一层与河道区间的第一层厚度不同，坡面区间第一层的厚度在流域范围内因空间位置的不同而有所差异。坡面和河道的第二层厚度接近 2m，且相对稳定。坡面区间的地表径流和地下水（潜水和承压水）流向河道对应的区间（图 4.7）。

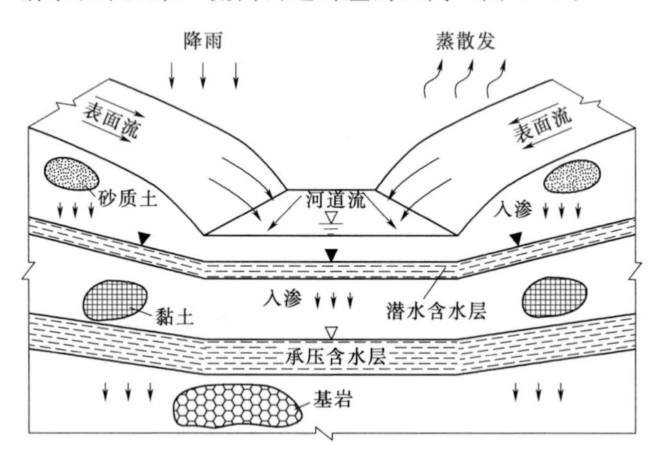

图 4.7 Bukuro 流域土壤垂直剖面（基础水文地质）条件模型化

基于调查技术和现有的对研究区水文地质条件调查结果所限，尚不能给出描述土壤垂直剖面上更大尺度范围内的土层和含水层分布的模型化结果，模型计算不仅是对地表径流过程的计算，同时也包括渗透流（地下水）运动过程的计算，而在当前的研究中，由于缺少地下水观测数据以及地下水计算的参数难于准确率定等问题，模型检验和计算主要针对地表径流进行。

4.6 基础方程式及计算条件

4.6.1 基础方程式

基于运动波理论的基础方程式构建降雨-径流计算方法，以达西定律对渗透流（地下水）进行计算，基于能量平衡法构建融雪计算模块，模型计算采用的基础方程式与第 3 章（3.4 节，3.5 节）相同。需要说明的是：因为位于山区的 Bukuro 流域土壤垂直剖面模型（图 4.7）与位于平原区的阿伦河流域土壤垂直剖面模型［图 3.7 (b)］在结构上存在差别，两个流域用于地表径流和渗透流计算的基础方程式虽然相同，但是由于土壤垂直剖面模型结构形式上的不同导致坡面向河道区间的汇流机制有所不同。在阿伦河流域，坡面区间地表径流和第一层渗透流（潜水）汇入河道区间的地表径流［图 3.7（b），式 3.7］；在 Bukuro 流域，坡面区间的地表径流汇入河道区间的地表径流，而坡面第一层的渗透流流入到河道区间的第一层渗透流（图 4.7），即用于模型计算的同一组基础方程式在两个地形不同的流域应用时存在结构形式上的差异。

Bukuro 流域坡面区间地表径流计算和渗透流计算的连续方程式和运动方程方式同阿伦河流域坡面区间对应相同［地表径流计算：式（3.1）～式（3.3）；渗透流计算：式（3.4）～式（3.6）］，有关公式在此不再给出。因为如上所述的 Bukuro 流域自坡面区间向河道区间的汇流过程（流入河道区间的水流成分）与阿伦河流域存在差别，在此给出 Bukuro 流域河道区间地表径流计算方程式、第一层和第二层渗透流计算的连续方程式如下：

地表径流连续方程式：

$$\frac{\partial A}{\partial t}+\frac{\partial Q}{\partial x}=(r-f_1)b+q' \tag{4.1}$$

运动方程式（曼宁径流平均流速公式）：

$$v=\frac{1}{n}R(h)^{\frac{2}{3}}I^{\frac{1}{2}} \tag{4.2}$$

式中：t 为计算的时间因子，s；x 为计算的空间因子，m；A 为径流断面面积，m^2；Q 为流量，$m^3 \cdot s^{-1}$；r 为有效降雨量，$m \cdot s^{-1}$；f_1 为第一层（表层）土壤平均渗透速度，$m \cdot s^{-1}$；h 为地表径流的水深，m；q'为汇入到河道区间的来自坡面区间的地表径流单宽流量，$m^2 \cdot s^{-1}$；b 为径流对应河宽，m；v 为流速，$m \cdot s^{-1}$；n 为糙率（曼宁粗度系数），$m \cdot s^{-1/3}$；R 为水力半径，m；I 为水力坡度，计算时以河道坡度代替。

需要说明的是：式（4.1）是忽略了河道区间水面蒸发的条件下建立的连续方程式。

第一、第二层渗透流计算连续方程式：

$$\lambda_m \frac{\partial \overline{h}_m}{\partial t}+\frac{\partial \overline{q}_m}{\partial x}=f_m-f_{m+1}+\overline{q}'_m/\overline{b} \tag{4.3}$$

达西公式（渗透流运动方程式）：

$$\overline{v}_i=k_i\frac{\mathrm{d}\,\overline{H}_i}{\mathrm{d}x} \tag{4.4}$$

$$\overline{q}_i=\overline{v}_i\overline{h}_i \tag{4.5}$$

式中：m 为层的编号（1 或 2）；λ 为土壤的有效孔隙率；$\overline{h}_i$ 为各层地下水水深（对于第一层是潜水，第二层为承压水，图 4.7），m；$\overline{q}$ 为渗透流单宽流量，

$m^2 \cdot s^{-1}$；f 为渗透速度，$m \cdot s^{-1}$；$\overline{q}'_m$为自坡面区间流入河道对应区间的渗透流单宽流量（如 m 取 1 时，为坡面区间第一层渗透流单宽流量流入到河道第一层渗透流的成分），$m^2 \cdot s^{-1}$；$\overline{b}$为渗透流宽度，m；$\overline{v}$为渗透流流速，$m \cdot s^{-1}$；k 为横向透水系数，$m \cdot s^{-1}$；$\overline{h}$为相渗透流水深，m；d $\overline{H}$为相邻两个计算断面之间渗透流的水头差（当计算的基准面选在该层含水层底部时，d $\overline{H}$可以用相应的水位差 d $\overline{h}$代替）。

采用后退差分法对地表径流和渗透流（地下水）连续方程式在时间和空间上进行离散，有关后退差分法及其差分方案在 3.6 节中已进行了详细介绍。融雪计算的基本公式与阿伦河流域融雪计算公式相同（参见 3.5.2 节），只是因为 Bukuro 流域和阿伦河流域所处地区不同，导致了气象条件和融雪计算参数的差异，有关内容在本章后续相关章节中进行介绍，其基本公式在此略去。

4.6.2 计算条件

4.6.2.1 计算期间

选取 1997 年 1 月 1 日 0 时开始至 1999 年 12 月 31 日 23 时为止的时间段作为模型验证时间，选取该时段的主要理由是：①时段在时间上的跨度为 2 年，满足模型检验时间长度的要求；②在该期间内，殿市断面观测得到了 1h 序列的径流过程（对应的雨量数据也为 1h 序列，图 4.8），且在 1997 年 7 月 12 日和 1998 年 10 月 18 日，发生了两次流量超过 $100m^3/s$ 的洪水（图 4.8），可以检验模型

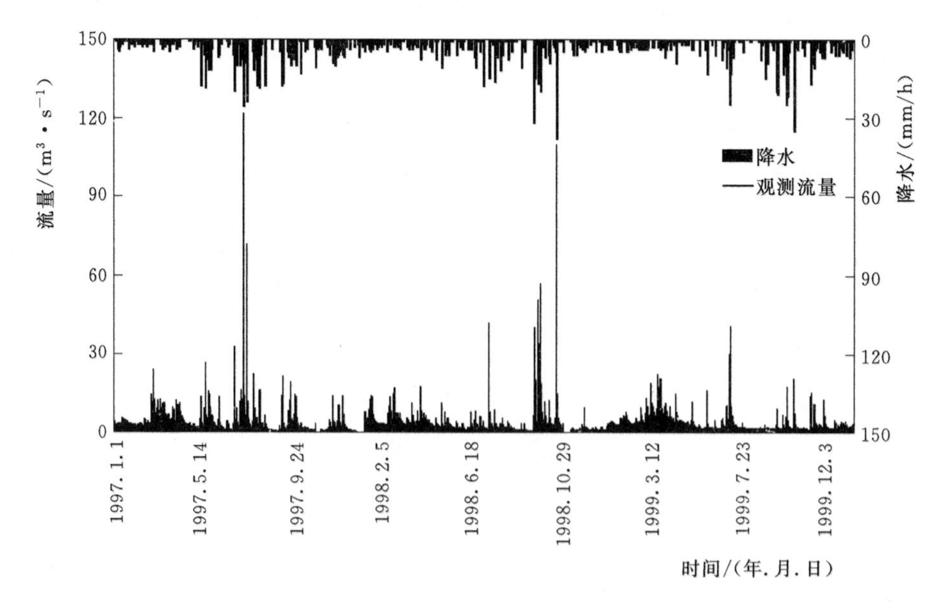

图 4.8 计算期间（模型验证期间）

（该期间内流域内发生了两次洪水，分别是 1997 年 7 月 12 日和 1998 年 10 月 18 日）

在洪峰发生期间对径流的模拟精度。另外，据 Bukuro 流域所在地区的鸟取气象台对降雪数据的统计结果，在 1999 年 2 月 14 日，该地区平原地带的积雪深达 40cm，而流域所在山区的积雪深会超过 40cm（根据当地降雪量和积雪深多年的数据统计，山区降雪量和积雪深大于同期的平原地区），该期间适合作为模型对融雪期间径流模拟结果的检验时段。如上所述，通过模型对该区降雨-径流（含融雪）过程的长期模拟（2 年），可以对模型是否能够再现流域耦合融雪的降雨-径流过程进行检验。

4.6.2.2 初始条件设定

初始条件设定的正确与否将对模型计算结果会产生直接影响。为消除因为初始条件的不适当设定对降雨-径流模型计算结果产生的影响，研究采取设定初始计算期间，并在该期间内进行模型计算，通过对计算结果的分析，讨论初始条件的合理性。在计算初期，假设坡面和河道区间的第一层和第二层都为满水状态，即在地面以下各层都为饱和状态的条件下，进行模型计算。分别采用 1 个月、3 个月、6 个月和 12 个月（1 年）作为计算时段，殿市断面［图 4.1（a）和图 4.2（b）所示计算区域的出口断面］地表径流和地下各层水深的计算结果如图 4.9～图 4.11 所示。根据图 4.9～图 4.11 可知，在设定地下各层为饱和条件下，1 个月、3 个月、6 个月、12 个月分别作为初期计算期间的地表径流计算结果几乎一致，视觉上难以分辨出差别。而经过对模型计算结果的详细考察得出：计算期间为 1 个月的情况下，河道径流计算结果和其他 3 种情况存在一定的差别，在计算开始的 300h 内，计算结果的误差小于 0.001（可以忽略），所以认为 4 个初期计算时段的计算结果一致，而 4 个初期计算时段的地下第一层、第二层的水深完全一致（图 4.10、图 4.11 中所示水深为根据水深计算值和该土壤有效孔隙率换算

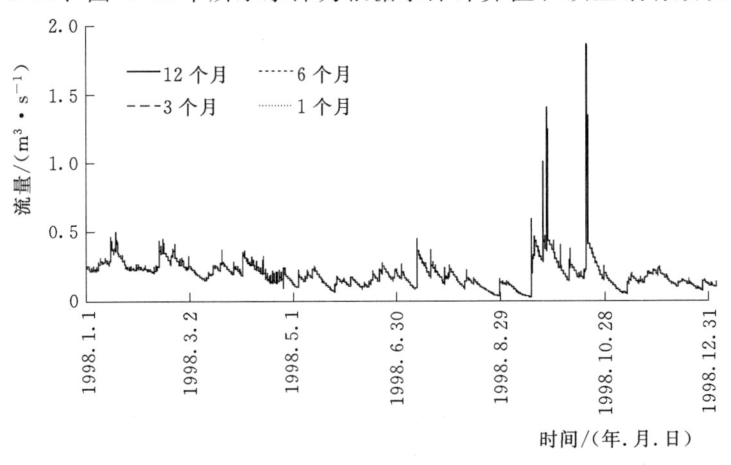

图 4.9 初期计算期间内河道径流曲线
（殿市断面，1998 年 1 月 1 日至 12 月 31 日）

出的水深)。对于河道区间，在设定的地下水深计算条件下，得到以上结果，其结果是合理的，因为河道区间自河床以下常态性处于饱和状态，地下水水深长期保持稳定。

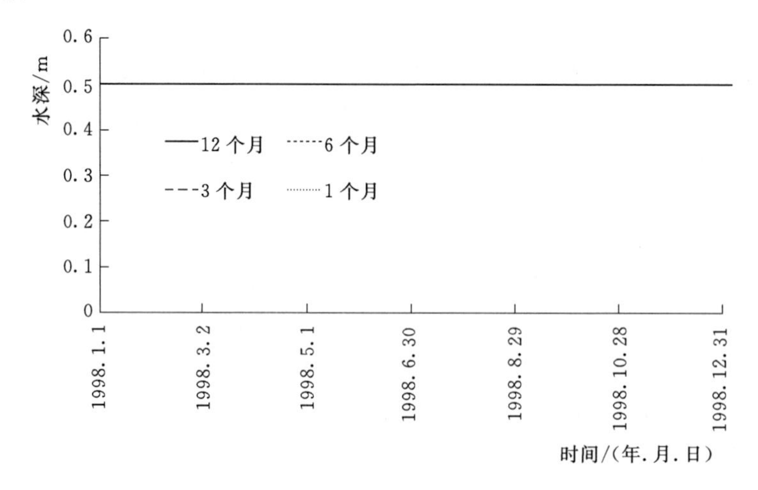

图 4.10　初期计算期间内河道区间第一层水深
(殿市断面，1998 年 1 月 1 日至 12 月 31 日)

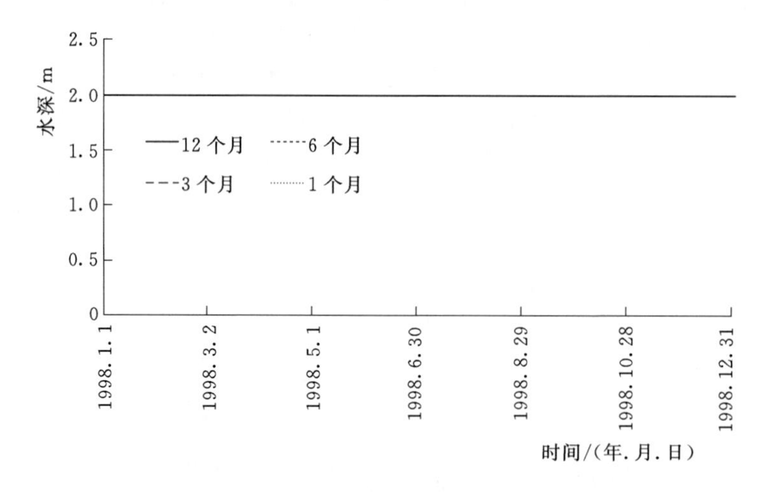

图 4.11　初期计算期间内河道区间第二层水深
(殿市断面，1998 年 1 月 1 日至 12 月 31 日)

为探讨初期条件的设定对于坡面区间模型计算结果的影响，在同样设定第一层和第二层为饱和的条件下，分别以 12 个月、6 个月、3 个月和 1 个月为初期计算时间对栃本断面（图 4.1）的地表径流和第一层、第二层水深进行计算，得到结果如图 4.12～图 4.14 所示。根据图 4.12～图 4.14 所示结果可知，无论是地

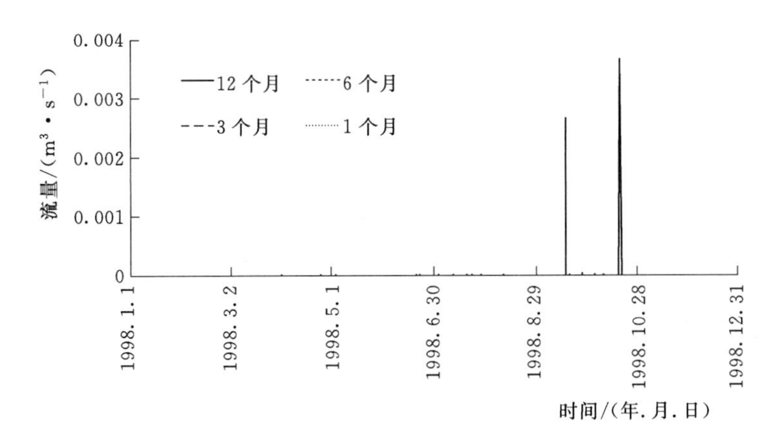

图 4.12 初期计算期间坡面径流曲线
(栃本断面，1998年1月1日至12月31日)

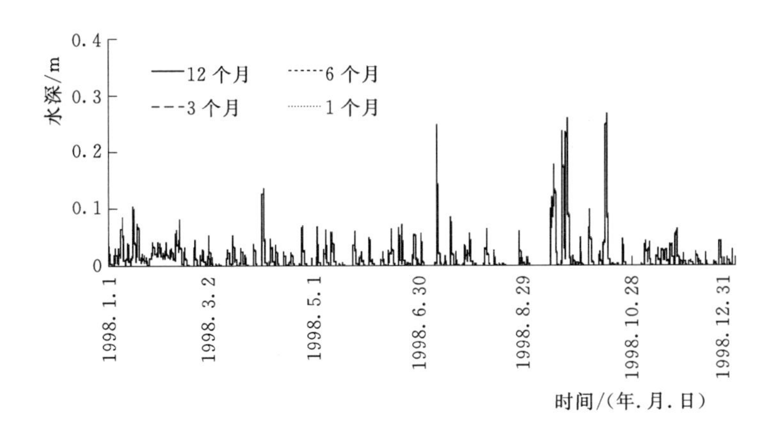

图 4.13 初期计算期间坡面区间第一层水深
(栃本断面，1998年1月1日至12月31日)

表径流还是地下各层水深，4个初期计算时段的结果一致性很高，其中第一层水深表现出了频繁的变动，此情况与实际相符，因为坡面上地表径流只有在集中降雨发生期间存在，第一层水深（通过水深计算结果和土壤有效孔隙率计算得到）在蒸散发和入渗的影响下处于不稳定状态，而在所选的初期计算时段内，第一层地下水（潜水）深的值均为非负（≥0）。而第二层水深保持相对稳定状态，在4个初期计算时段内没有变化。

基于以上对模型计算选用的初始条件对不同时间跨度计算结果影响的分析可知，在所选的两个计算断面，对于不同的计算时段，地表径流和地下水的计算结果呈现高度一致，从而说明计算选取的初始条件对不同时间跨度的模型计算结果几乎不产生影响，即使计算时段为1个月，其模型计算结果的合理性和可靠性也

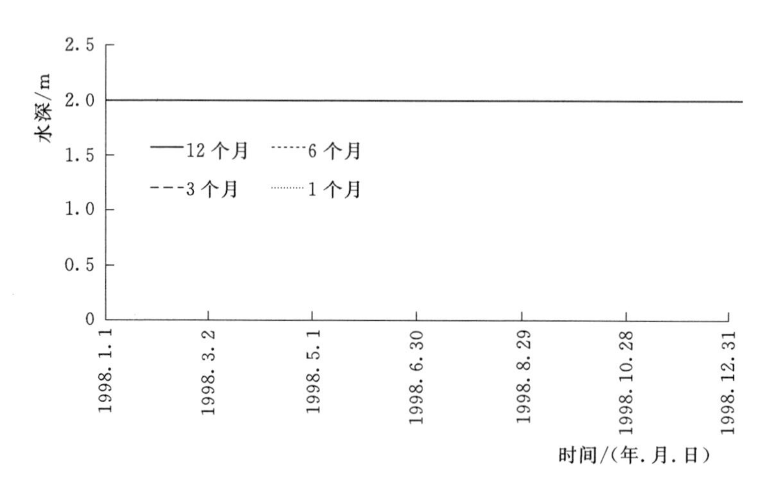

图 4.14　初期计算期间坡面区间第二层水深
（栃本断面，1998 年 1 月 1 日至 12 月 31 日）

可以得到保证，从而证明了模型计算初始条件设定的合理性。

4.7　参数对模型结果的影响分析

基于地理信息系统结合运波理论基础方程式构建的分布式水文模型理论上具有流域的物理属性，其基于河道抵抗法则求解水深和流量的关系，以物理性参数模拟流域降雨-径流过程（Tachikawa 等，2007；Liu 等，2009）。融雪计算模块基于能量平衡法建立，通过计算积雪层表面与大气之间以及积雪层底部与土壤之间的热交换量作为融雪热量来计算融雪量，同样是物理性过程（Kustas and Rango 1994；Lin and McCool 2006）。而基于运动波模型结合能量平衡法构建的耦合融雪的分布式水文模型，需要大量的物理性参数驱动，同时要保证参数的精度，模型才能实现对降雨-径流以及融雪机制和时空过程上的模拟。而大量的物理性参数导致模型参数率定过程复杂化。本节中，将利用构建的 Bukuro 流域耦合融雪计算的分布式水文模型，基于莫里斯的参数筛选方法（One factor at a Time，OAT）（Morris 1991）（相关内容参见 3.10 节）通过对单一参数值改变条件下模型计算结果的分析，评价参数的变化对模型计算的影响。采用的计算时段为 1997 年 7 月 4—24 日，期间包括 7 月 12 日洪水过程，对影响降雨-径流过程的主要参数进行分析。基于模型对 1997 年 2 月 1 日至 5 月 31 日（主要融雪期）降雨（水）-径流过程计算结果的分析，对影响融雪过程的主要参数进行评价。选取如下所列参数（各参数的意义与 3.4 节、3.5 节中对应相同），对单个参数的值逐次改变情况下，分析其对模型计算结果的影响：垂向渗透系数 f；透

水系数 k；糙率（曼宁粗度系数）n；层厚（各层厚度）H_s；孔隙率 λ；积雪表面的漫反射系数 ref；容积传输系数 C_H、C_E（$C_H \approx C_E$）；温度修正系数 α_T；降雪量高度修正系数 α。

另外，本研究中引入一个损失系数近似模拟蒸散发和由第二层继续向下的渗透量之和。

由于各参数的单位不同以及变化的范围存在不可公度性（即不能给各个被评价的参数设定相同或相似的变化区间），在评价参数变化对模型计算结果影响过程中，如何选择参数的变化步长（即某一参数在其设定的变化范围内相邻两次变化之间的差值）和变化范围往往难以准确把握。本研究以下对参数灵敏度分析的过程中，在参数变化合理性区间（参数变化取值的可能范围）内调整参数的值，通过对不同取值条件下的模型计算结果分析进行参数率定。

4.7.1 垂向渗透系数

自地表向第一层垂向渗透系数的变化对地表产汇流计算会产生较大的影响。在揭示参数变化对模型计算结果影响的过程中，在一个相对合理的区间内不断改变某一参数值的取值，同时固定其他参数的值，利用模型反复计算，通过模型计算结果的分析，评价该参数对模型计算的影响程度。由于某一参数值在多次改变情况下会产生不同的数值计算结果，不能以图示的形式全部给出，在此仅给出某一参数取值变化对数值计算结果产生明显影响的情况加以说明。见表 4.2，自地表向第一层的垂向渗透系数取值分别为 6.0×10^{-5} m/s 和 6.0×10^{-3} m/s 的两种情况（Case－1，Case－2），得到的模型计算结果如图 4.15 所示。

表 4.2 第一层垂向渗透系数变化条件下的计算参数

参　数	区间/位置	Case－1	Case－2
糙率/($m \cdot s^{-1/3}$)	坡面	0.15	0.15
	河道	0.12	0.12
透水系数/($m \cdot s^{-1}$)	第一层	2.4×10^{-3}	2.4×10^{-3}
	第二层	5.0×10^{-6}	5.0×10^{-6}
垂向渗透系数/($m \cdot s^{-1}$)	第一层	6.0×10^{-5}	6.0×10^{-3}
	第二层	5.0×10^{-8}	5.0×10^{-8}
损失系数/($m \cdot s^{-1}$)	—	5.0×10^{-10}	5.0×10^{-10}
层厚/m	第一层	0.50	0.50
	第二层	2.0	2.0
孔隙率(第1层)	—	0.35	0.35

根据图 4.15 可知，由于 Case－1 和 Case－2 第一层垂直渗透系数 f_1 的取值分别为 6.0×10^{-5} m/s 和 6.0×10^{-3} m/s（表 4.2），两者不在一个数量级上，对于7月

12日和7月17日洪峰流量的模拟值，Case-1的计算值更接近于观测流量，而Case-2的计算值明显低于观测值。通过式（3.48）分别计算Case-1和Case-2在7月12日和7月17日洪峰期间的模拟误差，7月12日10：00至13：00的误差分别为Case-1：0.015，Case-2：0.05；7月17日8：00至11：00的误差分别为：Case-1：0.004，Case-2：0.032。Case-1对洪峰发生期间的模拟结果的误差在基准允许范围之内（小于0.03），而Case-2对洪峰发生期间模拟结果的误差超出了基准允许范围（大于0.03）。从模拟结果与观测流量在时间上发生的过程来考察，在计算期间内，Case-1和Case-2的计算值与观测流量时间过程上有很好的一致性，没有明显的错峰现象发生，说明f_1值的改变只影响流量的大小。对f_1的值由6.0×10^{-5}m/s向6.0×10^{-3}m/s逐渐降低过程中取不同的值所得到的降雨-径流计算结果的分析可知，随着f_1取值的不断增大，模拟结果整体上呈减小趋势，即渗透系数的增大导致由地表向第一层的渗透量增加，从而导致流量值减小；随着f_1值减小的程度不断加大，在洪峰发生期间流量的计算值减小的程度也逐渐增加；通过对f_1取值的变化和洪峰模拟值减小的分析可知，两者之间不存在反比关系[非线性关系，由式（3.1）或式（4.1）也可以推断二者不是线性关系]。

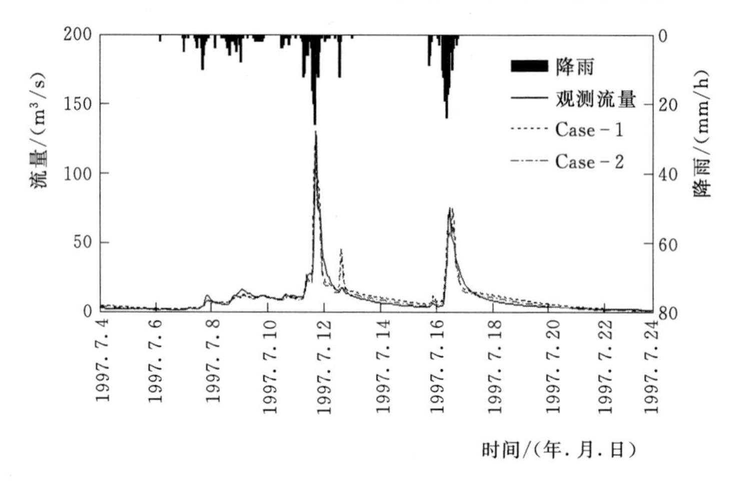

图4.15　第一层垂向渗透系数变化情况下的模拟径流曲线
（1997年7月4—24日）

4.7.2　透水系数

根据Bukuro流域土壤垂直剖面的结构特点，自地面开始至本研究对土壤垂直剖面调查的深度为止，流域土壤垂直剖面模型（基础水文地质模型）的坡面区间和河道区间均被开发为两层（图4.7）。所以，对透水系数灵敏度分析，需要给出坡面和河道区间第一、第二层透水系数的值。取如表4.3所示的对透水系数设置的3种取值组合进行计算，所得模型计算结果如图4.16所示。由图4.16可

表 4.3 透水系数变化条件下的计算参数

参数	区间/位置	Case-1	Case-2	Case-3
糙率/$(m \cdot s^{-1/3})$	坡面	0.15	0.15	0.15
	河道	0.12	0.12	0.12
透水系数/$(m \cdot s^{-1})$	第一层	2.4×10^{-3}	2.4×10^{-4}	2.4×10^{-3}
	第二层	5.0×10^{-6}	5.0×10^{-6}	5.0×10^{-4}
垂向渗透系数/$(m \cdot s^{-1})$	第一层	6.0×10^{-5}	6.0×10^{-5}	6.0×10^{-5}
	第二层	5.0×10^{-8}	5.0×10^{-8}	5.0×10^{-8}
损失系数/$(m \cdot s^{-1})$	—	5.0×10^{-10}	5.0×10^{-10}	5.0×10^{-10}
层厚/m	第一层	0.50	0.50	0.50
	第二层	2.0	2.0	2.0
孔隙率（第1层）	—	0.35	0.35	0.35

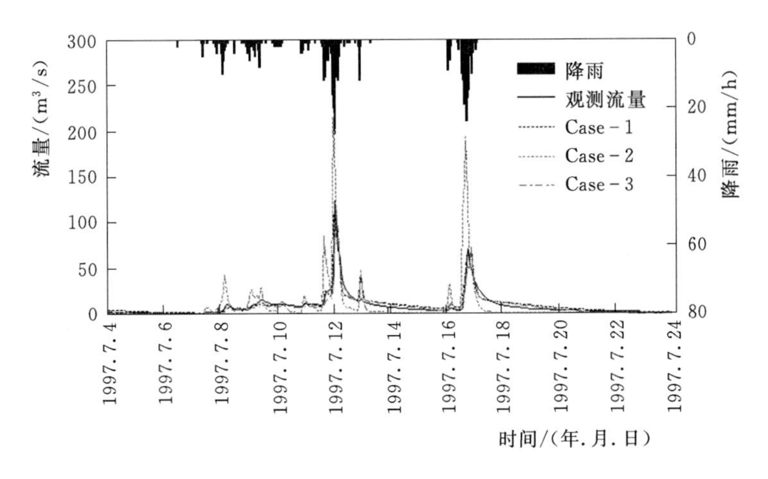

图 4.16 透水系数变化情况下的模拟径流曲线
(1997 年 7 月 4—24 日)

知，与其他两种情况（Case-1、Case-3）相比，Case-2 径流曲线的峰值流量明显偏大，其主要原因是由于 Case-2 的第一层透水系数较小（Case-2：2.4×10^{-4} m/s，其他两种情况：2.4×10^{-3} m/s），致使第一层地下水水深降低缓慢（向下游出流速度变小），从而导致地表径流的值高于 Case-1 和 Case-3。而在集中降雨以外的时段内，与 Case-1 和 Case-3 相比，Case-2 曲线所示流量大部分低于 Case-1 和 Case-3。Case-3 的第二层透水系数为 5.0×10^{-4} m/s，大于其 Case-1 和 Case-2 的第二层透水系数（5.0×10^{-6} m/s）。Case-1 与 Case-3 的径流曲线在时间过程上契合度很高，峰值和峰值以外的时段内都没有明显的差别，只是在 1997 年 7 月 12 日峰值发生时，Case-3 其峰值流量略低于 Case-1。

7月17日的峰值流量与Case-1的峰值之间在时间上存在很小的错峰现象。如图4.17所示为1997年7月17日洪峰过后Case-1、Case-2和Case-3的流量逐渐降低过程曲线，由该图可知，除了Case-1和Case-3的径流曲线与Case-2存在明显差别之外，Case-1和Case-3的径流曲线之间也存在差别，主要表现为两者在时间上流量减小过程的幅度不一致，和Case-1相比，在同一时间内，Case-3流量的减小幅度要大于Case-1。根据以上透水系数改变对模型计算结果影响的分析可知，对于本研究构建的Bukuro流域土壤垂直剖面模型，坡面和河道自地面开始在土壤垂直剖面上均由两层构成的情况下，第一层透水系数的改变对模型计算结果产生的影响较大，主要影响流量的大小，特别是峰值流量的计算结果；第二层透水系数的改变对峰值计算结果的影响不大，其主要对河道基流大小产生影响，并在一定程度上影响径流在时间上发生的过程，即第二层透水系数的取值在某一范围内变动时，将某种程度上导致错峰现象发生。

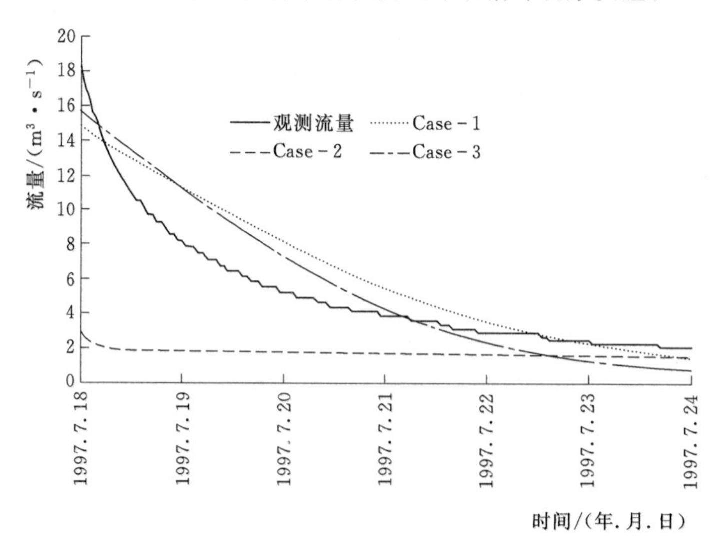

图4.17　透水系数变化情况下的模拟径流曲线
（1997年7月18—24日）

4.7.3　糙率

糙率（曼宁粗度系数）是综合反映渠道断面粗糙情况对水流影响的一个系数，其值一般通过实验测得（周方录等，2013）。如式（4.2）所示，糙率是曼宁平均流速公式中的物理性参数之一，用于计算单位时间步长上流向上各空间步长上的流速。选取如表4.4所示的坡面和河道区间糙率的3种组合（坡面和河道的糙率分别为Case-1：0.15、0.05；Case-2：0.15、0.30；Case-3：0.30、0.05）进行模型计算，计算时段为1997年7月4—24日，对该时段内降雨-径流模拟结果如图4.18所示。

表 4.4 糙率变化条件下的计算参数

参数	区间/位置	Case - 1	Case - 2	Case - 3
糙率/($m \cdot s^{-1/3}$)	坡面	0.15	0.15	0.30
	河道	0.05	0.30	0.05
透水系数/($m \cdot s^{-1}$)	第一层	2.4×10^{-3}	2.4×10^{-3}	2.4×10^{-3}
	第二层	5.0×10^{-6}	5.0×10^{-6}	5.0×10^{-6}
垂向渗透系数/($m \cdot s^{-1}$)	第一层	6.0×10^{-5}	6.0×10^{-5}	6.0×10^{-5}
	第二层	5.0×10^{-8}	5.0×10^{-8}	5.0×10^{-8}
损失系数/($m \cdot s^{-1}$)	—	5.0×10^{-10}	5.0×10^{-10}	5.0×10^{-10}
层厚/m	第一层	0.50	0.50	0.50
	第二层	2.0	2.0	2.0
孔隙率（第1层）	—	0.35	0.35	0.35

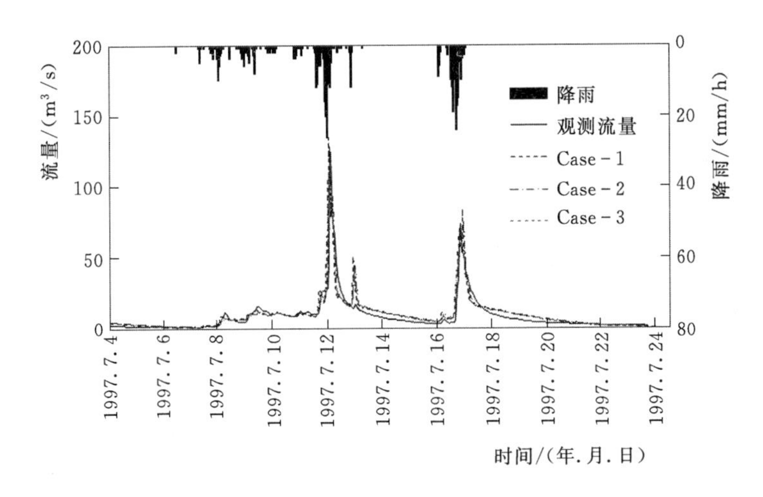

图 4.18 糙率变化情况下的模拟径流曲线
（1997 年 7 月 4—24 日）

由图 4.18 可知，Case - 1、Case - 2 和 Case - 3 的径流过程线在时间上契合度很高，其间的主要差别表现在峰值流量的大小有所不同，但是差别并不明显。当坡面的糙率明显增大时，如 Case - 3 的坡面区间糙率为 0.30，是 Case - 1 和 Case - 2（坡面区间糙率为 0.15，表 4.4）坡面区间糙率取值的 2 倍，但 Case - 3 峰值流量（计算区域出口断面的流量，图 4.2）的减小幅度并不大，而峰值以外的时间内 3 种情况径流模拟效果之间几乎分辨不出差别。在过往的研究中，有些研究者对糙率如何影响坡面产汇流特性进行过研究，根据 Tsukamoto（1961）在不同糙率的坡面上对短期径流的实测结果，与地表径流相比，地下水流（潜水）变化更加显著；Hursh and Brater（1941）也通过观测得到过类似的结果。图 4.19 所示为在 Case－1 的参数计算条件下，计算区域出口断面的坡面地表水深和第一层地下水水深的变化过程。由该图可知，模型的计算结果表现出与 Tsukamoto（1961）和 Hursh and Brater（1941）相似的结论，即集中降雨发生后，坡面区间的地下水深变化明显，坡面糙率的变化对径流结果的影响并不明显，同时说明，模型对坡面的流出特性具有很好的再现功能。但是，由于河道中存在常态性基流，在糙率增加的条件下，会导致流速下降，从而，造成了径流曲线错峰现象发生（图 4.18）。与 Case－1 和 Case－3 相比，Case－2 径流曲线的峰值在发生的时间上延后 1h，即河道糙率的变化主要对径流在时间上发生的过程产生影响。

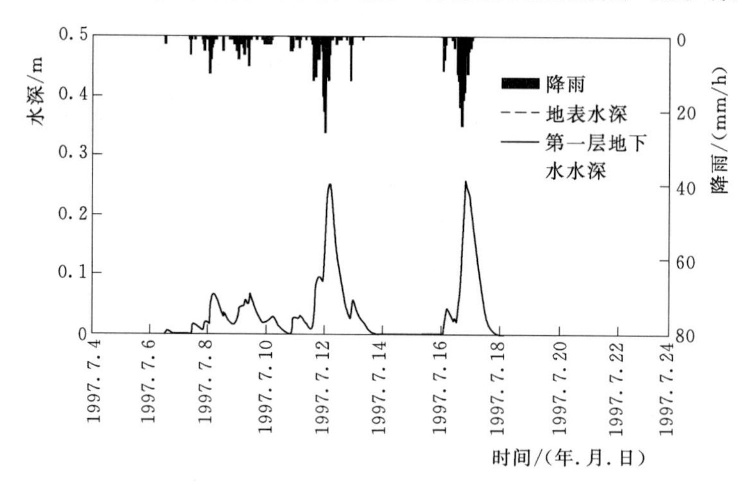

图 4.19 Case－1 计算条件下的出口断面坡面地表水深和第一层水深曲线（1997 年 7 月 4 日—24 日）

4.7.4 层厚

对于如图 4.7 所示的 Bukuro 流域土壤垂直剖面模型，坡面和河道各层层厚取值见表 4.5。在表 4.5 所示层厚变化条件下，模型计算结果如图 4.20 所示。Case－1、Case－2 和 Case－3 的第一、第二层层厚分别为 0.50m、2.0m，1.0m、2.0m 和 0.50m、5.0m，需要说明的是，Bukuro 流域的土壤垂直剖面模型（图 4.7）的第一层厚度在流域内是随着空间有所改变的，第二层的厚度相对稳定，在流域范围内变化不大。在讨论层厚变化对模型计算结果的影响过程中，在每一种设定层厚的情况下，将第一、第二层厚度设为常数（认为研究区内第一、第二层的厚度是均匀的），Case－2 的第一层厚度被设成了 1.0m，Case－3 的第二层厚度被设成了 5.0m，与实际情况出入很大，其主要原因仅仅是为了分析层厚变化对模型计算结果的影响，即在某一层层厚的值改变较大的情况下，可以得到差别相对明显的模型结果。

表 4.5　　层厚变化条件下的计算参数

参　数	区间/位置	Case-1	Case-2	Case-3
糙率/($m \cdot s^{-1/3}$)	坡面	0.15	0.15	0.15
	河道	0.05	0.05	0.05
透水系数/($m \cdot s^{-1}$)	第一层	2.4×10^{-3}	2.4×10^{-3}	2.4×10^{-3}
	第二层	5.0×10^{-6}	5.0×10^{-6}	5.0×10^{-6}
垂向渗透系数/($m \cdot s^{-1}$)	第一层	6.0×10^{-5}	6.0×10^{-5}	6.0×10^{-5}
	第二层	5.0×10^{-8}	5.0×10^{-8}	5.0×10^{-8}
损失系数/($m \cdot s^{-1}$)	—	5.0×10^{-10}	5.0×10^{-10}	5.0×10^{-10}
层厚/m	第一层	0.50	1.0	0.50
	第二层	2.0	2.0	5.0
孔隙率（第1层）	—	0.35	0.35	0.35

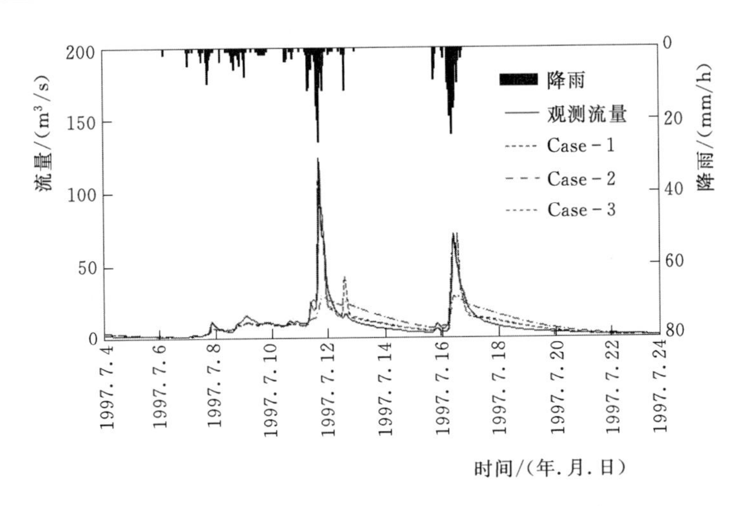

图 4.20　层厚变化情况下的模拟径流曲线
（1997 年 7 月 4—24 日）

如图 4.20 所示，在第一层厚度变化条件下，与 Case-1 和 Case-3 相比，Case-2 的径流曲线形状上发生了很大的变化，峰值流量明显降低。其主要原因是在相同的入渗速度下，Case-2 的第一层厚度更大，导致 Case-2 第一层蓄水能力增加，即在其他参数相同条件下，Case-2 达到饱和状态需要更多的来自降雨入渗的补给，所以在该情况下降雨更多地入渗到第一层，从而导致 Case-2 的流量峰值大幅度降低。而与 Case-1 比较，第二层厚度大尺度变化的 Case-3 的计算结果与 Case-1 非常接近，时间过程上的也有很好的拟合度。由此可知，第一层厚度的变化对模型计算结果的影响较大，第二层厚度的变化对模型计算结果几乎不产生影响。

4.7.5 孔隙率

土壤的孔隙率为单位体积土壤中孔隙的体积（记为 V_p）与该单位土壤体积（记为 V）的比值，常用 λ 表示，记 $\lambda = V_p / V$（Kawano 等，2005）。分别设第一层的孔隙率为 0.35（Case-1）和 0.5（Case-2），其他计算参数与表 4.5 所示相同（Case-1、Case-2 表层厚度均为 0.50），对 1997 年 7 月 4—24 日降雨-径流过程的模拟结果如图 4.21 所示。

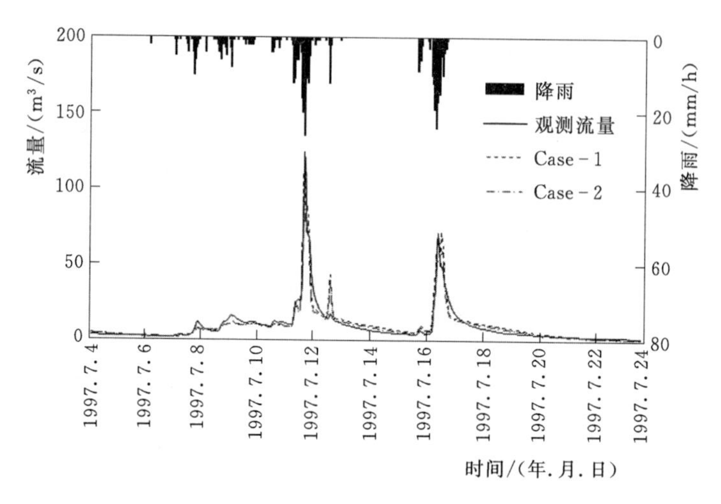

图 4.21 有效孔隙率变化情况下的模拟径流曲线
（1997 年 7 月 4—24 日）

由图 4.21 可知，与 Case-1 相比，Case-2 的流量峰值偏低，其原因是 Case-2 的孔隙率大于 Case-1，在其他参数相同的条件下，Case-2 由地面向第一层的渗透量大于 Case-1，从而导致相同的降雨条件下，Case-2 的流量降低。但两种情况下的径流曲线在形状上相似，在时间发生的过程上也保持很好的一致性。孔隙度与土壤的垂向渗透系数的大小之间有密切的关系，随着有效孔隙率的减小，土壤的垂向渗透系数随之变小，横向的渗透速度（透水系数）也将随之减小，因此，孔隙率的变化将导致各层流入量和出流量的变化，而孔隙率在流域范围内存在空间上的差别，要实现与基于河网划分的各小流域［图 4.2（b）］在空间分布上相对应的孔隙率的准确率定非常困难。另一方面，本研究所构建分布式水文模型用于渗透流计算的参数很多，如渗透系数、透水系数、层厚等，从而导致模型的复杂化。在已揭示孔隙率对模型计算的影响主要体现在数值结果大小的情况下，进行模型参数率定过程中，垂向渗透系数、透水系数以及层厚按照河网上各分布式小流域进行配置，而各层的孔隙率在参考实际调查和渗透实验结果的基础上，设为常数进行模型计算。

4.7.6 容积传输系数

在基于能量平衡法构建的融雪计算方法中，通过对积雪层热收支变化来推求融雪热量［Q_g，式（3.17）］，其中，须计算潜热通量（lE）和显热通量（H），容积传输系数 C_H、C_E［$C_H \approx C_E$，式（3.20）、式（3.21）］是推求显热通量（H）与潜热通量（lE）所需的必要参数（Niemeyer 等，2016）。在如上所述对降雨-径流过程计算参数已确定的前提下（表4.6），选取表4.6所示潜热和显热容积传输系数的3种组合进行融雪期计算（1997年2月1日至5月31日），因为潜热和显热容积传输系数近似相等，所以选取每一种组合下潜热和显热容积系数的值相等，选取 Case－2 的容积传输系数（0.008）是 Case－1（0.004）的两倍，Case－3（0.002）的容积传输系数是 Case－1 的1/2，模型计算结果如图4.22所示。

表4.6 容积传输系数变化情况下的计算参数

参数	区间/位置	Case－1	Case－2	Case－3
糙率/($m \cdot s^{-1/3}$)	坡面	0.15	0.15	0.15
	河道	0.05	0.05	0.05
透水系数/($m \cdot s^{-1}$)	第一层	2.4×10^{-3}	2.4×10^{-3}	2.4×10^{-3}
	第二层	5.0×10^{-6}	5.0×10^{-6}	5.0×10^{-6}
垂向渗透系数/($m \cdot s^{-1}$)	第一层	6.0×10^{-5}	6.0×10^{-5}	6.0×10^{-5}
	第二层	5.0×10^{-8}	5.0×10^{-8}	5.0×10^{-8}
损失系数/($m \cdot s^{-1}$)	—	5.0×10^{-10}	5.0×10^{-10}	5.0×10^{-10}
层厚/m	第一层	0.5	0.5	0.5
	第二层	2.0	2.0	2.0
孔隙率（第1层）	—	0.35	0.35	0.35
容积传输系数	潜热	0.004	0.008	0.002
	显热	0.004	0.008	0.002
雪面漫反射系数	—	0.75	0.75	0.75
空气的定压比热/[$J \cdot (kg^{-1} \cdot K^{-1})$]	—	1004.8	1004.8	1004.8
冰的潜热/（$J \cdot kg^{-1}$）	—	3.34×10^{-5}	3.34×10^{-5}	3.34×10^{-5}
温度修正系数/(℃/100m)	—	−0.45	−0.45	−0.45
降雪高度修正系数	—	0	0	0
Stefan－Bohzman 常数	—	5.67×10^{-8}	5.67×10^{-8}	5.67×10^{-8}

根据图4.22可知，在1997年2—3月的平水期，Case－2 的计算流量普遍高于 Case－1 和 Case－3，而在4月份明显低于 Case－1 和 Case－3。出现该种情况

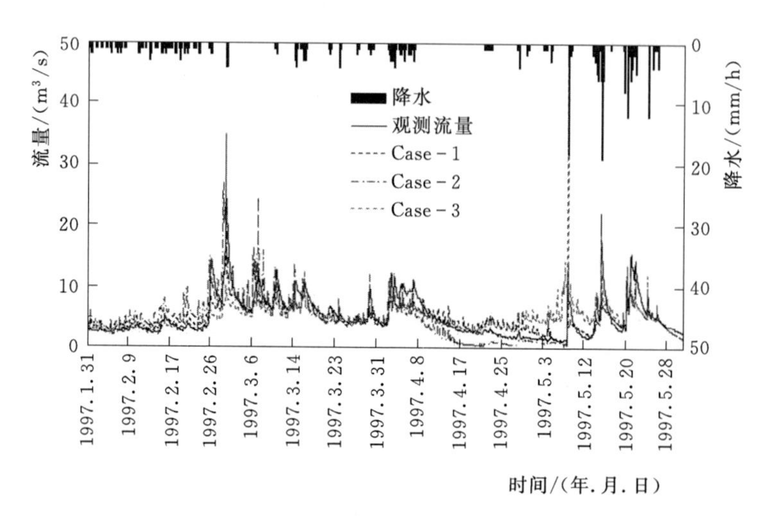

图 4.22 容积系数变化情况下的模拟径流曲线
(1997 年 2 月 1 日至 5 月 31 日)

的原因是，与 Case-1 和 Case-3 相比，由于 Case-2 的容积传输系数较大，在模型计算过程中，Case-2 的融雪计算相对于 Case-1 和 Case-3 提前进行，且融雪时间相对较短，导致融雪过程结束较早；而 Case-3 的容积传输系数最小，模型计算过程中发生融雪的时间较 Case-1 和 Case-2 相对滞后，所以其计算流量在 4 月下旬以后的大部分时间处于相对较高的水平，其主要原因是，由于 Case-3 的容积传输系数相对较小，在气温相对较低的 2 月，Case-3 融雪量较小，所以和观测流量相比，Case-3 流量相对较小，而到了 4 月下旬，随着山区海拔较高的地点温度上升，Case-3 融雪量增加，所以流量增大，在 5 月初集中降水期间伴随着较高的融雪流量发生了融雪洪水。又如图 4.23 所示，对于冬季产生的积雪，在 2 月下旬之前并未有明显的融雪现象，而 2 月下旬之后伴随着温度的逐渐升高，融雪速率变快，其中，在集中融雪期，Case-2 的融雪速率高于 Case-1，Case-1 高于 Case-3。从对观测径流过程的模拟效果来看，Case-1 的计算结果很好地再现了观测流量发生的过程，说明 Case-1 的容积传输系数相对于 Case-2 和 Case-3 取值更加合理。

根据对容积传输系数变化条件下模型计算结果的分析可知，容积传输系数的改变对融雪过程的影响较大，从而导致融雪期的径流过程线在形状上产生了较大的差别，因此，在基于能量平衡法对处于不同地区流域的融雪计算中，如何选取合理的潜热和显热计算的容积传递系数，尚需针对实际情况进一步研究。

4.7.7 雪面漫反射系数

积雪表面的漫反射系数是计算积雪层热收支过程的一个重要参数［式

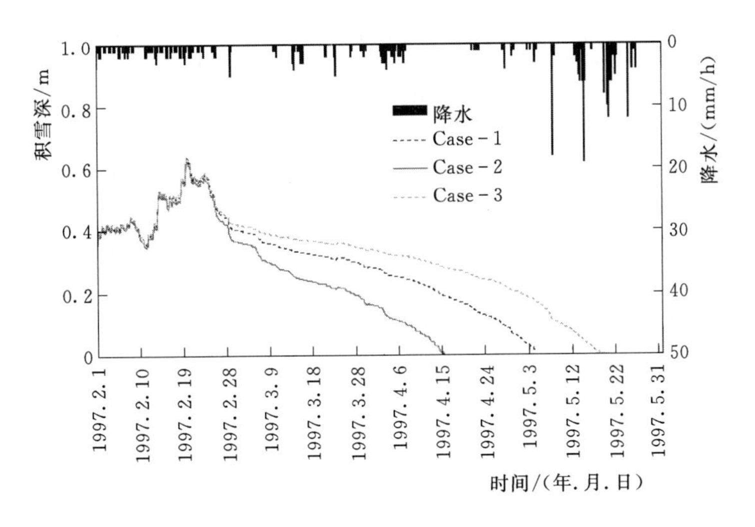

图 4.23　容积系数变化情况下的积雪深计算值
(1997 年 2 月 1 日至 5 月 31 日)

(3.18)]。积雪的漫反射系数与太阳高度、方位、雪质、积雪层含水量、积雪层表面污垢的组成成分等都有直接关系，一般来说，积雪层的漫发射系数变动范围较大，在 0.4～0.9 之间，而在融雪期的雪面漫反射系数会显著降低（Kondo 等，1988；Aoki 等，1999）。漫反射系数虽然是影响积雪层热收支的一个重要因子，但并非是单一的支配因素，其变化会对水平面太阳辐射量产生影响，从而影响积雪层的入射辐射量［式（3.18)]。积雪漫反射系数是随时间变化的，其值可以通过实际观测得到（Kondo 等，1988）。本研究中，对 Bukuro 流域融雪计算过程中所用积雪漫反射系数，不是通过对流域内积雪层表面漫反射的观测获取的，也不是通过建立漫发射系数模型以计算的方式而获得。在融雪计算中，采用的雪面漫反射系数为一常数（0.75），该值是通过模型计算，在分析积雪层漫发射系数对融雪计算结果影响基础之上而率定的参数值，可以认为是融雪计算期内雪面漫发射系数的平均值。为评价雪面漫反射系数对模型模拟结果的影响，选取不同的雪面漫发射系数（Case-1：0.75；Case-2：0.50；Case-3：0.30）进行模型计算，所得模型计算结果如图 4.24 所示。

由图 4.24 可知，与所计算的 3 种情况之中雪面漫发射系数最小的 Case-3 相比，Case-1 在 2 月和 3 月的径流量相对较低，而 Case-2 在此期间的径流量整体上处于 Case-1 和 Case-3 之间；而在 4 月至 5 月上旬的春季流量逐渐降低期间，与 Case-3 相比，Case-1 和 Case-2 的流量相对更大。结合式（3.18）进行分析可知，积雪表面的漫发射系数较大时，水平太阳辐射被反射出去的量增加，从而积雪层的入射辐射量也随之较少，导致积雪层的融雪热量减小，所以，

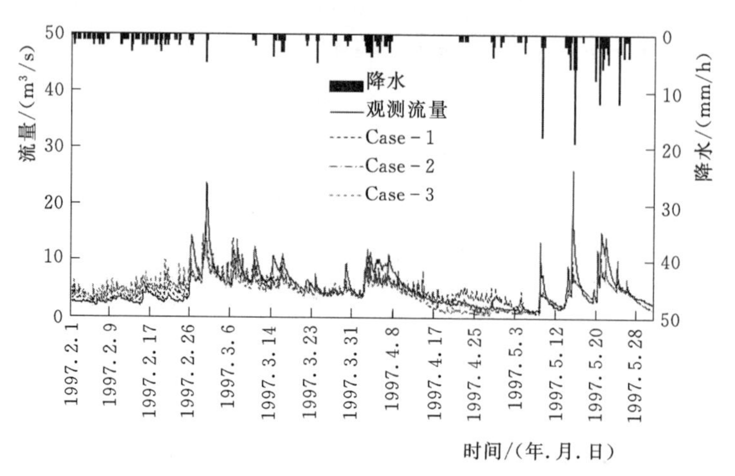

图 4.24 积雪表面漫发射系数变化情况下的模拟径流曲线
(1997年2月1日至5月31日)

在冬季(2—3月),雪面漫发射系数最大的Case-1的融雪流量处于较低水平。而在3月以后,虽然Case-1的漫发射系数较大导致积雪层入射辐射量相对于Case-2和Case-3较小,但由于积雪层与土壤的热交换量增加以及吸收了降雨的热量[3月以后的降水形式为降雨,式(3.17)],积雪层的融雪热量整体上增加,所以在此期间,3种情况的径流曲线变化过程相似,且计算值之间的差别不大。而到了4月下旬融雪期结束后流量较小的时期,Case-1的流量相对于Case-2和Case-3较大。

如图4.25所示为如上所述积雪表面漫发射系数分别为Case-1(0.75)、Case-2

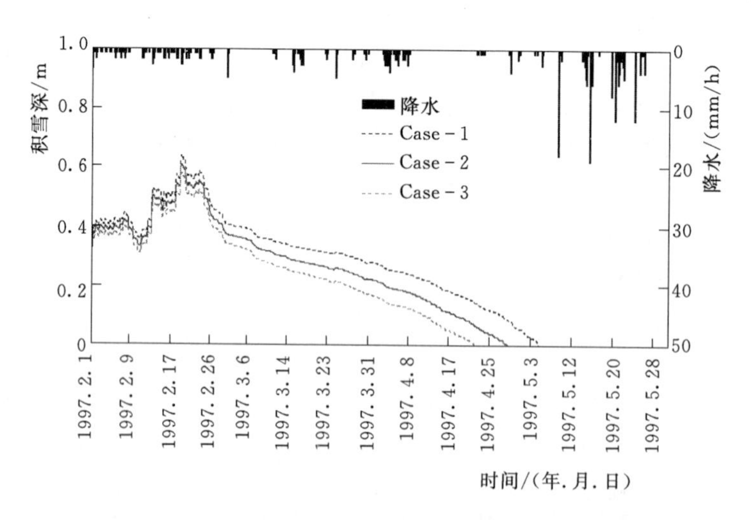

图 4.25 积雪表面漫发射系数变化情况下的计算积雪深
(1997年2月1日至5月31日)

(0.50) 和 Case-3 (0.30) 时的计算积雪深。由该图可知，在主要的融雪期内 (2月下旬及以后)，3种情况的积雪深降低的趋势相似，但降低的速率不同，其中雪面漫发射系数最小的 Case-3 积雪深下降最快，说明此种情况下融雪结束最早，而雪面漫发射取值最大的 Case-1 积雪深下降速率最慢 (融雪结束最迟)，其主要原因是如上所述的 Case-1 对太阳水平辐射量的反射量最大 (吸收的辐射量最小)，而 Case-3 对太阳水平辐射量的反射量最小所导致的。

4.7.8 温度修正系数

地形和标高对温度环境的形成有很大的影响 (Aoki 等，1992)。在某一地区内，随着标高的增加，气温逐渐降低。一般来说，高度每增加 100m，气温将降低 0.6℃左右。本研究的研究区 Bukuro 流域，其上游地区海拔超过 900m，山顶与山谷之间存在较大的温差，所以，在融雪计算时，对不同高程导致气温的变化进行修正十分必要。采用如第3章 (3.5.2节) 所给出的式 (3.15) 对温度进行修正。本研究对降水形式进行判别时，也采用以温度为支配因子的函数进行判别[式 (3.13)]，以热收支平衡法 (能量平衡法) 建立的融雪计算方法中，很多计算环节都与气温因子有关，所以，分析温度修正系数变化情况下对数值模拟结果产生的影响对于实现融雪径流的准确计算非常重要。选取 Case-1 和 Case-2 的温度修正系数分别为 -0.45℃/100m 和 -0.65℃/100m (其他参数不变，见表4.6，其中潜热和显热的容积传输系数取值为 0.004；雪面漫发射系数为 0.75) 进行计算，结果如图 4.26 所示。

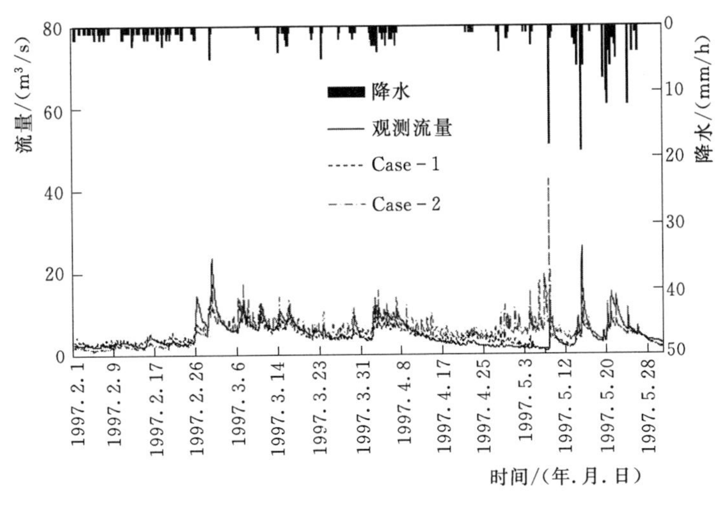

图 4.26 不同的温度修正系数条件下的模拟径流曲线 (1997年2月1日至5月31日)

由图 4.26 可知，与 Case-1 相比，Case-2 的径流量在3月以前 (冬季) 整体上处于较低水平，而自3月开始至计算期结束，Case-2 的径流量相对较高。

温度修正系数取值较小的 Case－2 在春季开始后径流显著增加，自 3 月开始至 5 月上旬融雪期结束，其流量计算值高于观测值，主要原因是 Case－2 的温度修正系数较小，在冬季降雪期，Case－2 的气温低于 Case－1，所以与 Case－1 相比，其降水形式更多为降雪［式（3.13），雨雪的判别］，积雪深大于 Case－1（图 4.27），在冬季满足融雪条件的情况下，由于 Case－2 气温较低，所以其融雪初期的径流量低于 Case－1，而在春季气温升高以后，由于 Case－2 的积雪深较大，加之在影响融雪热量的各项中［式（3.17）］，以气温因子支配项目的增大导致融雪热量增加，从而导致 Case－2 的流量在大部分时间高于 Case－1。

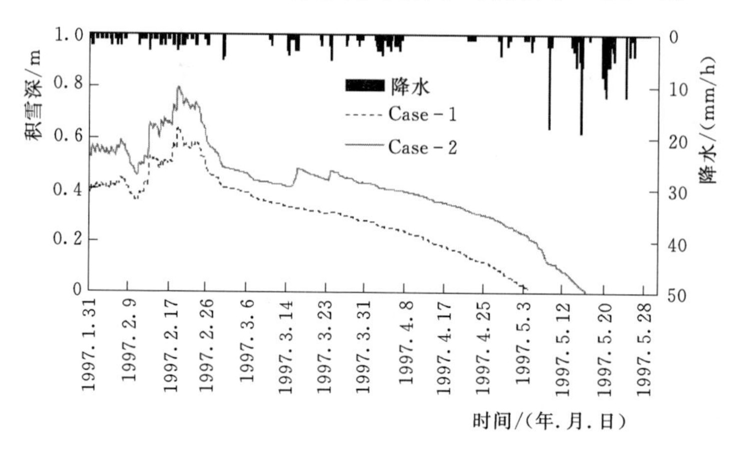

图 4.27　不同的温度修正系数条件下的计算积雪深（1997 年 2 月 1 日至 5 月 31 日）

4.7.9　标高修正系数

在山区流域，标高的不同会导致降雨量在垂向分布的变化，一般来说，降水量随着标高的增加而变大（Sen and Habib，2000）。在本研究中，利用式（3.16）对不同标高的降水量进行修正，以该式对降雪量进行修正时，Izumi 等（2005）建议降雪的高度修正系数取值为 0.001。在此，对降雪的高度系数分别取值为 0（1/m）（Case－1，即不对降雪进行修正）和 0.001（1/m）（Case－2），利用模型对如上所述的 Bukuro 流域 1997 年 2 月 1 日至 5 月 31 日的降水-径流过程进行计算（其他参数见表 4.6，其中潜热和显热的容积传输系数为 0.004），降水-径流模拟结果如图 4.28 所示，Case－1 和 Case－2 的在计算期间内的计算积雪深变化过程如图 4.29 所示。

根据图 4.28 可知，Case－1 和 Case－2 的径流曲线在 4 月中旬以前契合度很高，相同计算时间点上的流量计算结果非常接近。自 4 月中旬至 5 月中旬，Case－2 的径流量明显大于 Case－1，其主要原因是 Case－1 没有采用降雪量高度修正系数，而 Case－2 采用了降雪量的高度修正系数，从而导致 Case－2 的降雪量和积雪深大于

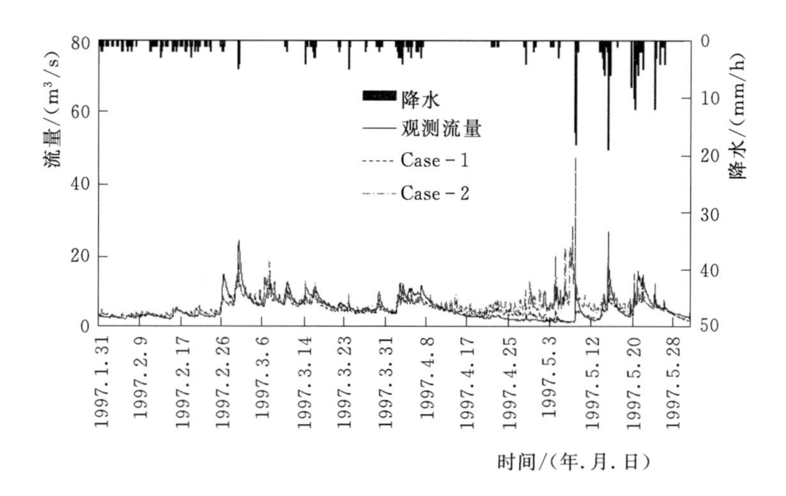

图 4.28 不同的降雪高度修正系数条件下的模拟径流曲线
(1997年2月1日至5月31日)

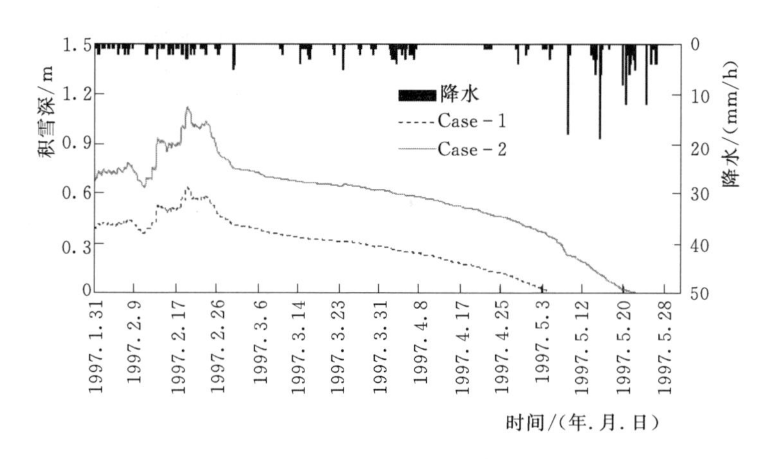

图 4.29 不同降雪高度修正系数条件下的计算积雪深
(1997年2月1日至5月31日)

Case-1，在此期间Case-2产生了更多的积雪流量。由图4.29可知，自计算开始至融雪计算结束，Case-2的积雪深大于Case-1，在Case-1融雪计算结束后的一段时期内，Case-2的融雪仍在进行，所以在计算时段的后期，发生了Case-2的融雪径流量大于Case-1的情况，此种情况证实了对图4.28的分析结果。基于如上所述的采用不同降雪高度修正系数对模型计算结果影响的分析可知，在山区流域，采用降雪的高度修正系数将导致流域内不同高度的降雪量和积雪深发生变化，利用模型对耦合融雪的水文过程计算时，是否选用或如何选取降雪高度修正系数的值是需要针对流域实际深入讨论的问题之一。

4.8 参数率定

在4.7节“参数对模型结果的影响分析”中，对模型主要参数取值变化如何影响数值计算结果进行了定性分析，根据有关分析结果可知：第一层的模型参数对径流曲线形状（计算流量的大小）和时间上的发生过程有较大的影响，特别地，第一层的透水系数、垂向渗透系数和层厚等对模型计算结果的影响较大。如何在流域下垫面物理条件时空分布变化的条件下，给这些参数设置合理的参数值，是实现模型准确模拟的先决条件。与第一层模型参数相比，第二层的模型参数对数值计算结果的影响相对较小，主要是对流量处于较低水平时期（基流）的计算结果产生影响。基于如上所述的第一层和第二层参数对模型计算结果产生影响功能上的差异，本节针对Bukuro流域研发的分布式水文模型的参数率定过程进行论述。

4.8.1 糙率和孔隙率

在参数率定过程中，部分物理性参数可以根据实地调查结合现有的研究成果确定，如糙率（曼宁粗度系数）和土壤孔隙率。自然河流糙率的取值范围一般在0.02～1.0之间（Yoshikawa，1966）。对Bukuro流域的实际考察可知，因为该流域为Seidai流域上游的支流，地形复杂，并伴有深渊和浅滩的分布，河道崎岖、河弯较多，河床上常常分布着大粒径的石砾，所以，流域的糙率应在其取值区间内取较高的值，基于如上分析，河道的糙率取值为0.06。对于坡面区间，由于植被类型组成较复杂且季节性变化较大，流域内大部分区域被森林所覆盖，同时，地面广泛地分布着杂草和低矮灌丛，考虑到地表复杂植被的影响，坡面的糙率较河道取值更大，又根据4.7节“参数对模型结果的影响分析”中所介绍的参数变化对模型计算结果影响的分析方法，基于糙率不同取值条件下对模型计算结果的误差分析[式（3.48）]，确定坡面区间的糙率取值为0.15。

对于各层土壤的孔隙率，沙土的孔隙率一般在0.30～0.60，黏质土壤的孔隙率变动范围为0.50～0.75；壤土的孔隙率一般为0.55～0.65（Kono等，1990）。一般情况下，土壤的有效孔隙率和孔隙率相比要小得多，如中沙的孔隙率为0.30～0.38，其有效孔隙率为0.10～0.15；沙壤土的孔隙率为0.35～0.45，其有效孔隙率为0.05～0.10；黏壤土的孔隙率为0.40～0.55，其有效孔隙率为0.03～0.08。参考以上结果，因为Bukoro流域的第一层土壤主要类型为沙壤土，取其孔隙率为0.35。

4.8.2 第一层透水系数和层厚

对降雨-径流过程的模拟，要求数值计算结果与观测流量在径流曲线的形状和时间过程上都要具有很好的拟合度。须对模型计算有主要影响的参数如第一层的透水系数、层厚和垂向渗透系数进行准确、合理的率定。如4.7节“参数对模型结果的影响分析”中所述，通过改变参数值条件下对1997年7月发生洪水期间降雨-径流过程的数值模拟结果的分析，实现对第一层透水系数和层厚的率定。

透水系数和第一层层厚的取值的不同对模拟径流曲线的形状和流量大小都会产生影响。在率定第一层透水系数和层厚过程中，首先，固定第一层的层厚，改变第一层透水系数的值进行模型计算，通过不断调整透水系数的值以使模拟径流曲线与观测径流曲线在形状上达到一定的相似度。接下来，为使模拟值与观测洪峰流量达到较好的拟合度，固定透水系数的值（此时，透水系数的取值为使模拟径流曲线与观测径流曲线在形状和过程相似时的值），改变第一层层厚进行计算，通过对模拟结果的分析可知，层厚变化条件下，当计算流量和观测流量的峰值大小一致性较高时，模拟流量曲线和观测流量曲线在时间上存在错位现象，为此，基于已有模拟结果再次固定层厚，改变透水系数的值使模拟流量曲线与观测流量曲线在时间过程上拟合（消除错峰现象），而改变透水系数以消除错峰现象的另一个结果是导致了计算结果与观测洪峰流量的差值变大，从而，再次固定透水系数的值，改变层厚进行计算以使峰值流量误差减小。如此反复进行，第一层的透水系数和层厚的变化量逐渐减小，当模拟径流曲线与观测径流曲线在时间过程和形状上具有很好的契合度时，此时的透水系数和层厚作为率定结果。

4.8.3 第一层渗透系数

对于第一层的垂向渗透系数，根据对已有研究结果可知，其取值的改变主要影响峰值流量的大小。在上述通过调整透水系数和层厚的值以实现模拟径流曲线和观测径流曲线在时间和形状上达到较好的拟合度，此过程中，率定的第一层层厚可能存在不合理性，因为第一层的层厚虽然在流域内不同的地点有所差别，但其变化应在一个合理的范围内（根据实际调查大致确定的范围）。若第一层层厚的设置存在不合理的情况，需调整层厚的值在合理的取值范围内，通过调整垂向渗透系数的值进行模型计算，使计算结果与观测径流曲线达到很好的拟合效果，而在此过程中，很可能导致垂向渗透系数的取值不合理的情况发生，此时，设定垂向渗透系数的值，通过在合理的范围内调整层厚的值进行上述计算和模拟结果的考察过程。如此反复进行，当垂向渗透系数和层厚都位于其合理的取值区间，而观测流量和计算值两曲线之间亦达到很好的拟合效果时，认为实现了对垂向渗透系数和第一层层厚的率定。而在通过调整透水系数和层厚的值以实现模拟径流曲线和观测径流曲线在时间和形状上达到较好的拟合度的情况下，第一层层厚的取值也在合理范围内，此时，通过合理地微调垂向渗透系数的值，可以使模型计算结果对峰值流量的模拟达到更好的效果，从而实现垂向渗透系数准确的率定。

4.8.4 第二层参数率定

与模型第一层参数率定过程相似，在第二层参数率定的过程中，首先完成对透水系数的率定，因为自然条件下第二层土壤的孔隙率一般小于第一层，所以第二层的透水系数合理的取值范围应该小于第一层。第二层透水系数的取值分别为 3.0×10^{-6}m/s（Case－1）、3.0×10^{-5}m/s（Case－2）和 3.0×10^{-4}m/s（Case－3）（其他参数同表 4.6，不含融雪计算参数部分）的 3 种情况下的模拟结果如图 4.30 所示。由该图可知，3 种情况的模拟径流曲线虽然在时间上有微小的错位现象，但是不明显，期间的差别主要表现在对流量模拟值差异。

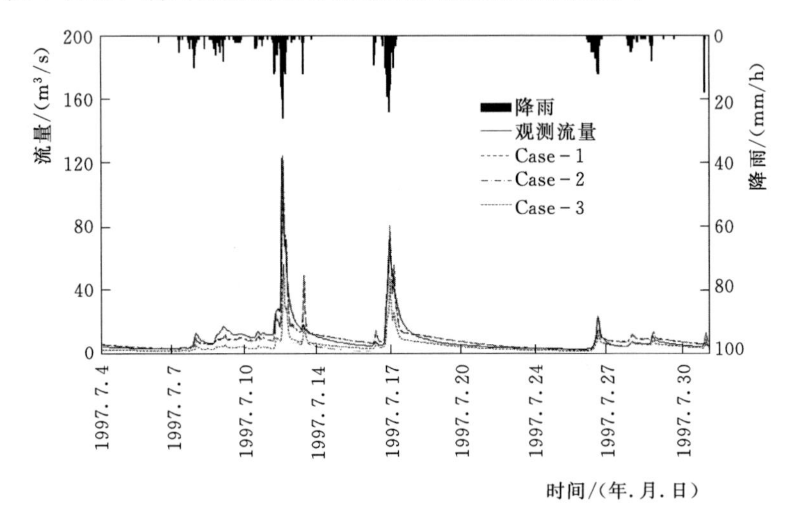

图 4.30　第二层透水系数变化情况下的模拟径流曲线（1997 年 7 月 4—31 日）

如图 4.31 所示为第二层透水系数变化条件下计算期间内（1997 年 07 月 14—15 日）流量逐渐降低的过程线，当第二层透水系数取值不同时，流量降低过程线之间表现出一定的差别，随着该层透水系数的增大，流量降低的趋势变大，Case－1 和 Case－2 的流量降低过程虽然类似，但 Case－3 流量的递减速度比 Case－1 和 Case－2 显著得多。对于降雨-径流的长期计算，若流量的递减过程与实际观测流量差别较大，会导致径流总量与观测值之间产生较大的差值。实现流量降低过程中模拟径流曲线与观测径流曲线的拟合对于长期降雨-径流十分重要，因此，第二层透水系数需采用与观测流量降低过程趋势相同且拟合度较高情况下的取值。通过对第二层层厚和垂向渗透系数取值不同情况下模拟径流与实测流量过程线结果的比较可知，第二层的层厚和渗透系数在合理的范围内取值变化时，对降雨-径流模拟结果几乎不产生影响，据此，将第二层的垂向渗透系数

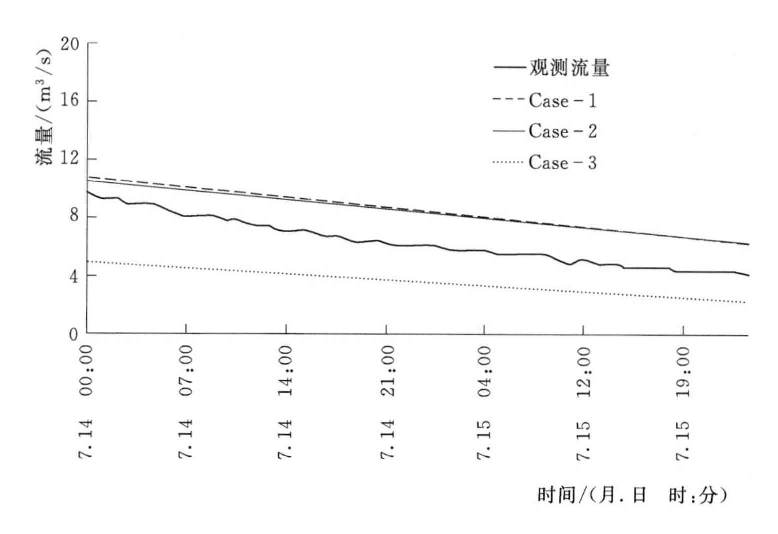

图 4.31 第二层透水系数变化情况下对流量降低过程的模拟结果
(1997年7月14—15日)

与透水系数在同一数量级下取值，并结合对第二层层厚实际调查结果所确定的大致的层厚区间，适当确定第二层的层厚。

4.8.5 融雪参数率定

在实现了对于包含洪水过程的径流曲线达到较好拟合效果的参数率定基础上，进行模型用于融雪计算主要参数的率定。首先，考查融雪期开始阶段的模拟效果，基于对该阶段内径流总量的计算值和观测值之间的误差分析结果，确定降雪量的高度修正系数。当降雪量的高度修正系数取值为0.001（1/m）时（参见4.7节，Izumi等，2005推荐），计算期间内的径流总量比观测值高出很多（图4.28），与未采用降雪量高度修正系数（取值为0）的情况相比积雪深也有显著增加（图4.29），即在采用降雪高度修正系数情况下导致了模拟误差的显著增加，鉴于此种情况，Bukuro流域融雪计算时的降雪量高度修正系数取值为0.0。

对于气温修正系数，在Bukuro流域所在地区，经实测，高度每增加100m气温下降平均0.65度，即标高修正系数取值为－0.65。如图4.26所示，当气温修正系数取值为－0.65时，计算流量较观测值增加明显。因为本研究对降水形态的判别采用式（3.13）进行，该式是气温因子支配的函数，在Bukuro流域降水判别形态判别过程中，采用－0.65的温度修正系数导致降雪量增加（即比实际降雪量大），因此，Bukuro流域的温度修正系数取值为－0.45。在参数如上述取值的条件下，融雪期的径流量的大小和径流在时间上发生的过程都实现了很好的拟合。

对于积雪层表面的漫反射系数，许多研究者针对不同地区积雪层表面漫反射系数的观测（或研究）结果提出了不同的计算方法或取值范围（Kondo 等，1988；Aoki 等，1999）。在本研究开展的前期，在 Bukuro 流域没有进行雪面漫反射系数观测，也没有合适的计算公式进行推算。在模型计算时，Bukuro 流域的积雪层表面满反射系数采用 0.75（该值位于积雪层漫发射系数变化范围0.4～0.9 之内）。对于潜热、显热容积传输系数的取值，当容积输送系数取值偏大时，冬季融雪量增加，径流量偏大，而春季径流量偏小；当容积传输系数取值偏小时，冬季径流量偏小，春季径流量偏大，因此，需要为其设置合理的值，根据图 4.22 所示的模拟结果，当容积传输系数为 0.004 时，融雪期的模型计算结果较好地再现了观测径流发生的过程，因此，容积传输系数取值 0.004。

4.8.6 参数率定结果

根据如上所述的（参见 4.8 节）各参数的率定方法，参数率定的一般过程如图 4.32 所示，Bukuro 流域耦合融雪的降雨-径流计算过程主要参数的取值见表 4.7。

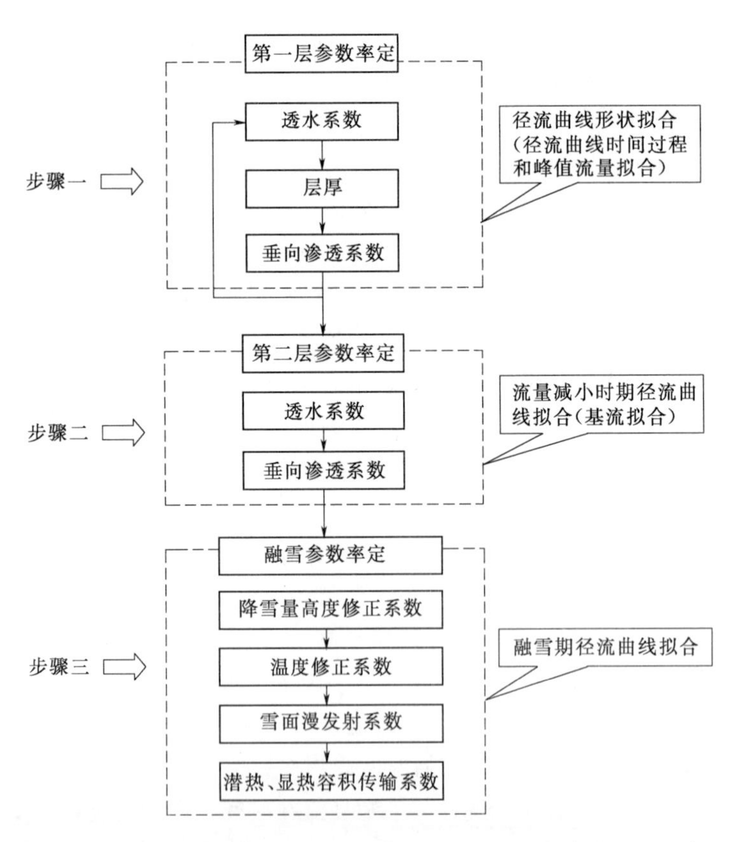

图 4.32 Bukuro 流域耦合融雪的分布式水文模型参数率定过程示意图

表 4.7　　Bokuro 流域耦合融雪分布式水文模型的主要计算参数

参数	区间/位置	值	参数	值
糙率/$(m\cdot s^{-1/3})$	坡面	0.15	容积传输系数	显热 0.004
	河道	0.06		潜热 0.004
透水系数/$(m\cdot s^{-1})$	第一层	2.4×10^{-3}	雪面漫反射系数	0.75
	第二层	3.0×10^{-6}	空气的定压比热/$[J\cdot(kg^{-1}\cdot K^{-1})]$	1004.8
垂向渗透系数/$(m\cdot s^{-1})$	第一层	5.0×10^{-5}	冰的潜热/$(J\cdot kg^{-1})$	3.34×10^{-5}
	第二层	6.0×10^{-8}	温度修正系数	−0.45
损失系数/$(m\cdot s^{-1})$	…	5.0×10^{-8}	降雪高度修正系数/(℃/100m)	0
层厚/m	第一层	0.5	Stefan - Bohzman 常数	5.67×10^{-8}
	第二层	2.0	孔隙率	0.35

4.9 数值计算及结果解析

4.9.1 数值模拟

基于4.8.6节“参数率定结果”中率定的参数值（表4.7）驱动模型计算，计算时间为1997年1月1日至1999年12月31日（3年），期间包括1997年、1998年、1999年全部融雪期，所用降水数据为Bukuro流域内实测的1h序列数据，计算的时间步长为1s，即在每一个时间上的雨量数据为1h之内的平均值；数值模拟的比较数据为在殿市断面［图4.1（a）］观测的1h序列流量；融雪计算的气象数据利用鸟取市气象台提供的1h序列气象数据。为评价融雪计算对降雨（水）-径流过程的影响，数值计算以考虑融雪（包括融雪计算）和不考虑融雪（不包括融雪计算）两种情况进行，数值模拟结果如图4.33所示。

由图4.33可知，考虑融雪的降雨-径流曲线与观测流量过程整体上的拟合度很高，只是在峰值流量与个别计算时段内与观测值之间存在一定的差异，但是从计算时段内的整个时间过程上来看，考虑融雪的数值计算结果很好地再现了观测径流发生的过程，而未考虑融雪的计算结果在每年的主要融雪期内（如1997年2—4月，1998年2—4月以及1999年2—4月），与观测流量和考虑融雪的计算结果之间存在明显的差异。在融雪期以外的各时段内，未考虑融雪的计算结果与考虑融雪的计算结果一致，与观测流量的拟合效果也很好。通过如上分析可知，在积雪融雪区，对降水-径流过程的模拟，需要考虑融雪过程，即不能忽略融雪径流对年径流的贡献。

4.9.2 误差分析及模型效率评价

利用式（3.48）作为误差判断基准对数值模拟结果进行误差分析，对整个计算期内（1997年1月1日至1999年12月31日）和各年主要融雪期（每年2—4

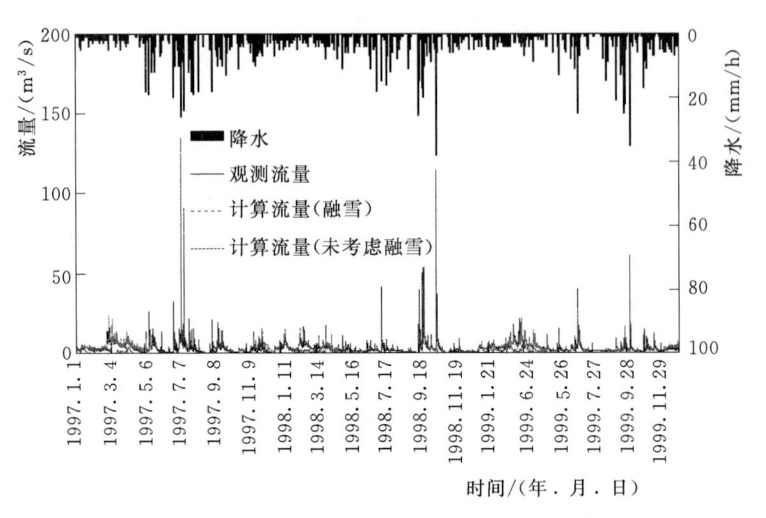

图 4.33 Bukuro 流域耦合融雪的降雨-径流过程数值模拟结果
(1997 年 1 月 1 日至 1999 年 12 月 31 日)

月）的模拟误差进行计算，其结果见表 4.8；利用式（3.49）计算模型的效率系数（*NSE*），其结果见表 4.8。

表 4.8　　长期数值模拟结果误差和模型效率系数（*NSE*）结果索引

计算期间	整个计算期间（3 年）（融雪）	融雪期（融雪）	整个计算期间（3 年）（未考虑融雪）	融雪期（未考虑融雪）
误差	0.002	0.005	0.012	0.032
NSE	0.715	0.653	0.522	−1.06

由表 4.8 可知，在整个计算期内（3 年），考虑融雪计算的情况下，数值模拟的误差为 0.002，大大低于误差判断基准的允许值（0.03），说明本研究开发的 Bukoro 流域耦合融雪的分布式水文模型适用于该流域耦合融雪的计算，且计算精度很高。而在未考虑融雪的情况下，误差为 0.012，虽然低于误差判断基准的允许值，但明显高于同期内考虑融雪计算的误差。分析未考虑融雪情况下 3 年计算周期内数值模拟误差低于误差判断基准的原因，主要是计算周期较长，而每年的主要融雪期集中在 2—4 月，相对于非融雪期较短，融雪期的模拟结果虽然与观测值之间误差较大，但融雪期的流量和雨季流量相比（特别是洪水发生期间）明显偏小，而雨季的数值模拟效果很好（误差很小），从而在很大程度上地抵消了融雪期误差对计算结果的影响，所以导致了未考虑融雪数值模拟的误差也低于误差判断基准的结果。融雪期误差计算结果显示，考虑融雪条件下的误差为 0.005，而未考虑融雪条件下的误差达 0.032，已超出误差判断基准允许的范围。

根据 *NSE* 计算结果可知，在考虑考虑融雪条件下，无论对于整个计算周期

（3年）还是融雪期，*NSE* 大于0.65；而未考虑融雪情况下，3年的 *NSE* 为0.522，明显低于考虑融雪的情况，而融雪期内的 *NSE* 为－1.06，已超出 *NSE* 可接受的范围（0～1.0之间）。

根据以上对数值模拟结果误差和 *NSE* 的分析可知，本研究开发的分布式水文模型，适用于对 Bukuro 流域长期耦合融雪降雨-径流过程的计算，模型的计算精度很高。

4.9.3 对短期洪水过程模拟

在1997年1月1日至1999年12月31日的3年间，流量观测断面（殿市断面）发生过两次洪峰流量超过 $100m^3/s$ 的洪水，时间分别为1997年7月12日和1998年10月18日（图4.33）。以对这两次洪水发生期间的数值模拟结果的分析，评价本研究开发的分布式水文模型对短历时洪水模拟的效果。

如图4.34（a）所示为1997年7月12日洪水发生期间的观测流量和计算流量的变化过程，观测结果和计算值在时间过程上的一致性较好，峰值流量的计算值比观测值略高（差值为 $13.47m^3/s$）。如图4.34（b）所示为1998年10月18日发生洪水期间的模拟结果，计算值在时间过程上与观测流量曲线的拟合度很高，与观测流量相比，计算值的峰值流量稍高（差值为 $5.37m^3/s$），但差别不大。在洪峰减小过程中，与观测值相比，模拟值表现出更快的降低趋势（图4.34）。分析两次洪水过程模型计算结果与观测值产生相似差异（计算值的峰值流量更高，流量减小更快）的原因如下：计算值（模型）的地下空间（第一层、第二层）水分含量较高，而观测结果的地下空间含水量相对较少，在降雨事件多发的雨季，数值计算过程中，第一、第二层在相对较短时间内达到饱和，所以导致洪水发生期间流量更大，如在1997年7月12日洪水发生后不久，7月13日8：00发生了12mm的降雨事件，在此期间，计算值明显高于观测值。基于如上分析的原因，模型计算过程中向地面以下入渗量要高于实际值，所以导致在洪峰过后流量降低过程中其降低速度较观测值更快，从而在此期间计算值低于观测值。

表4.9为1997年7月12日和1998年10月18日洪峰发生过程中数值模拟结果的误差［由式（3.48）计算］和 *NSE*［由式（3.49）计算］计算值。为检验模型对洪水集中发生期间内（包括流量增长和降低过程）的模拟精度，对两次洪水过程模拟结果检验的误差和 *NSE* 计算时，取时间长度为1日（24h）。根据表4.9所示结果可知，两次洪水过程模拟的误差计算结果在基准判断范围内，*NSE* 结果在合理范围内，其中，1997年7月12日洪水过程模拟结果的误差相对更小，*NSE* 值更大，即模型对该次洪水过程的模拟精度高于对1998年10月18日洪水过程的模拟精度。1998年10月18日洪水发生期间的误差已接近误差允许值，产生较大误差的原因是所取误差计算的时段过于集中（24h），而在此期间的多数时间点上流量的模拟值与观测值之间的差值较大，所以导致了对

1998 年 10 月 18 日洪水模拟的 NSE 值更小，但其结果仍位于允许范围内。

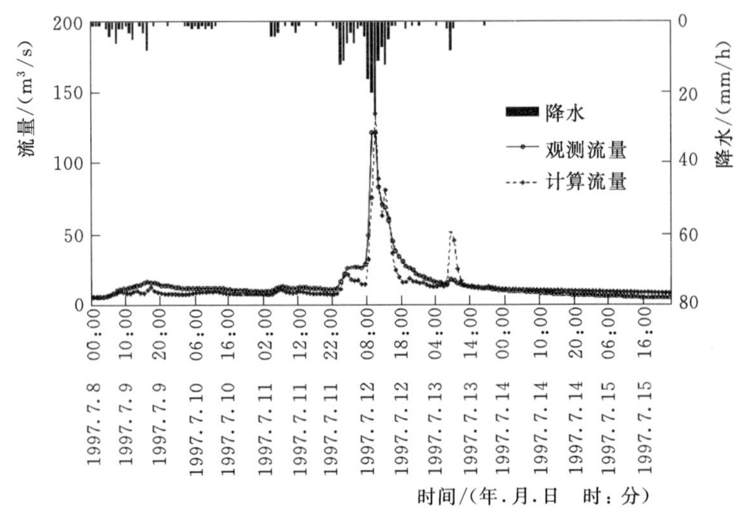

(a)

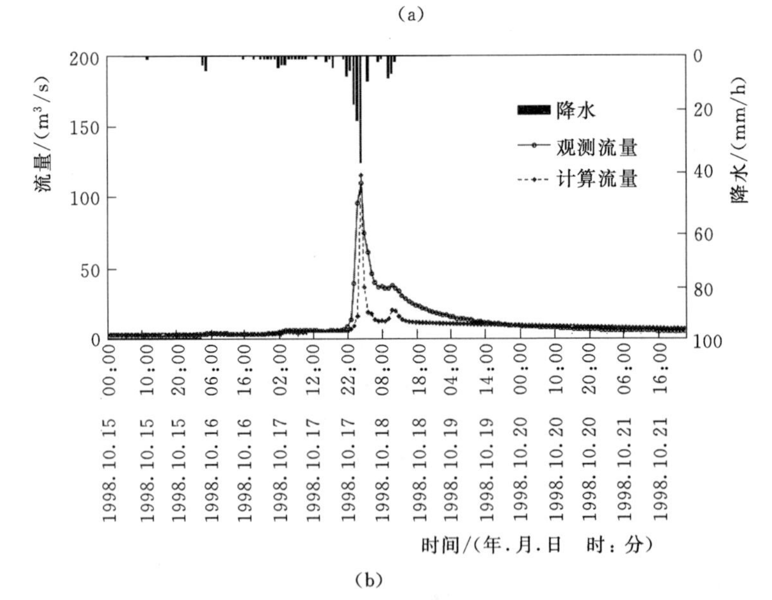

(b)

图 4.34 洪水过程模拟结果

(a) 洪水发生时间：1997 年 7 月 12 日；计算期间：1997 年 7 月 8—15 日；
(b) 洪水发生时间：1998 年 10 月 18 日；计算期间：1998 年 10 月 15—21 日

表 4.9 洪水期间误差和模型效率系数（NSE）计算结果索引

时间	1997 年 7 月 12 日 0：00—23：00	1998 年 10 月 17 日 21：00 至 10 月 18 日 20：00
误差	0.013	0.028
NSE	0.785	0.370

通过以上所述的对洪水事件发生过程模拟结果误差和 *NSE* 结果的分析可知，模型对于 Bukuro 流域短历时洪水过程的模拟也具有较好的适用性。

4.9.4 融雪模拟分析

本研究为 Bukuro 流域构建的耦合融雪的分布式水文模型，在该流域耦合融雪的长期降雨-径流中的适用性和计算精度得到了验证（参见 4.9.2 节）。利用模型对 1997 年、1998 年和 1999 年主要融雪期的降水-径流过程进行了数值模拟，并对模拟结果进行误差分析和效率检验。如图 4.35～图 4.40 所示为 1997 年、1998 年和 1999 年融雪期的径流模拟和积雪深计算结果（积雪深计算结果为如图 4.2 所示编号为 26 的小流域右侧坡面平均标高为 998m 的积雪深）。

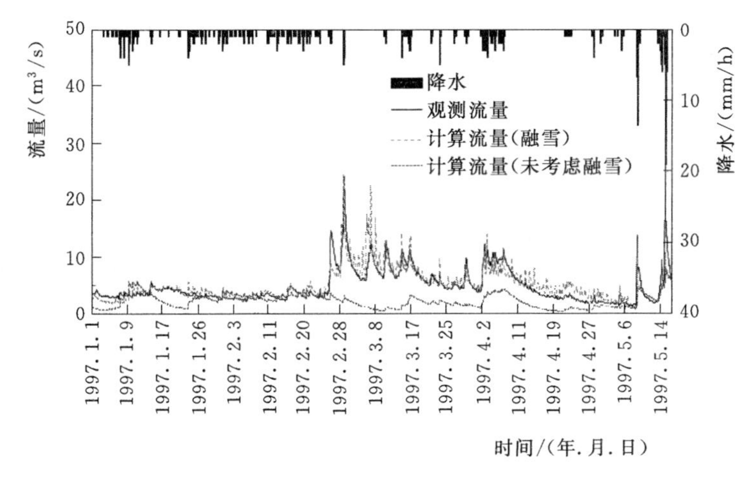

图 4.35 1997 年融雪期数值模拟结果
（1997 年 1 月 1 日至 1997 年 5 月 16 日）

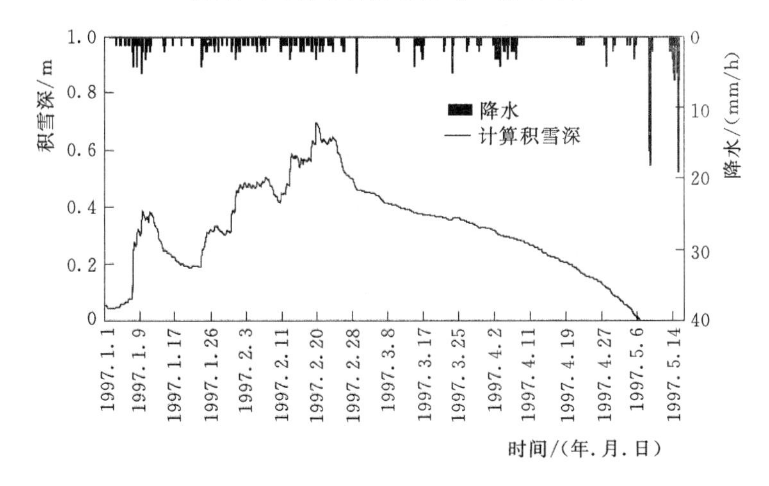

图 4.36 1997 年融雪期计算积雪深
（1997 年 1 月 1 日至 5 月 16 日）

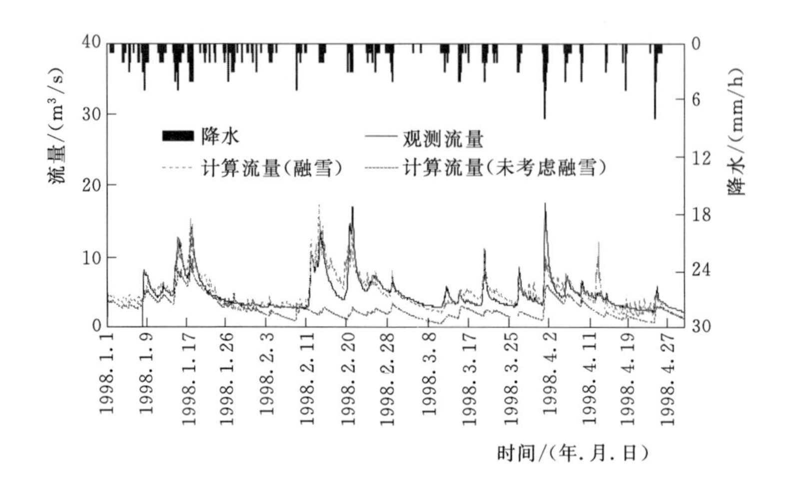

图 4.37　1998 年融雪期数值模拟结果
(1998 年 1 月 1 日至 4 月 30 日)

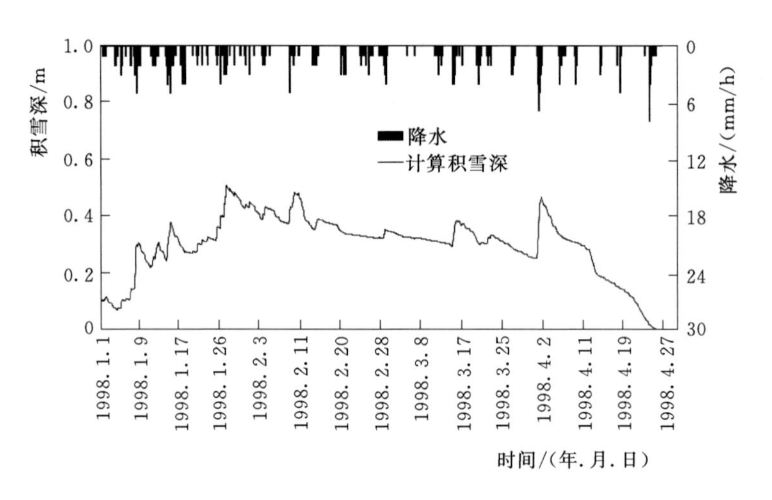

图 4.38　1998 年融雪期计算积雪深
(1998 年 1 月 1 日至 4 月 30 日)

如图 4.35、图 4.37 和图 4.39 所示，在 1997 年、1998 年和 1999 年各自的融雪期内，考虑融雪的情况下，观测流量曲线和计算值之间虽然在某些时间点上存在比较明显的差别，但整体上都达到了较好的拟合效果。而未考虑融雪情况下的计算值与观测值之间都存在着较大的差值，在流量较大的时间点上差别更加明显。其主要原因是，在不考虑融雪的情况下，融雪期的降水形式与非融雪期一样，同为降雨，所以各年融雪期内未考虑融雪时，在降水发生期间流量增加，降水结束后流量降低，流量曲线在时间过程上呈现不同程度的多次的波动，但没有

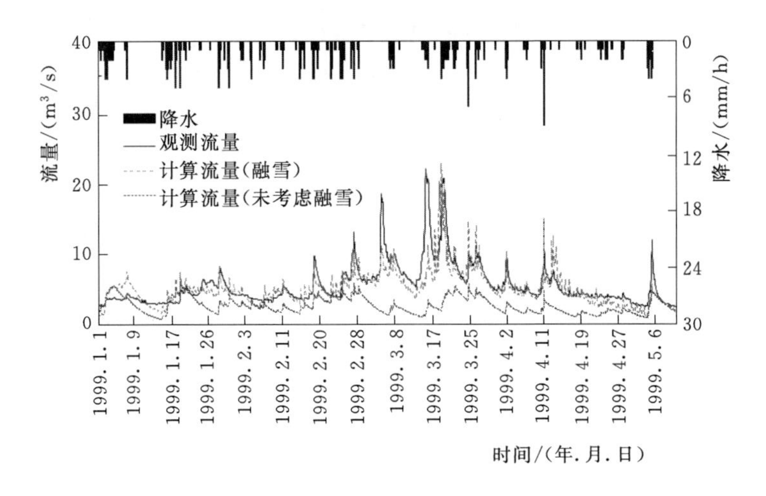

图 4.39　1999 年融雪期数值模拟结果
(1999 年 1 月 1 日至 5 月 16 日)

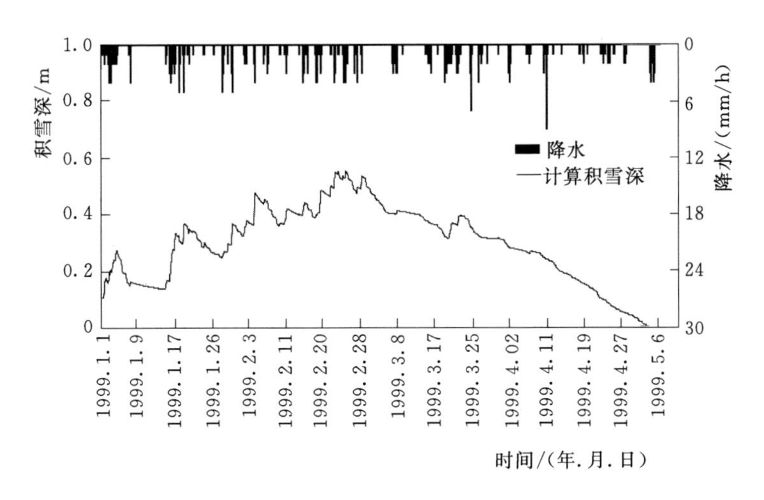

图 4.40　1999 年融雪期计算积雪深
(1999 年 1 月 1 日至 5 月 16 日)

计算积雪的融雪流量，所以，在融雪期内，未考虑融雪的流量过程线在数值轴上位于观测流量和考虑融雪的径流过程线之下，而在各年的融雪期结束后，无论对于考虑融雪还是未考虑融雪的情况，数值计算结果与观测值都达到了很好的拟合效果，两者在时间过程和对应时段内结果的相似度很高。

如图 4.36、图 4.38 和图 4.40 所示，1997 年、1998 年和 1999 年的主要融雪期在时间上没有明显的差别，一般到每年的 5 月上旬融雪结束，其中 1998 年融雪期较短，到 4 月 26 日融雪结束。在计算 3 年的融雪期，积雪深变化过程之间存在一定的差别，主要是融雪期之前的积雪深不同，而融雪期开始之后各年降雪量和降雪过程之间存在较大的差异所致，如 1997 年 2 月下旬至 4 月下旬的降雪量较少（4 月下旬以后的降水形式为降雨），所以在 2 月下旬之后积雪深呈现相对稳定的减小趋势；与 1997 年相比，1998 年融雪期内发生过几次集中降雪，由于融雪期间有新的积雪现象发生，所以，1998 年的积雪深曲线在 2 月以后发生过几次程度不等的波动；1999 年融雪期内的 3 月 21—22 日发生了一次集中降雪，所以，积雪深在此间有明显的增加，而后逐渐降低。

利用式（3.48）和式（3.49）分别计算 1997 年、1998 年和 1999 年融雪期内径流模拟结果的误差和 *NSE*，结果见表 4.10。

表 4.10　融雪期的模拟误差和模型效率系数（*NSE*）计算结果索引

时间	1997 年 1 月 1 日至 5 月 16 日	1998 年 1 月 1 日至 4 月 30 日	1999 年 1 月 1 日至 5 月 16 日
误差	0.004	0.005	0.007
NSE	0.70	0.73	0.67

注　所示结果为考虑融雪情况下的计算结果与观测结果之间误差和 *NSE* 值。

由表 4.10 所示结果可知，1997、1998 和 1999 年融雪期径流过程模拟结果的误差都小于 0.01，1997 年、1998 年 *NSE* 的值大于 0.70，1999 年的 *NSE* 值为 0.67，也接近于 0.70，3 年的 *NSE* 值都位于合理区间（0～1.0）且都处于较高水平，说明模型对融雪期径流过程的模拟具有较高的精度，模型效率较高。

综上，利用本研究开发的分布式水文模型对 Buluro 流域长期（3 年）降雨-径流过程、集中洪水发生过程以及融雪期的降水-径流过程分别进行了数值模拟，通过对模拟结果的误差以及模型效率系数（*NSE*）的计算结果的分析可知，模型适用于 Bukuro 流域长期降雨-径流、短期洪水过程和融雪期的径流过程模拟，且计算结果具有很高的精度。

4.9.5　Bukuro 流域径流特性

Bukuro 流域位于积雪融雪区，每年冬春两季有积雪融雪现象，根据对融雪期降水-径流过程的模拟结果（图 4.33、图 4.35、图 4.37 和图 4.39）的分析可知，降雨-径流计算不能忽视融雪现象；在 Bukuro 流域所在地区，融雪径流对降雨-径流过程产生影响的主要时期为 12 月至 4 月下旬，特别地，在每年主要的融雪期（2 月下旬至 4 月上旬），以殿市断面计算结果为例，融雪径流量占同期径流量的 50％以上。

在流域集中降雨事件产生的洪水期间，准确地推求洪峰流量和预测洪峰发生的时间对流域发布防灾预警信息十分重要。为了评价 Bukuro 流域（流量观测断面）在集中降雨发生期间最大降雨强度与洪峰产生在时间上的先后关系，对 1997 年 7

月12日洪水发生期间的降雨和流量过程以3min为步长在时间轴上进行离散，所得结果如图4.41所示。在本次降雨事件的雨强达到最大（7月12日10：00，最大雨强0.73mm/min，为3min间隔最大降雨量2.2mm/3min的平均雨强）后的9min内，流量达到峰值141.9m³/s；而对于计算期间内的另一次洪水过程（1998年10月17日），在降雨强度达到最大后的79min，流量达到峰值。两次集中降雨的最大雨强和洪峰发生之间的间隔差别很大，其主要原因如下：①两次洪水事件中，洪峰发生之前的降雨量不同，在1997年7月12日洪峰发生以前，集中降雨事件的累计雨量为84mm（7月11日22：00至12日10：00），而1998年10月17日洪峰发生之间的降雨量为60mm（10月17日15：00至18日0：00）；②洪峰发生期间的降雨时间分布不同，如1997年7月11日22：00至12日10：00以1h进行分割后为连续降雨（即期间内降雨没有1h或以上的停止现象），而1998年10月17日15：00至18日0：00期间有2h降雨停止；洪峰发生前累计降雨量和降雨过程时间分布的差异导致了观测断面（殿市）在降雨发生后至洪峰流量发生之间的时间间隔有很大的不同。

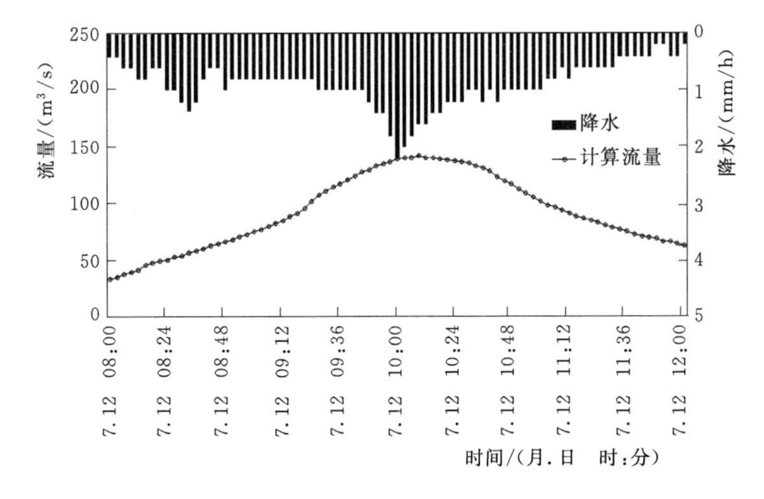

图4.41 集中降雨和洪峰发生时间上的关系
（1997年7月12日8：00—12：00）

Bukuro流域殿市断面平水期的流量在2.0m³/s左右，因为该流域为山区流域，坡面和河道坡降较大，汇流时间较快，雨季集中降雨期间易发生短历时洪水[图4.34（a）]。为揭示平水期突发集中降雨事件情况下（无前期降雨对流量的影响）观测断面流量的变化情况，以殿市断面流量为2.0m³/s时为模型计算的初始条件，在设定降雨量为40mm/h、雨强为常数、降雨持续时间为5h的条件下对殿市断面的径流过程进行数值模拟，所得结果如图4.42所示。由图4.42可知，在设定降雨发生后，流量开始明显增加，并在降雨发生后80min达到较高

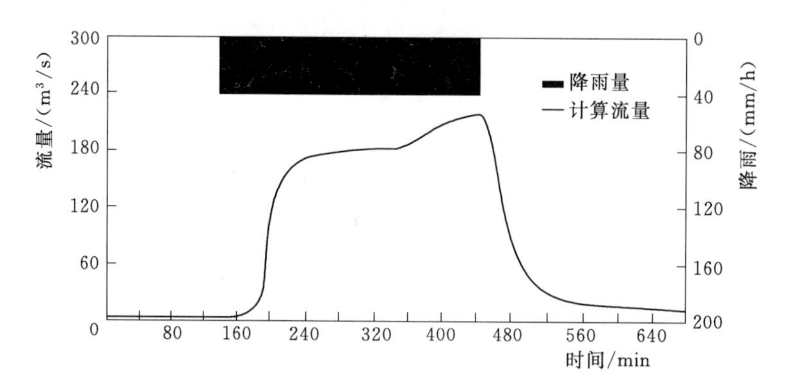

图 4.42 设定降雨量和初始流量条件下的模拟结果

(设定雨量为 40mm/h，控制断面初始流量 $2m^3/s$，时间轴的单位为 min)

水平，而后流量缓慢增加，在降雨开始后 300min（即设定降雨时间结束前）流量达到最大值。由于设定降雨历时较长，模型计算过程中渗透到地下的水量逐渐增加，当地下空间逐渐达到饱和后，由于入渗量减小，在同样雨强条件下流量持续保持在较高水平，并逐渐达到最大。通过以上分析可知，利用模型对流域洪水过程进行模拟时，若使模拟洪峰发生的时间与实际洪峰发生的时间一致，应准确把握前期降雨对地下水产生的影响，从而可以准确设定模型计算时地下水的边界条件。

4.10 本章总结

本章阐述了构建 Bukuro 流域耦合融雪的分布式水文模型并对模型实用性和计算精度检验的有关内容。分析了模型参数变化对模型计算结果影响，对参数率定和模型计算结果等内容进行了详细分析和重点论述。

基于 Morris (1991) OAT 方法，讨论了模型参数的变化对数值模拟结果的影响；模型第一层参数的变化对模拟径流过程的峰值流量大小和时间上发生的过程都有较大的影响；对透水系数、层厚和垂向渗透系数实现合理的率定，是保证数值模拟结果和观测流量之间具有良好拟合度的重要条件；模型第二层参数的变化主要影响基流过程的模拟效果。

潜热和显热容积输送系数、温度修正系数、降雪量的高度修正系数和雪面漫反射系数是对融雪模拟结果有主要影响的参数，其中，气温因子对融雪模块的多个函数都有影响，融雪期径流模拟过程中，需在设定其他融雪计算参数的情况下，根据模拟结果来判定如何率定降雪高度修正系数和温度修正系数。在 Bukuro 流域融雪期数值计算过程中，雪面漫反射系数采用了常数（0.75）。雪面漫反射系数对积雪层热收支过程具有重要的影响，在雪面漫反射系数观测结果存在的情况下，结合对数值模拟结果的分析，对雪面漫发射系数的计算进行公式化，可以实现对雪面漫反射系数的合理率定。

利用模型对Bukuro流域长期降雨-径流过程、集中降雨产生的洪水过程以及融雪期的径流过程分别进行了数值模拟，数值模拟的误差在误差判断基准允许范围之内，纳什效率系数（*NSE*）在0.60以上，本研究构建的适用于Bukuro流域耦合融雪的分布式水文模型具有较高的计算精度。

参考文献

[1] Aoki M, Hosono M, Tani H. Relationships between elevation and daily minimum and maximum air temperatures on the slopes of the Akaigawa Basin, Hokkaido [J]. Journal of Agricultural Meteorology, 1992, 48 (1): 1-10.

[2] Aoki T, Fukabori M, Uchiyama A. Numerical simulation of the atmospheric effects on snow albedo with a multiple scattering radiative transfer model for the atmosphere-snow system [J]. Journal of the Meteorological Society of Japan, 1999, 77 (2): 595-614.

[3] Arjouni M Y, Bennouna M A, El Fels M A E, et al. Assessment of mineral elements and heavy metals in leaves of indigenous cypress of high Atlas Mountains [J]. Natural Product Research, 2015, 29 (8): 764-767.

[4] Frisvold G B, Konyar K. Less water: how will agriculture in Southern Mountain states adapt [J]. Water Resources Research, 2012, 48: W05534. doi: 10. 1029/2011WR011057.

[5] Fukuda K. Associations between order of magnitude of river channel and river characteristics [D]. Master dissertation of Tottori University, Tottori, Japan, 2002.

[6] Gochis D J, Brito-Castillo L, Shuttleworth W J. Hydroclimatology of the North American Monsoon region in northwest Mexico [J]. Journal of Hydrology, 2006, 316: 53-70.

[7] Hursh C R, Brater E F. Separating storm-hydrographs from small drainage-areas into surface and subsurface-flow [J]. Transaction, American Geophysical Union, 1941, 863-870.

[8] Izumi H, Kazama S, Totsuka T, et al. Estimating the distribution of snow water equivalent, snow depth and snow density in Japan [J]. Annual Journal of Hydraulic Engineering, JSCE, 2005, 49: 301-306.

[9] Kawano Y, Yagi S, Yoshikini H. Soil mechanics [M]. Gihodo Shuppan, Tokyo, 2005.

[10] Kondo J, Numata Y C, Yamazaki T. Parameterization of snow albedo [J]. Journal of the Japanese Association of Snow and Ice, 1988, 50 (4): 216-224.

[11] Kono I, Yagi N, Yoshikuni H. Soil Mechanics [M]. Gihodo Press, Japan, 1990.

[12] Kustas W P, Rango A. A simple energy budget algorithm for the snowmelt runoff model [J]. Water Resources Research, 1994, 30 (5): 515-527.

[13] Lin C, McCool D K. Simulating snowmelt and soil frost depth by an energy budget ap-

proach [J]. Transactions of the ASABE. 2006, 49 (5): 1383 - 1394.

[14] Liu J T, Chen X, Zhang J B, et al. Coupling the Xinanjiang model to a kinematic flow model based on digital drainage networks for flood forecasting [J]. Hydrological Processes, 2009, 23: 1337 - 1348.

[15] Luce C H, Abatzoglou J T, Holden Z A. The missing mountain water: slower westerlies decrease orographic enhancement in the pacific northwest USA [J]. Science, 2013, 342: 1360 - 1364.

[16] Meng Y C, Liu G D. Isotopic characteristics of precipitation, groundwater, and stream water in an alpine region in southwest China [J]. Environmental Earth Sciences, 2016, 75: 894 (11pages).

[17] Morris M D. Factorial sampling plans for preliminary computational experiments [J]. Technometrics, 1991, 33 (2): 161 - 174.

[18] Nolin Anne W. Perspectives on climate change, mountain hydrology, and water resources in the Oregon Cascades, USA [J]. Mountain Research & Development, 2012, 32 (S1): S35 - S46.

[19] Niemeyer R J, Link T E, Seyfried M S, et al. Surface water input from snowmelt and rain throughfall in western juniper: potential impacts of climate change and shifts in semi - arid vegetation [J]. Hydrological Processes, 2016, 30 (17): 3046 - 3060.

[20] Sen Z, Habib Z. Spatial precipitation assessment with elevation by using point cumulative semivariogram technique [J]. Water Resources Management, 2000, 14: 311 - 325.

[21] Tachikawa Y, Sayama T, Takara K. Development of a real - time runoff forecasting system using a physically - based distributed hydrologic model and its application to the Yodo River basin [J]. Journal of Japan Society for Natural Disaster Science 2007, 26 (2): 189 - 201.

[22] Tao J, Barros A P. Prospects for flash flood forecasting in mountainous regions - An investigation of Tropical Storm Fay in the Southern Appalachians [J]. Journal of Hydrology, 2013, 506: 69 - 89.

[23] Tsukamoto Y. An experiment on subsurface flow [J]. Journal of Japan Society of . Forestry, 1961, 43: 61 - 68.

[24] Turton D J, Haan C T, Miller E L. Subsurface flow responses of a small forested catchment in the ouachita mountains [J]. Hydrological Processes, 1992, 6 (1): 111 - 125.

[25] Tuset J. Vericat D, Batalla R J. Rainfall, runoff and sediment transport in a Mediterranean mountainous catchment [J]. Science of the Total Environment, 2016, 540: 114 - 132.

[26] Viviroli D, Durr H H, Messerli B, et al. Mountains of the world, water towers for humanity: Typology, mapping, and global significance [J]. Water Resources Research, 2007, 43 (7): W07447. doi: 10.1029/2006WR005653.

[27] Whiteman D. Mountain meteorology [M]. Oxford University Press, London, 2000.

[28] Yamamoto S. Study on development of a model for long term rainfall - runoff combined with snowmelt calculation in mountainous basin [D]. Master dissertation of Tottori University, Tottori, Japan, 2006.

[29] Yoshikawa H. River Engineering [M]. Asakura Bookstore, Japan, 1966. (in Japanses)
[30] 黄金柏，王斌，桧谷治，等. 耦合融雪的分布式流域“降雨-径流”数值模型 [J]. 水科学进展，2012，23 (2)：194 - 199.
[31] 周方录，黄金柏，王斌. 基于栅格的不规则断面水深-流量关系曲线确定方法 [J]. 水资源研究，2013，2 (2)：109 - 113. doi：10.12677/jwrr.2013.22016.

第5章 沟壑区小流域分布式水文模型的构建及应用

5.1 概述

在本书的第3章，对依托流经内蒙古东部和黑龙江省西部平原区的中尺度流域——阿伦河流域耦合融雪的分布式水文模型的构建过程和实用性检验做了全面论述；在本书的第4章，阐述了依托位于山区的小流域——Bukuro流域构建耦合融雪的分布式水文模型的研究过程。在本章，将对依托位于黄土高原北部沟壑区的六道沟小流域构建分布式降雨-径流模型及数值结果解析过程进行全面介绍。

黄土高原位于黄河流域的中上游（N34°～40°，E110°～115°），面积约为64万km^2，高程为1200～1600m，黄土层厚度为30～80m（Zhu等，1983）。黄土高原地区水土流失严重，其水土流失面积超过总面积的60%（苏人琼，1996），长期的农业生产导致植被破坏和生态环境退化（Lu and Ittersum，2004）。贯穿黄土高原北部的水蚀风蚀交错地带（N35°20′～40°10′，E103°33′～113°53′），在长期的水蚀和风蚀交错作用下，植被退化，土地沙化严重，生态环境脆弱，风沙地貌和流水侵蚀地貌交错分布，沙漠化潜在风险很高（李免等，2004；Kimura等，2005）。增加植被覆盖率被认为是减轻水土流失和防止土地沙漠化的有效手段（Huang等，2003），而水是植被恢复的控制因子，可利用水资源是保证植被增加的一个必要条件（Huo等，2008），也是制约黄土高原生态、经济、社会发展的重要限制因子（刘俊娥等，2010）。

黄土高原水蚀风蚀交错区年降水量为250～450mm，且年内分布不均，超过60%的降雨量发生在6—8月的雨季，季节性水资源相对缺乏，如何实现对该地区季节性可利用水资源的准确评估，对实现该区植被建设和生态恢复以及水资源的可持续利用具有重要的现实意义，已成为该区一个亟待解决的课题（Hinokidani等，2010）。本书以具有黄土高原水蚀风蚀交错区典型气象和水文特征，位于黄土高原北部沟壑区的六道沟小流域为研究区，基于对水文、气象资料的观测以及对流域内水文地质条件的调查获取基础数据，通过对观测降雨数据的分析揭示沟壑区地形条件下的降雨特性；构建分布式降雨-径流数值模型，在检验模型适用性的基础上对研究区的降雨-径流过程进行模型计算和结果解析，揭示水蚀风蚀交错区降雨-径流特性，以期为黄土高原北部水蚀风蚀交错带水资源的准确评估提供实用的方法，为该区水资源开发潜力的准确评估提供部分基础数据，为促进黄土高原北部各小尺度流域发展和应用水文过程数值模型提供研究基础。

5.2 研究区简介

5.2.1 位置和面积

六道沟流域位于黄土高原北部的陕西省神木县境内（N38°46′～48°51′，E110°21′～110°23′，图5.1），面积6.89km^2，是窟野河二级支流，海拔1094.0～1273.9m，地理上既属于黄土高原向毛乌素沙漠过渡、森林草原向典型干旱草原过渡的过渡地带，又属于流水作用的黄土丘陵区向干燥剥蚀作用的鄂尔多斯高原过渡的水蚀风蚀交错带。主沟道南北走向，在主沟道两侧有8条支沟，整个流域近似菱形，流域内梁峁起伏沟壑纵横，地形支离破碎（王建国等，2011）。

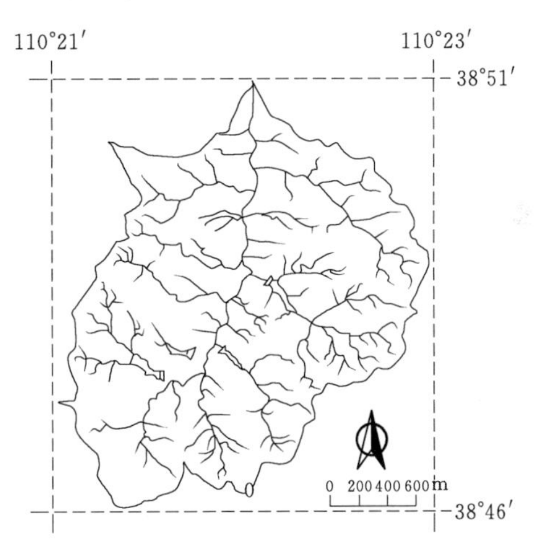

图5.1 六道沟流域的位置

5.2.2 气候条件

六道沟流域所在地区的气候类型属中温带半干旱气候，冬春季干旱少雨、多风沙，夏秋多雨，多年年均降水量为430mm，降雨季节性分布不均，6—8月降雨量占年降雨总量的81%（图5.2），且多暴雨，年潜在蒸发量超过1000mm，年均气温8.4℃，年总太阳辐射量5922MJ·m^{-2}，秋末冬春盛行西北风，夏季盛行东南风，年平均风速2.5～2.7m·s^{-1}，年均沙尘暴日10.63d（Zhu and Shao，2008）。

5.2.3 地形及土壤

六道沟流域地形非常复杂，为典型的盖沙黄土丘陵区，沟壑纵横交错（图5.3），流域内长度为100m以上的沟道密度为6.45km·km^{-2}，沟谷面积占流域

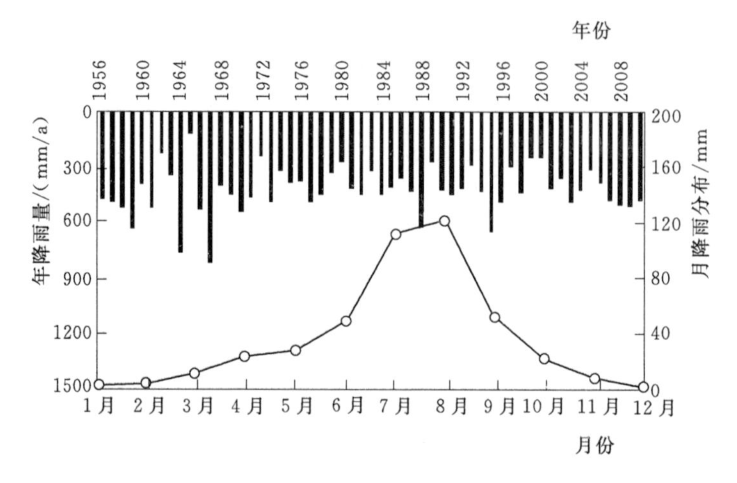

图 5.2　神木县年降雨量（1956—2010 年）及降雨月分布图

面积的 98.4%，其中坡度小于 8°的占 38.28%。地面主要组成物质为第四纪黄土沉积物，上部覆盖厚度不等的风积沙，土质松散，下伏地层为中生代侏罗纪砂岩层（张丽萍等，2005）。流域地带性土壤为黑垆土，但是由于长期的强烈侵蚀作用，黑垆土已被侵蚀殆尽，仅剩少量以残墩状呈零星分布。现在主要土壤类型为绵沙土、新黄土、红土以及在沙地上发育起来的风沙土、坝地淤土，土壤机械组成变化大，沙土、壤土和黏土的含量分别为 45.4%～50.9%、30.1%～44.5% 和 11.2%～14.3%（USDA 土壤分类系统），小于 0.01mm 物理粘粒含量变化范围在 9.4～36.1%（Jiang 等，2013）。

图 5.3　六道沟流域地貌（局部）

5.2.4　土地利用方式及植被

六道沟流域的土地利用方式有旱作农田、裸地（含沙丘）、灌木、草地、灌溉农田等，其中 3 种主要的土地利用方式农田、草地和灌丛分别占流域面积的 16%、44%和 26%（Wang 等，2009；Tasumi and Kimura，2013）。流域内原生植被主要是干旱灌丛和草地，但由于过度放牧破坏严重，几近消失。常见的人工植被主要有杨树、柠条、苜蓿等，但主要部分都因为干旱缺水而“过早地老化”失去了原始的生态功能。退耕还林虽使得当地的土地利用类型发生了变化，但是耕地和林草地仍然是流域内的主要景观（陈国建等，2009）。

5.3 水文气象观测

在六道沟流域进行水文气象观测，为尽量减少人为活动和外界不可预测因素对观测活动的干扰，水文气象观测在农业生产活动开展较少的六道沟流域上游进行。采用翻倒式雨量计（型号：7852M－L10，尺寸 ϕ165×240H，mm，精度0.2mm）对降雨过程进行观测，观测得到的雨量数据可根据不同的时间步长在时间轴上进行分割。地表径流的观测采用在沟道内设置水位计进行（型号：KADEC21－MZPT，KONA System co. ltd），由于六道沟流域只有在雨季集中降雨期间才可能产生地表径流，且一般情况下地表径流存在的时间很短，在降雨结束后很快会消失，所以地表径流观测采用较小的时间步长（5min），观测得到的地表径流水位数据根据观测断面形状和水深的关系可转换为流量数据（Hinokidani等，2010）。地下水（潜水）水位观测采用水位计（型号：HM－910－02－309，Sensez）进行，与地表径流相比，地下水水位相对稳定，即不受降雨强度的直接影响，所以观测采用较长的时间步（1h）。土壤水分采用多探头感应式土壤水分计进行观测（型号：EC－5，制造商：Decagon Devices Inc），观测时间步长为1h。气象数据的观测在如图5.4所示的气象站进行，该气象站由中日合作科研项目“中国内陆部沙漠化防止及其开发利用”（项目主持单位：中国科学院和日本文

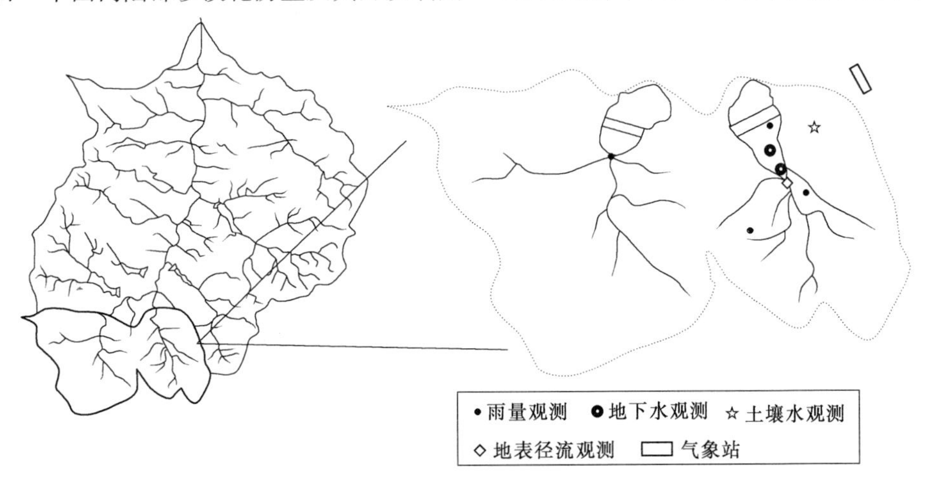

图5.4 野外水文气象观测布置示意图

部科学省学术振兴会；课题主要执行单位：中国科学院水利部水土保持研究所，陕西·杨凌；日本鸟取大学干旱地研究中心，日本·鸟取；课题执行期间：2001—2010年）第一课题组设置。主要的野外观测内容和现场布置如图5.4所示。

5.4 沟壑地形降雨特征分析

5.4.1 降雨与侵蚀研究概述

黄土高原水蚀风蚀交错带的生态环境脆弱，土壤侵蚀极其剧烈，是我国水土流失及生态环境问题最突出的地区之一（Liu 等，2010），也是沙漠化风险最高的地区之一（成向荣等，2007）。近年来，西部能源大开发的实施，加重了该区的水土流失，致使生态环境进一步恶化，使该区成为黄土高原土壤侵蚀最严重的地区（张丽萍等，2005；王建国等，2011）。黄土高原水蚀风蚀交错带表层土多为含沙量较大、质地疏松的沙黄土，且沟壑地形发达，这样的地形条件及表土特性是导致该区产生严重土壤侵蚀的直接原因（杨红薇等，2008）。六道沟流域的土壤侵蚀模数达到15040t/(km^2·a)（唐克丽，2000）。黄土高原地区的土壤侵蚀常发生在降雨期间，其直接动力为降雨的打击力与地表径流（Guo 等，2010）。在黄土高原地区，侵蚀性降雨的气候特征一直受到气候学和土壤侵蚀领域研究人员的重视，降雨与地表径流不但是水土流失的直接动力，同时也是重要的水资源（Shi and Shao，2000）。降雨的时空变异性和不均匀性不但与土壤侵蚀之间有密切的关系（Apaydin 等，2006），而且和流域下垫面水文响应之间关系复杂，如降雨强度、降雨历时与产流之间有直接的关系（Li 等，2000；Hinokidani等，2010），如区域性的暴雨形式对流量过程线有重要的影响（de Lima等，2002）。在黄土高原地区，土壤侵蚀力主要是降雨强度、降雨强度的变化以及降雨的持续时间（Shi and Shao，2000），同时，降雨产生的径流是水土流失的基本动力（Kinnell 等，2005）。

水是实现植被恢复的重要因子（Huo and Shao，2008），在黄土高原地区，植被恢复被认为是减少水土流失和防止土地沙漠化的重要手段（吴钦孝，1998）。自20世纪50年代末期以来，为恢复黄土高原植被而付出了巨大的努力，主要方式是在黄土高原的坡面上植树种草，约24%的侵蚀区得到了有效控制，植被覆盖率也从上世纪70年代初的6.5%增加到1995年的11%（He 等，2003）。在黄土高原地区，大面积的植被恢复也会导致水资源的短缺（李玉山，2001）。水资源缺乏对黄土高原植被恢复的进程产生了很大的影响（杨维希，1996）。揭示黄土高原水蚀风蚀交错区的降雨强度、降雨历时与降雨量分布的特点，可为该区开展土壤侵蚀、开发及利用地表水资源等方面的研究提供基础数据。

对降雨分析的研究有很多，如对降雨的“强度-历时-频率”的研究在过去的几十年很受瞩目（Chen，1983；Pao 等，2004）；王欢和倪允琪（2006）以及黄明策等（2010）运用不同的方法对一次低涡切变暴雨过程的中尺度分析进行了研究；程琳琳等（2009）对降雨侵蚀力的空间分布与土壤流失影响效应的关系进行了研究；郑良勇等（2010）利用稀土元素示踪法对坡面次降雨条件下的侵蚀过程进行了研究。在我国，由于观测设备、数据精度等客观条件的限制，利用观测的降雨资料对降雨强度、历时及降雨量分布的研究相对较少。

本研究着眼于水土流失最严重的黄土高原北部水蚀风蚀交错带沟壑地形的降雨特性，利用2006—2010年在六道沟流域坡面和沟道内观测的降雨数据，对坡面和沟底同期降雨过程的降雨强度及降雨量的差别进行分析，以揭示黄土高原水蚀风蚀交错区沟壑地形对降雨的反应特性，为该地区开展沟壑地形条件下土壤侵蚀与降雨特性之间关系的研究提供基础数据。

5.4.2 降雨数据的分割

如图5.4、图5.5所示，降雨数据的观测选在六道沟流域上游一条大的沟道（河道）的沟顶坡面以及沟谷底部，图5.5所示左侧坡面的雨量观测点和沟底观测点分别记为 A 点（N38°47′30.74″，E110°21′50.23″，高程：1247m）和 B 点（N38°47′38.88″，E110°21′41.52″，高程：1169m），B 点位于 A 点的下游侧，两点相距约325m，高差为78m。右侧坡面上降雨观测点（图5.4，标高与 A 点相近）所获得的数据作为 A 点同期雨量数据的参考数据，在 A 点降雨数据存在缺失或观测过程中因外界不可预测因素的干扰而导致观测结果异常的情况下，可以利用右侧坡面的降雨数据对 A 点数据进行修正或补充。在前期研究中，基于对如图5.4中所示的坡面两点的降雨数据的分析，对六道沟流域的坡面降雨特性（不同时间间隔如3min、5min、10min和30min的降雨强度、降雨历时和降雨量）进行了分析（Huang 等，2013）。在本研究中，利用 A、B 两点的同期降雨数据，对研究区沟壑地形的降雨特性进行分析。

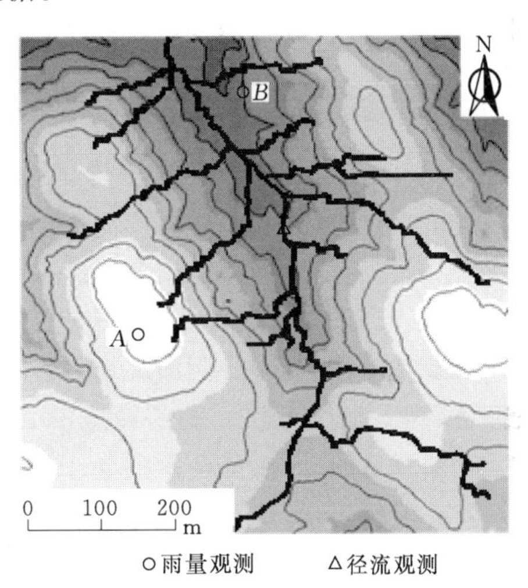

图5.5 降雨观测布置图

对观测得到的原始降雨数据，采用 Box Car Pro 4.3 软件根据不同的时间间隔如3min、5min、10min在时间轴上进行分割，从而可得到不同时间间隔的降雨数据。考虑到研究区超过70%的年降雨量集中在6—9月的雨季，选取观测期间内（2005年5月至2009年9月）雨季38次集中降雨事件（次降雨事件的降雨量大于 5mm）用于分析沟壑地形对降雨反应的特性。所选取的 38 次降雨事件，包含了 2005—2009 年雨季大部分的集中降雨事件，所以，用于分析的降雨数据具有研究区降雨特点的代表性。为探索下垫面对较小间隔降雨反应的水文特性，以及为沟谷侵蚀与降雨强度关系研究提供准确数据，对两观测点的同期降雨量以 3min、5min、10min 进行分割后对各时间间隔的最大、平均雨强进行统计。最大降雨强度指在所采用的各时间间隔条件下，各场次降雨事件最大降雨量的平均雨强，如 2006 年 6 月 23 日 A 点的最大 10min 降雨量为 12.4mm，则其 10min 最大雨强为 1.24mm/min [图 5.8 (c)]。平均雨强指各场次降雨事件的降雨量在所采用的时间间隔条件下净降雨历时的平均雨强，如 2006 年 6 月 23 日的降雨事件，A 点累积降雨量为 45.2mm，降雨净历时为 140min（以 10min 间隔分割后的降雨时段有 14 个），则其 10min 平均雨强为 0.32mm/min。

5.4.3 同期降雨量比较

经过对观测降雨数据的初步考察可知，A、B 两点的同期降雨在过程上虽然相似，但是降雨量有很大差别。如 2006 年 5 月，A、B 的累积降雨量分别为 59mm、43.2mm，两点的最大日雨量也发生在同一天，但差别很大，分别为 25.2mm、15.6mm [图 5.6 (a)]。以 2006 年 6 月 23 日发生的集中降雨事件为例，A、B 的降雨量分别为 45.2mm、34.2mm，其中最大 10min 降雨量分别为 12.4mm、9.4mm，即单次降雨事件的降雨量以及单位时间内的降雨强度差别明显 [图 5.6 (b)]。可见，因两观测点标高和位置的不同，导致两点同期降雨过程存在很大差异，而坡面上（A 点）的累计降雨量和时段降雨分布都要高于沟底（B 点）。

对于所选的 38 次降雨事件，A、B 两点降雨量分布如图 5.7 所示。由图 5.7 可知，A 点各场次降雨量都大于 B 点，这与长期实际观测得到的结果一致。两点单次降雨量的最大差值为 39.2mm，发生在 2009 年 7 月 7 日，降雨量分别为 76.0mm、36.8mm，即坡面上（沟顶）降雨量是沟底的 2 倍多。对于所选的 38 次降雨事件，两点单次降雨量的均值分别为 27.8mm、20.3mm，表明沟顶降雨量为沟底同期降雨量的约 1.4 倍。对 A、B 两点 38 次降雨事件序列的标准差进行计算 [式 (5.1)]，其结果分别为 20.42 和 14.35。

$$\sigma = \sqrt{\frac{1}{N}\sum_{i=1}^{N}(r_i - \bar{r})} \tag{5.1}$$

式中：σ 为降雨数据序列的标准差；N 为降雨次数（样本个数，38）；r_i 为各场次降雨事件的降雨量，mm；$\bar{r}$为 A 点或 B 点 38 次降雨事件的平均降雨量，mm。

由 A、B 两点 38 次降雨事件降雨量序列标准差的结果可知，与 B 点相比，A 点各场次降雨事件降雨量的波动程度更大，即场次降雨量偏离其样本均值的程度大于 B 点，B 点（沟底）降雨的波动程度比 A 点（沟顶）小，降雨过程较于 A 点相对平稳。对 A、B 两点 38 次降雨事件降雨量序列的考查可知，两点降雨

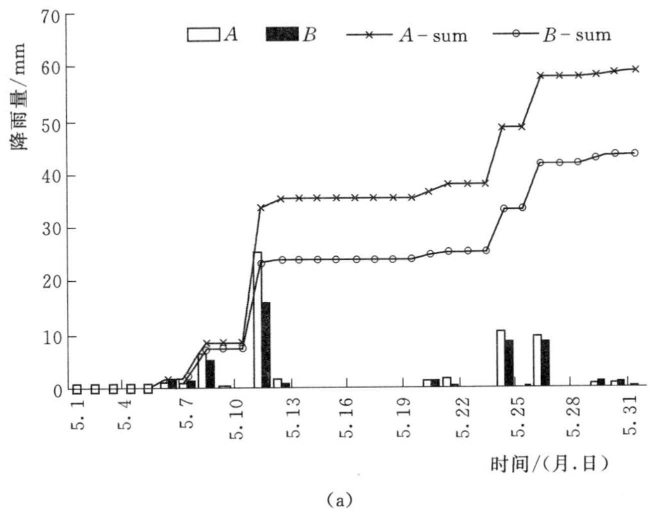

(a)

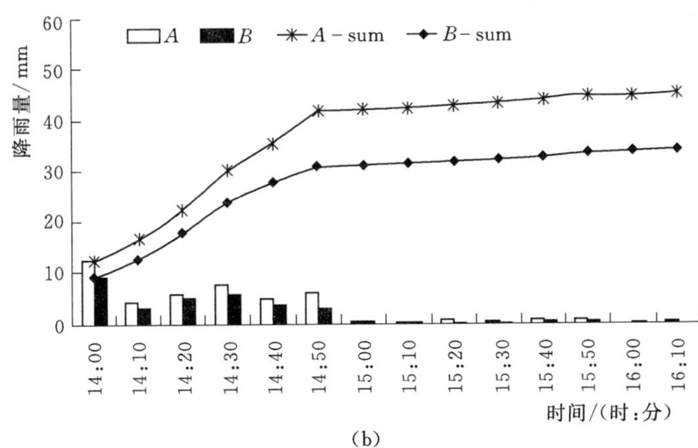

(b)

图 5.6 A、B 两点同期降雨比较

(a) 累积降雨量和降雨分布的比较（2006 年 5 月 1—31 日）；

(b) 次降雨事件的降雨分布和累积雨量比较（2006 年 6 月 23 日）

A - sum—A 点的累积雨量；B - sum—B 点的累积雨量

量序列之间存在着较高的相关性，相关系数为 0.97。

5.4.4 同期降雨强度比较分析

A、B 两点各场次降雨事件的 3min 最大、平均雨强，5min 最大、平均雨强，10min 最大、平均雨强如图 5.8 所示。对 A、B 两点所选降雨事件序列的 3min、5min、10min 最大、平均雨强的均值、方差、标准差，以及两点各对应序列的相关系数［协方差与相关系数计算公式分别为式（5.2）和式（5.3）］进行计算，结果见表 5.1。

A、B 两点 38 次降雨事件 3min、5min 和 10min 最大、平均雨强序列的协方

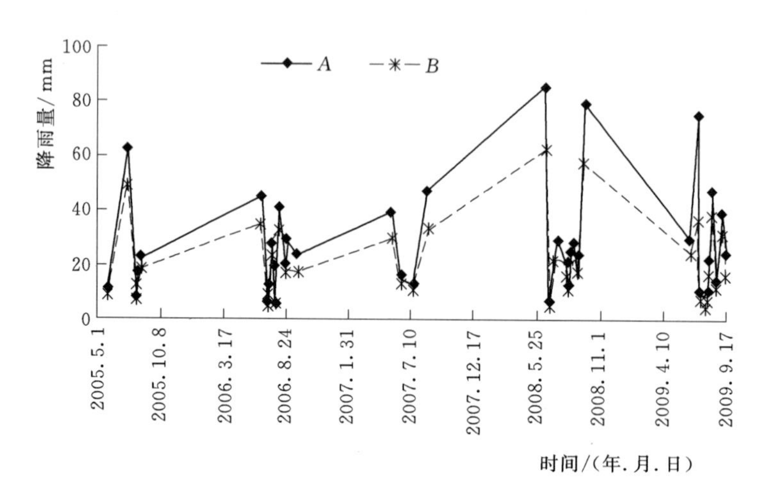

图 5.7 A、B 两点 38 次降雨事件降雨量的比较
(期间 2005 年 5 月至 2009 年 9 月)

差计算公式:

$$Cov(r_A, r_B) = E(r_A r_B) - E(r_A)E(r_B) \tag{5.2}$$

式中:$Cov(r_A, r_B)$ 为 r_A、r_B 序列的协方差;r_A、r_B 分别为对应于 A、B 两点 3min、5min 和 10min 最大或平均雨强序列,mm/Xmin(X 的取值为 3、5、10);$E(r_A r_B)$ 为 $r_A r_B$ 乘积序列的数学期望;$E(r_A)$、$E(r_B)$ 分别为 r_A、r_B 序列的数学期望。

相关系数计算公式:

$$\rho_{r_A, r_B} = \frac{Cov(r_A, r_B)}{\sqrt{D(r_A)}\sqrt{D(r_B)}} \tag{5.3}$$

式中:ρ_{r_A, r_B} 为 r_A、r_B 序列的相关系数;$D(r_A)$、$D(r_B)$ 分别为 r_A、r_B 序列的方差;其他因子如前所述。

A、B 两点 3min 雨强的最大差值发生在 2009 年 8 月 15 日,为 0.47mm/min [图 5.8 (a)];两点 3min 最大雨强的均值分别为 0.60mm/min、0.40mm/min,即总体上,沟顶 3min 最大雨强为沟底的 1.5 倍;两点 3min 平均雨强的均值分别为 0.16mm/min、0.12mm/min,即沟顶 3min 平均雨强为沟底的 1.3 倍。A、B 两点的 5min 最大雨强分别为 1.56mm/min、1.0mm/min(2006 年 6 月 23 日),差值为 0.56mm/min [图 5.8 (b)];A、B 两点各单次降雨事件 5min 最大雨强的均值为 0.49mm/min、0.31mm/min,沟顶的值为沟底的 1.6 倍左右;两点 5min 平均雨强分别为 0.13mm/min、0.09mm/min,沟顶的值为沟底的 1.4 倍以上。A、B 的 10min 最大雨强发生在 2006 年 6 月 23 日,分别为 1.24mm/min、0.94mm/min,但两点 10min 雨强的最大差值发生在 2009 年 8 月 25 日

[图 5.8（c)]，为 0.4mm/min；两点 10min 最大雨强的均值分别为 0.38mm/min、0.25mm/min，沟顶值为沟底的 1.5 倍以上；而 10min 平均雨强的均值分别为 0.10mm/min、0.07mm/min，沟顶为沟底的 1.4 倍。以上结果表明：无论是降雨量，还是 3min、5min、10min 间隔的最大、平均雨强，沟顶（A）的结果均是沟底（B）对应值的 1.3 倍以上。A、B 两点场次降雨事件 3min、5min、

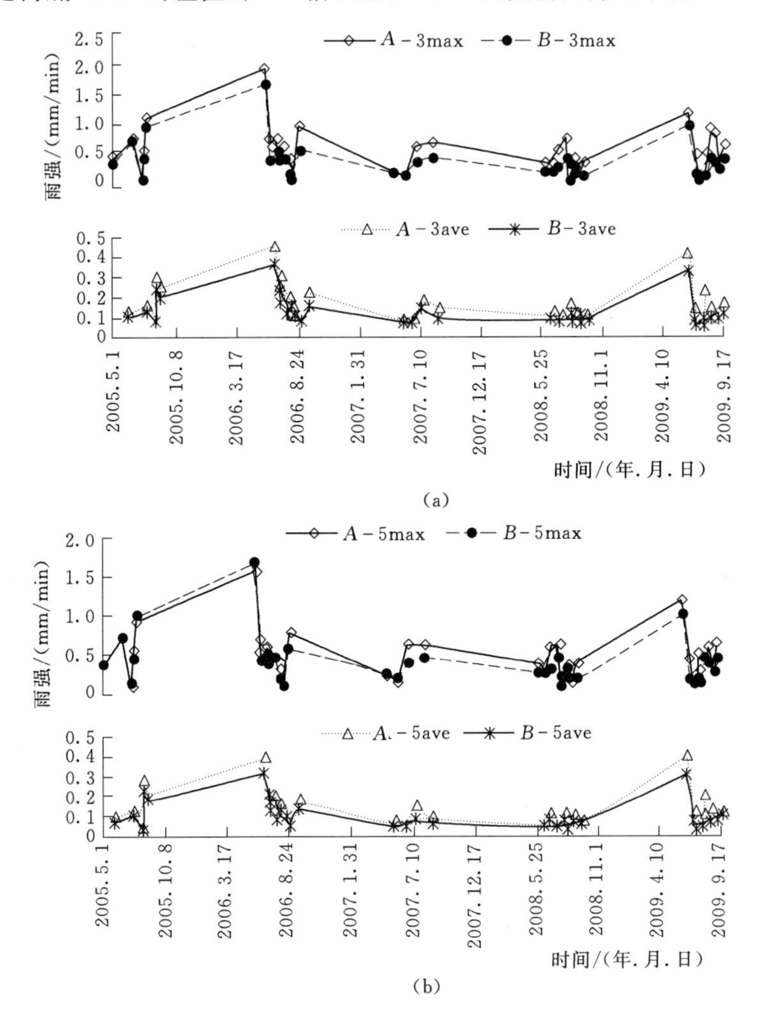

图 5.8（一）　A、B 两点各场次降雨事件 3min、5min、10min 雨强比较（2005 年 5 月至 2009 年 9 月）

(a) 3min；(b) 5min

A-3max、B-3max，A-3ave、B-3ave—A、B 两点次降雨事件的 3min 最大、平均雨强；A-5max、B-5max，A-5ave、B-5ave—A、B 两点次降雨事件的 5min 最大、平均雨强；A-10max、B-10max，A-10ave、B-10ave—A、B 两点次降雨事件的 10min 最大、平均雨强

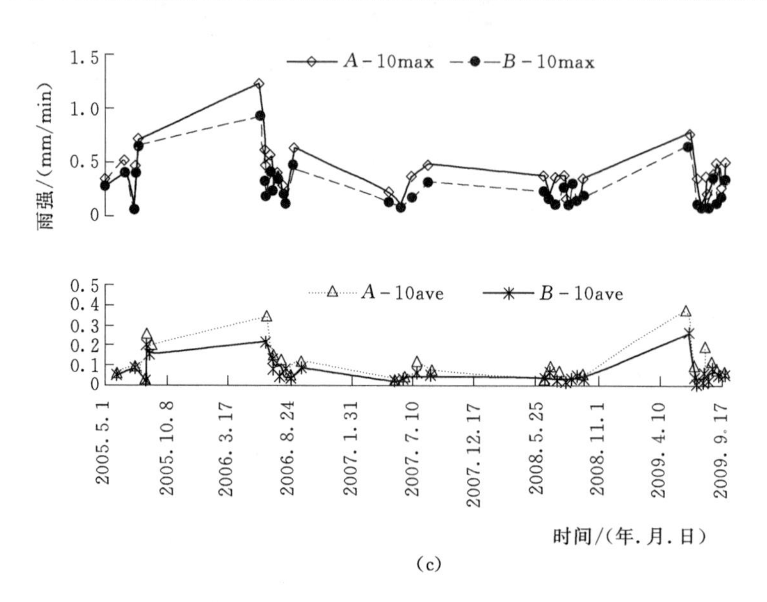

图 5.8（二） A、B 两点各场次降雨事件 3min、5min、10min 雨强比较（2005 年 5 月至 2009 年 9 月）

(c) 10min

A-3max、B-3max，A-3ave、B-3ave—A、B 两点次降雨事件的 3min 最大、平均雨强；A-5max、B-5max，A-5ave、B-5ave—A、B 两点次降雨事件的 5min 最大、平均雨强；A-10max、B-10max，A-10ave、B-10ave—A、B 两点次降雨事件的 10min 最大、平均雨强

10min 平均雨强的最小值，分别为 0.08mm/min、0.05mm/min，0.05mm/min、0.04mm/min，0.03mm/min、0.02mm/min，A 点的结果依然大于 B 点对应的结果。以上分析结果表明：无论是降雨量，还是各时间间隔的雨强，B 点的结果都小于 A 点。

见表 5.1，A 点 3min、5min、10min 最大雨强序列的标准差分别为 0.341、0.29、0.224，B 点的对应值分别为 0.295、0.207、0.19，说明各时间间隔的最大雨强序列，A 的波动程度大于 B 点；同样，A 点的 3min、5min、10min 平均雨强序列的标准差分别为 0.088、0.082、0.079，B 点的对应结果为 0.069、0.065、0.056，表明各时间间隔平均雨强序列，A 的波动程度也大于 B 点。A、B 两点 3min 最大雨强序列的协方差为 0.095，相关系数为 0.95；3min 平均雨强序列的协方差为 0.054，相关系数为 0.90；5min 最大、平均雨强序列的协方差也均为正值，分别为 0.055、0.0056，对应的相关性系数分别为 0.92、0.98；10min 最大、平均雨强序列的协方差分别为 0.038、0.0041，对应序列的相关系数分别为 0.90、0.92。由此可知，A、B 两点各时间间隔序列的最大、平均雨强序列都存在着较强的正相关性，且相关系数很高，均在 0.90（含 0.90）以上。

表 5.1　　不同时间间隔降雨强度的分析结果

计算结果	各序列最大雨强/mm·min^{-1}						各序列平均雨强/mm·min^{-1}					
	3min		5min		10min		3min		5min		10min	
	A	B	A	B	A	B	A	B	A	B	A	B
雨强均值	0.60	0.40	0.49	0.31	0.38	0.25	0.16	0.12	0.13	0.09	0.10	0.07
方差 s^2	0.116	0.087	0.084	0.043	0.05	0.0036	0.0077	0.0048	0.0067	0.0043	0.0063	0.0031
标准差 s	0.341	0.295	0.290	0.207	0.224	0.19	0.088	0.069	0.082	0.066	0.079	0.056
协方差	0.095		0.055		0.038		0.054		0.0056		0.0041	
相关系数 r	0.95		0.92		0.90		0.90		0.98		0.92	

基于对 A、B 两点 2005—2009 年 38 次降雨事件的分析结果，一定程度上揭示了研究区沟壑地形的降雨特性，得出主要结论如下：

（1）沟顶和沟底同期降雨的降雨量和降雨强度均存在较大的差别，对所选 38 次降雨事件的分析表明：沟顶和沟底单次降雨事件的最大雨量差值达 39.2mm，单次降雨量均值相差 7.5mm。

（2）3min、5min、10min 间隔的最大雨强及平均雨强序列值，沟顶都大于沟底，且沟顶的值都为沟底对应值的 1.3 倍以上。

（3）沟顶的平均降雨量序列，3min、5min、10min 最大、平均雨强序列值的标准差都大于沟底的对应值，说明沟顶的降雨量及各时间间隔的降雨强度较沟底波动程度更大。

（4）虽然沟顶及沟底的同期降雨量及降雨强度都有明显差别，但各对应序列均存在着较强的正相关性，沟顶和沟底的降雨量序列，3min、5min、10min 最大、平均雨强序列的相关系数都在 0.90 以上。

5.5　六道沟流域分布式水文模型

5.5.1　土壤垂直剖面模型化

六道沟流域土壤垂直剖面模型主要通过对地形和土壤垂直剖面土壤分层情况调查的基础上而构建的。六道沟流域沟壑密度较大，地形的整体走势是海拔自上游至下游逐渐降低，而在流域内各条沟道控制的集水区域内，沟道两侧坡面高程自坡面上端至下端与沟道结合部逐渐降低。对土壤垂直剖面分层情况和土壤基本物理属性以多点钻孔调查结合基础实验进行。钻孔调查以人工结合简单机械（土钻）方式进行，钻孔直径为 5cm。由于坡面上自地面开始至潜水含水层的黄土层厚度一般在 20m 以上（图 5.9），基于钻孔调查的人力和技术条件所限，在坡面上进行的钻孔调查深度达不到潜水含水层，所以，坡面钻孔调查深度为 100cm，主要是确定流域土壤垂直剖面表层土壤的厚度以及对表层以下土壤进行取样。调查结果表明：在长期水蚀风蚀交错作用下，表层土壤十分松散，其厚度在流域范围内空间分布上存在着一定的差异，变动的大致范围为 10～20cm。表层以下是坚实的黄土层，其基本物理属性在垂直方向上变化不大，自坡面至河道底部（沟谷）的垂直方向上呈均匀分布。在沟谷底部的钻孔调查深度至潜水含水层底部的第一个弱透水层表面，该弱透水层主要成分为侏罗纪砂岩。由河床表面开始至砂岩层表面的土壤在垂直剖面上没有明显的分层情况，而且全流域土壤垂直剖面的多点调查结果之间没有明显的差别，在水文学上可以处理成均质模型（郑继勇等，2005），基于以上对研究区土壤垂直剖面调查结果构建的六道沟流域土壤垂直剖面模型（自地面开始至潜水含水层底部基础水文地质条件模型化）如图 5.10 所示。

图 5.9　地形调查（坡面黄土层厚度调查）及沟道内钻孔调查

六道沟流域的土壤垂直剖面模型由坡面区间和河道区间构成，坡面区间在垂直方向上被分成两层，第一层由表层松散黄土和其下的含水层构成，该含水层不是坡面区间的潜水含水层，而是一个水分交换层，由于表层松散土壤和其下的坚实黄土层在物性上（如垂向渗透系数）存在明显的差别，在雨季集中降雨发生期间，在表层和下层土壤的过渡区（也可认为是两者的界面上），有时会产生短历时的壤中流，该壤中流产生以后，在横向渗流作用下，自坡面流向河道，在模型构建时，将此可能产生壤中流的区域（第一、第二层之间的界面产流区域）在结构上划分到第一层；坡面区间的第二层由坚实的黄土层和其底部的潜水含水层构成，平均厚度超过 20m。在河道区间，由于自河床表面（沟底）至潜水含水层底部（砂岩层表面）的厚度和土壤机械组成相似，没有明显的差别，所以将河道区间由地面（河床）开始至潜水含水层底部开发成一层，其平均厚度约为 5m。

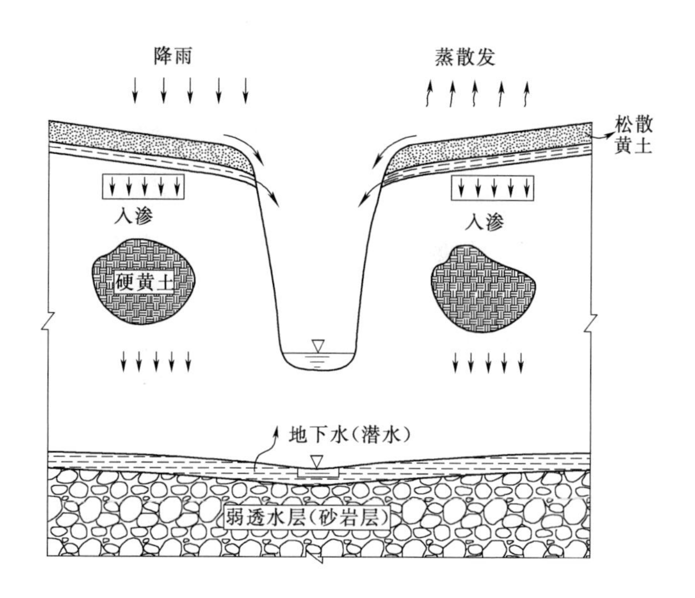

图 5.10 六道沟流域土壤垂直剖面模型化

由于调查手段所限，对坡面区间及河道区间的土层厚度分布的调查并不精确，特别是对坡面区间下层土壤厚度及潜水含水层厚度的调查，是基于对地形特点和地势走向的调查以及参照河道区间潜水含水层厚度和分布多点调查结果的估计值。考虑到六道沟流域地表径流的特点，即地表径流只有在雨季集中降雨期间且满足产流条件的情况下才可能发生，并且存在时间很短，在降雨结束后很快消失的特点，坡面区间第二层的土层厚度和含水层厚度对降雨-径流的模拟几乎不产生影响。同时，根据依托其他地形构建的分布式水文模型的模型结构和参数对模型计算结果影响的有关研究结果可知，土壤垂直剖面模型的第二层，其厚度只要在合理的范围内（基于调查结果确定的合理区间），其层厚变化对降雨-径流过程模拟结果不会产生明显的影响（参见 4.7 节），因此，在六道沟流域，模型的表层以下土层的厚度以及地下水（潜水）含水层的初始深度（第二层下部）对降雨-径流数值计算结果将不会产生明显的影响。基于以上原因，虽然对六道沟流域土壤垂直剖面情况的调查尚不详实，如表层以下土壤的土层厚度和潜水含水层厚度与流域实际情况之间存在一定的差异，但如图 5.10 所示的土壤垂直剖面模型比较真实地反映了六道沟流域所在沟壑区坡面和河道区间自地面开始至潜水含水层底部土层和含水层分布的基本情况，可以用于六道沟流域降雨-径流过程分布式水文模型的计算。

5.5.2 基础方程式及边界条件

基于运动波理论的基础方程式结合有限差分方法构建六道沟流域的降雨-径

流过程计算方法，基础方程式与阿伦河流域和 Bukuro 流域降雨-径流计算所采用的方程式相同，但由于位于不同地形条件下各流域的土壤垂直剖面模型结构存在差别，导致运动波理论的基础方程式应用于不同地形条件各流域降雨-径流计算时在表达形式上会有所差别。如阿伦河流域的河道区间的地表径流计算［式(3.1)］和 Bukuro 流域河道区间地表径流计算［式(4.1)］，虽然采用的是同一方程式，但在形式上并不一致。六道沟流域位于黄土高原北部沟壑区，阿伦河流域位于东北平原区，两个流域的地形和基础水文地质条件的不同表现在两者的土壤垂直剖面模型（基础水文地质条件模型）结构上的差异（图 3.7 和图 5.10），但两个流域降雨-径流计算方程式在表达形式上是一样的，而方程式在模型计算过程中所描述的水流运动过程却有所不同，现以河道区间地表径流连续方程式为例［式(5.4)，六道沟流域河道区间地表径流连续方程式］，对两个流域河道区间水流连续方程式在模型计算过程中描述水流运动过程的不同之处加以说明。

$$\frac{\partial h}{\partial t}+\frac{\partial q}{\partial x}=r-f_1+\frac{q'}{b}+\frac{\overline{q}'}{b} \tag{5.4}$$

式中：t 为计算时间因子，s；x 为计算空间因子，m；h 为河道地表径流的水深，m；q 为单宽流量，$m^2 \cdot s^{-1}$；r 为有效降雨量，$m \cdot s^{-1}$；f_1 为第一层（表层）土壤平均渗透速度，$m \cdot s^{-1}$；q'为流入到河道的坡面区间地表径流单宽流量，$m^2 \cdot s^{-1}$；$\overline{q}'$为流入到河道的坡面区间第一层渗透流单宽流量，$m^2 \cdot s^{-1}$；b 为河道径流宽度，m。

在阿伦河流域，河道径流同样有来自坡面区间的地表径流和地下水（潜水）的流入成分［式(3.7)，$\overline{q}_1'$］。六道沟流域河道区间和阿伦河流域河道区间来自坡面的流入成分却有所不同，对于阿伦河流域，如图 3.8 所示，坡面区间的地下水（潜水）和河道区间的地表径流在河道与潜水含水层的结合部相通，两者之间存在着相互补给的关系，且自坡面区间流向河道区间地表径流的地下水流入成分是常态性存在的。而在六道沟流域，河道区间的地表径流虽然也有来自坡面区间地下的流入成分，但该地下流入成分（对于坡面区间是流出成分）不是真正意义上的地下水，只是在雨季集中降雨发生期间，在满足界面产流条件下在第一层和第二层的过度区产生的短历时壤中流（图 5.10），该壤中流在横向渗透作用下顺着地势走向汇入到河道径流，且该流入成分在时间上不是常态性存在的。另外，在六道沟流域和阿伦河流域，水流在坡面区间垂直方向上的渗透机制和过程也有所不同，所以，两个流域的降雨-径流过程采用的基本方程式虽然在表现形式上一致，但计算的逻辑和过程因受不同地形（水文地质）条件的约束而有所差别。

六道沟流域降雨-径流计算方法建立过程中所采用的差分方案与阿伦河流域和 Bukuro 流域相同，以后退差分法对坡面和河道区间的地表径流和渗透流（地下水）连续方程式进行差分，有关内容在 3.6 节“有限差分”中已进行了详细阐述，在此不再介绍。

六道沟流域降雨-径流模型计算的初始条件和边界条件的设定方法和过程与阿伦河流域相同（见 3.7 节），相应内容在此略去。

5.5.3 DEM 及河网

地形是影响流域水循环最为重要的因素之一，流域地形决定着径流路径，控制着流域不同位置的汇水面积，其空间变化会造成流域水文循环过程的空间分布不均匀性，特别是在以地表或壤中径流为主的山区流域，地形结构最终决定着流域的水文响应特征（Am Broise 等，1996；邓慧平等，2002）。六道沟流域位于陕北黄土高原沟壑区，地形条件非常复杂，较地势平坦的平原区流域（如阿伦河流域），产汇流过程更为复杂，从而导致以模型的数值模拟技术来描述降雨-径流过程的难度更大。构建能准确刻画流域地貌特征的 DEM 和河网是保证分布式水文模型正确构建的必要条件之一，也是实现对流域降雨-径流过程准确刻画的重要保证。为了在最大程度上真实地表达六道沟流域的沟壑地貌特征，从美国国家地球物理数据中心全球基础高程资料库（Global Land One - kilometer Base Elevation，GLOBE）获取的栅格尺寸为 30m×30m 的高程数据不能很好地刻画研究区高密度分布的沟壑地形特征，研究采取的获取六道沟流域内降雨-径流计算区域（模型实用性检验区域）的 DEM 的方法和过程如下：利用六道沟流域所在地区 1982 年绘制的地形图提取研究区高程数据，即在该地形图上插入尺寸为 5m×5m 的栅格，提取栅格点与流域等高线的交点，而处于相邻的两条等高线之间（比例换算距离大于 5m）栅格的高程根据两条等高线的高程差，通过内插高程值来确定；在近 30 年内，流域内局部地貌因为土地利用方式的改变而产生了较大的变化，导致以利用流域 1982 年地形图提取高程数据所获取的 DEM 数据在研究区部分栅格上的高程值与实际高程之间存在较大的差异，所以，在利用地形图以提取和内插法获取 5m×5m 栅格高程数据的基础上，利用在全球基础高程资料库获取的 30m×30m 高程数据对与其高程差相差较大栅格点的高程进行修正，同时基于对地形实际调查结果修正该栅格内 5m×5m 高程数据。基于以上方法获取的高程数据，利用 GIS - ArcMap 生成的六道沟流域降雨-径流计算区域的 DEM 和河网如图 5.11 所示。

5.5.4 参数率定

5.5.4.1 流域尺度参数

利用生成的研究区 DEM [图 5.11 (a)] 结合水准测量的方法对流域的尺度参数进行确定（表 5.2）。

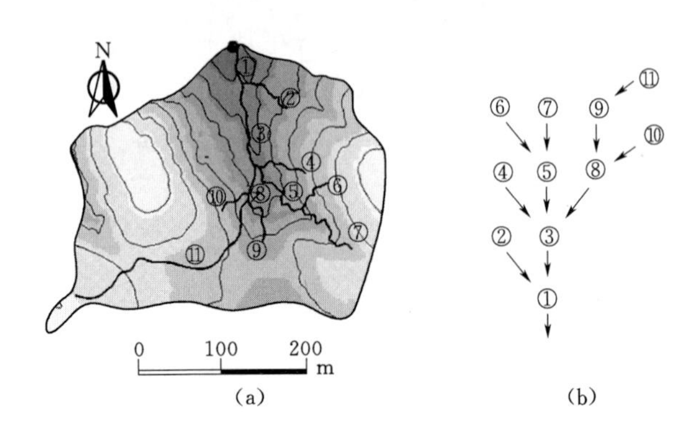

图 5.11　六道沟流域降雨-径流计算区域河网及各小流域空间连接关系

(a) 六道沟流域降雨-径流计算区域 DEM 与河网；(b) 流域划分及空间连接关系

表 5.2　各子流域的尺度参数

区　间	坡　面				河　道		
子流域编号	左　侧		右　侧		L/km	i	b/m
	L/km	i	L/km	i			
1	0.0892	0.0684	0.0820	0.0767	0.04438	0.0584	4.25
2	0.0784	0.0726	0.0907	0.0809	0.1097	0.0613	3.30
3	0.3200	0.0205	0.1399	0.0152	0.1632	0.0256	4.20
4	0.0468	0.0445	0.0688	0.0644	0.1242	0.0217	2.20
5	0.1054	0.0833	0.0543	0.0756	0.1649	0.0873	4.10
6	0.0612	0.0623	0.0450	0.0322	0.0876	0.0772	1.90
7	0.0458	0.0397	0.0704	0.0484	0.1641	0.0264	4.00
8	0.0224	0.0822	0.1386	0.0317	0.0723	0.0171	2.05
9	0.0427	0.0601	0.1055	0.0855	0.1061	0.0886	3.90
10	0.0982	0.0564	0.0480	0.0635	0.0627	0.0104	1.85
11	0.1093	0.0462	0.0687	0.0378	0.4456	0.0349	3.60

表中符号意义，L 为河道长度，km；i 为坡度；b 为河道宽度，非水面宽度，是测量高度距离沟底 0.5m 的沟道横向宽度，m，作为推算计算区域面积时的参考宽度；由 DEM 推求的模型计算区域面积为 0.30km^2，但根据实际调查得知，图 5.11 所示河网以主河道为分界线，其左侧坡面和各小流域（包括编号为 10、11 两个小流域的全部和标号为 1、3、8、9 小流域的左侧坡面）的产流自该区域上游至下游被道路阻隔而不能汇入主河道，所以，模型计算的输出结果不包括主流左侧坡面的汇流，即编号 10、11 小流域的全部以及编号为 1、3、8、9 小

流域的左侧坡面在模型计算过程中的面积为0，模型的实际计算面积为0.11km²。因为计算区域面积尺度较小，为了保持计算区域DEM和河网连接情况有相对完整的表达，图5.11给出了计算区域两侧坡面原始的［左侧坡面未被道路分割以前的）河网连接情况］。

5.5.4.2 土壤物性参数

六道沟流域用于分布式水文模型计算的土壤物性参数的率定方法与阿伦河流域同类参数所采用的率定方法和手段相似（见3.9.2节“土壤物性参数”），有关内容在此不再给出。本研究在构建六道沟流域分布式水文模型研究过程中，选取其上游一条大的沟道作为模型适用性的检验区域，该区域的植被类型以草地和低矮灌丛为主，且面积相对较小。本节对利用简易渗透实验结合土壤比抵抗调查方法对推求六道沟流域降雨-径流计算区域表层土壤不饱和渗透系数的实验过程加以说明。

土壤渗透系数是土壤重要的物理特性参数（包昱峰等，2007），也是分布式水文模型描述水分在土壤垂直方向上运动的主要参数。已有研究表明土壤比贯入阻力和土壤渗透特性均与土壤密度之间存在较强的相关性（陈维家等，2003；王平义等，2004），据此，本文以简易渗透实验结合土壤比贯入阻力（单位贯入深度所需的贯入阻力）调查来推求六道沟流域表层土壤的不饱和渗透系数。

（1）渗透实验。采用3.9.2节“土壤物性参数”中所述的对阿伦河流域第一层土壤垂向渗透系数进行测定的实验装置和过程，于2007年5月在六道沟流域进行渗透实验，根据该流域所选研究区内坡面及沟谷的植被类型和土地利用方式，选取5种土地利用方式（表5.3）进行渗透实验，每种土壤重复实验4次，共计20个实验点，实验结果见表5.3。

（2）土壤比抵抗调查。表土比贯入阻力调查采用如图5.12（a）所示土壤贯入器，利用该仪器可以测量贯入到地面以下某深度所用的压力，在每个渗透实验点周围取3点作为比贯入阻力调查点，贯入深度为该渗透实验点垂向渗透深度的最大值［图5.12（b）］，而后计算3点所用压力的平均值，再换算成单位贯入深度（1cm）所用压力（kgf），用于表征该渗透点处的表土比抵抗值。如某渗透实验点的最大深度为5cm，3次贯入试实验所用压力平均值为15kgf，则该点表土比贯入阻力为$3\text{kgf}\cdot\text{cm}^{-1}$。土壤比抵抗调查整理结果见表5.3。

（3）实验结果及分析。渗透实验、模型计算以及表土比贯入阻力调查结果见表5.3。由表中所示结果可知，在所选的5种土地利用方式条件下，坡面苜蓿地表土渗透系数最小，平均不饱和渗透系数为1.24×10^{-5}m/s，4个实验点渗透深的平均值为5.3cm，表征渗透能力的参数K的平均值为0.125，孔隙率λ的均值为0.22；坡面草地4个实验点的平均渗透深为5.6cm，表土不饱和平均渗透系数为1.34×10^{-5}m/s，略高于坡面苜蓿地，其K值（0.146）和孔隙率（0.29）

表 5.3 渗透实验、模型计算以及土壤比抵抗调查结果

试验点编号	植被类型	水平渗透直径 L/cm	渗透深 h/cm	初始含水量 θ_{int} /($cm^3 \cdot cm^{-3}$)	饱和含水量 θ_{sat} /($cm^3 \cdot cm^{-3}$)	K	孔隙率 λ	不饱和渗透系数 f /($10^{-5}m \cdot s^{-1}$)	渗透系数均值 $\overline{f}$ /($10^{-5}m \cdot s^{-1}$)	比贯入阻力 /($kgf \cdot cm^{-1}$)
1	草地（坡面）	12.0	6.4	0.098	0.255	0.146	0.28	1.42	1.34	2.24
2		16.0	5.5	0.088	0.227	0.140	0.25	1.33		2.38
3		12.0	5.0	0.126	0.270	0.144	0.30	1.20		2.45
4		13.5	5.6	0.118	0.279	0.152	0.31	1.43		2.63
5	草地（淤地）	14.0	7.2	0.126	0.322	0.196	0.35	2.33	2.17	0.89
6		12.5	7.0	0.105	0.297	0.194	0.33	2.23		1.04
7		11.0	7.1	0.102	0.270	0.168	0.30	2.00		1.27
8		10.5	6.8	0.115	0.304	0.188	0.33	2.13		0.96
9	苜蓿地（坡面）	8.0	5.2	0.076	0.207	0.133	0.23	1.67	1.24	2.89
10		9.0	5.0	0.070	0.188	0.118	0.20	1.00		3.05
11		10.0	5.4	0.087	0.212	0.124	0.23	1.13		2.94
12		9.2	5.6	0.076	0.200	0.124	0.21	1.16		2.86
13	农田（淤地）	10.0	7.6	0.152	0.361	0.209	0.38	2.63	2.52	0.72
14		9.6	8.0	0.151	0.335	0.184	0.36	2.46		0.56
15		8.8	7.4	0.129	0.323	0.194	0.34	2.39		0.45
16		7.6	7.2	0.152	0.368	0.216	0.40	2.60		0.68
17	裸地（沙黄土）	7.0	6.8	0.134	0.403	0.268	0.42	3.05	3.04	0.38
18		8.2	7.1	0.109	0.366	0.257	0.39	3.03		0.35
19		7.4	6.6	0.100	0.380	0.280	0.40	3.07		0.32
20		7.8	6.4	0.128	0.405	0.282	0.44	3.01		0.43

(a) (b)

图 5.12 表土比贯入阻力实验及土壤渗透轮廓示意图

(a) 土壤比抵抗调查；(b) 土壤渗透实验渗透轮廓

也略高于坡面苜蓿地；沟道中的草地（淤地）由长期土沙堆积形成，土质相对疏松，孔隙率较大（$\lambda=0.33$），渗透能力也较坡面草地更强（$K=0.187$），各实验点的不饱和平均渗透系数为 2.17×10^{-5} m/s；淤地农田的平均渗透深为 7.5cm，K 的平均值为 0.201，有效孔隙率为 0.37，表层土壤不饱平均渗透系数为 2.52×10^{-5} m/s；裸地沙黄土 4 个实验点的孔隙率的均值为 0.41，K 的均值为 0.272，表土不饱平均渗透系数为 3.04×10^{-5} m/s。

5 种土地利用方式平均不饱和渗透系数的均值为 2.06×10^{-5} m/s，系列的标准差为 0.689。草地（淤地）和农田（淤地）的平均不饱和渗透系数与 5 种植被不饱和渗透系数均值的差值较小，而坡面草地和坡面苜蓿地的不饱和渗透系数均值相对于 5 种植被不饱和渗透系数均值明显偏小，而裸地（沙黄土）则明显偏大。

根据对所选 5 种土地利用方式的表土平均不饱渗透系数及相关参数的分析可知，土地利用方式不同，表土的平均不饱和渗透系数及相关参数（K，λ）存在明显差异，表土平均不饱和渗透系数、土壤孔隙率及 K 值由小到大的次序为：坡面苜蓿地＜坡面草地＜草地（淤地）＜农田（淤地）＜裸地（沙黄土），其中，沙黄土的非饱和渗透系数为坡面苜蓿地、坡面草地的 2 倍以上。

另一方面，黄土具有湿陷性，土壤含水率不同，土壤的渗透系数和硬度也将有所差异（高凌霞，2011）。由表 5.3 中所示结果可知，不同土地利用方式下的初始含水量 θ_{int} 和饱和含水量 θ_{sat} 有所不同，其对应的比贯入阻力以及平均不饱和渗透系数的结果也有所差异；同一土地利用方式下的 θ_{int} 和 θ_{sat} 也略有差异，其对应的比贯入阻力以及不饱和渗透系数的结果也有所不同。对于本研究而言，渗透实验和比贯入阻力调查开展时间相对集中，同一土地利用方式下不同的初期含水率对土壤渗透性能和硬度不会有大的影响，所以，研究略去了不同初期含水率对现场实验以及研究结果影响的分析。

以表土比贯入阻力和表土平均不饱和渗透系数为横、纵坐标建立直角坐标系，代入表5.3中的相关数据进行描图，得到表土比贯入阻力和平均不饱和渗透系数的关系曲线（图5.13），由该图可知，表土比贯入阻力和平均不饱和渗透系数之间存在着较强的相关性，关系曲线的确定性系数 R^2 在0.93以上，即在研究期间内，可以根据土壤比抵抗调查结果利用式（5.5）推求表层不饱和渗透系数。

$$f=0.2308P^2-1.4147P+3.4047(R^2=0.9358) \tag{5.5}$$

式中：f 为表层土壤不饱和渗透系数，m/s；P 为比贯入阻力，kgf。

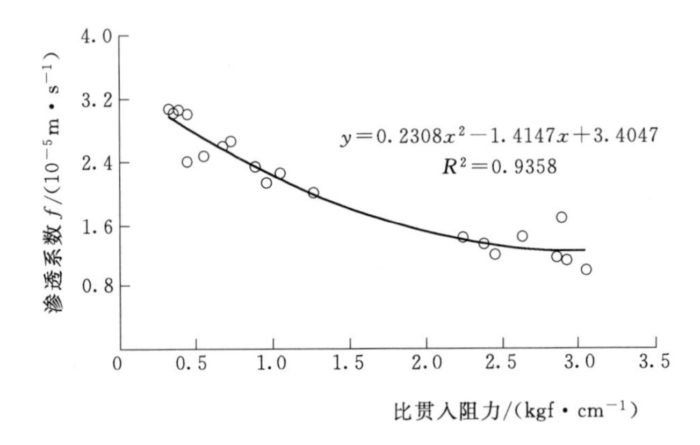

图5.13　土壤比贯入阻力与平均不饱和渗透系数的关系曲线图

对同一研究区内各种土地利用方式的500个点开展了表土比贯入阻力调查，并采用式（5.5）进行计算，近似地推求了各调查点的平均不饱和渗透系数，结果表明，研究区内表土平均不饱和渗透系数大多在（$1.0\times10^{-5}\sim3.0\times10^{-5}$）m/s之间。

在前期研究中（Huang等，2008），以对六道沟流域雨季典型降雨过程和产流之间关系的分析推求了表层土壤渗透系数，在短历时集中降雨且降雨强度较大条件下，表层土壤（厚度10cm左右）的5min平均不饱和渗透系数为3mm/5min（1.0×10^{-5} m/s），即在5min降雨量达到3mm时，在流量观测断面观测到了地表径流。考虑到土壤的渗透特性和土壤的初期含水率有直接的关系，而雨季土壤含水量一般高于年内其他时间，所以该结果和利用上述渗透实验结合土壤比抵抗调查得到的结果不但在数值上相近，而且具有合理性；此次降雨事件历时较长但降雨强度较小情况下，推求的表层土壤稳定渗透系数为 2.7×10^{-6} m/s（0.8mm/5min），即在降雨时间超过10h，表层土壤达到饱和后，流量观测断面产生了地表径流。综上，基于渗透实验结合土壤比抵抗调查推求的不同土地利用方式下的表层土壤渗透系数和基于实际降雨过程和产流关系推求的土壤渗透系数的结果可知，六道沟流域的表层土壤渗透系数一般在（$2.7\times10^{-6}\sim3.0\times10^{-5}$）m/s。由于降雨-径流计算区域面积不大，且植被类型以草地和低矮灌丛（苜蓿地）为主，而降雨-径流计算主要集中在雨季（雨季之外没有地表径流产生），所以用于模型计算的表层渗透系数的取值应略大于 2.7×10^{-6}。

六道沟流域用于分布式水文模型计算的土壤物性参数见表5.4。

表5.4　　六道沟模型计算主要参数

参　数	区　间		值	单　位
曼宁粗度系数 n	坡面		0.10	$s\cdot m^{-1/3}$
	河道		0.06	
横向透水系数 k	坡面	第1层	1.0×10^{-4}	$m\cdot s^{-1}$
		第2层	3.0×10^{-5}	
	河道	第1层	3.0×10^{-5}	
垂向渗透系数 f	坡面	第1层	3.5×10^{-6}	$m\cdot s^{-1}$
		第2层	4.0×10^{-7}	
	河道	第1层	6.5×10^{-7}	
损失系数（向砂岩层的入渗速度）	—		1.0×10^{-8}	$m\cdot s^{-1}$
层厚	坡面	第1层	0.15	m
		第2层	20	
	河道	第1层	5	
饱和度/%	坡面	第1层	0.10	—
		第2层	0.20	
	河道	第1层	0.20	
有效孔隙率 λ	坡面	第1层	0.30	—
		第2层	0.20	
	河道	第1层	0.20	

表5.4中，饱和度用于评价土壤垂直剖面模型上各层的初始含水量，可根据各层的有效孔隙率换算成土壤含水量，进而换算成该层的水深。

5.5.4.3　草地蒸散发

蒸散发包括土壤蒸发和植物蒸腾，是水圈、大气圈和生物圈水分与能量交换的主要过程，也是水循环中最重要的分量之一。自1802年Dalton提出计算蒸发的公式以来，蒸散发的估算取得了重要进展，如波文比能量平衡法、空气动力学方法、涡度相关法、彭曼公式（Penman method）等（莫兴国，1996；孙素艳等，2007；翟翠霞等，2007）。传统的对蒸散发推求的方法是根据气象站点的常规观测值来估计，假设蒸发区域非常小以至于不用考虑区域气象条件变化或空气运动，由于陆地表面的空间异质性，传统的观测手段难以由点到面拓展（张殿君等，2011）。基于能量平衡原理的 Penman－Monteith（P－M）方法是一个具有物理基础的计算蒸散量的方法，该方法根据动力学原理及热力学原理，考虑了辐射、温度、空气湿度等各项因子的综合影响，因此，FAO 推荐该方法作为估算蒸散发的唯一标准方法（姚小英等，2007）。

利用 Penman－Mouteith 模型（P－M 公式）推求六道沟流域降雨-径流计算区域的草地蒸散发，有关 P－M 模型已经在第 2 章 2.4.2 节中进行了详细的介绍，其基本公式［式（2.2）～式（2.15）］和公式中的各因子释意在 2.4.2 节中也已给出，相关内容在此略去。

如式（2.2）所示，蒸散发计算的必要因子之一是植被的表面阻抗（r_s，$s \cdot m^{-1}$），r_s 描述水蒸汽流通过蒸腾的作物和蒸发的土壤表面产生的抵抗，如果植被的蒸腾作用不是以潜在的蒸腾速率进行，抵抗因子还取决于植被的水分状态（Dickinson，1984），利用式（2.15）计算植被的 r_s。Kimura 等（2005）利用自地面开始到垂向上深度为 34cm 土层的土壤平均含水量对黄土高原六道沟流域草地植被表面阻抗 r_s 进行了参数化，得到的结果是：在作物的主要生长期（6—9 月），只考虑土壤水分函数的条件下，观测的 r_s 与模拟的 r_s 之间标准差很小，以土壤水分因子支配的 r_s 计算公式如下：

$$r_s = 108439\exp(-38.344\theta) \tag{5.6}$$

式中：θ 为自地面到某一深度的土壤平均含水量，$cm^3 \cdot cm^{-3}$。

利用如图 5.4 所示气象站获取的 1h 序列气象数据以及坡面土壤含水量数据，以 P－M 模型计算六道沟流域草地蒸散发，计算时间为 2004 年 6 月 6 日至 2008 年 9 月 30 日，由于计算时段较长，1h 序列的数据点过多，所以将 1h 序列的 ET 计算结果整理成 1d 序列的结果，所得 1d 序列草地蒸散发计算结果如图 5.14 所示。

由图 5.14 可知，在计算期间内，六道沟流域坡面草地日蒸散发量在 2.5mm 以下，在每年 6—9 月处于一年中的较高水平，但是因气象条件的不同而呈现频繁的日波动，在每年雨季之外的时段内，草地蒸散发一般低于 1mm。

如前所述，降雨-径流计算区域的主要植被为草地，所以，对六道沟流域降雨-径流过程进行模型计算时，将利用上述推求蒸散发方法得到的 1h 草地蒸散发数据（计算时间步长为 1s，计算中所用 ET 数据为 1h 序列的均值），用于六道沟流域降雨-径流计算的区域的模型计算。

5.5.5 模型验证

5.5.5.1 数值模拟

与阿伦河流域和 Bukuro 流域分布式水文模型实用性验证采用的方法相同，六道沟流域的分布式降雨-径流模型的实用性也是基于对观测径流过程的数值模拟实现的。因为降雨-径流计算区域面积尺度较小（计算面积：0.11km^2），且只

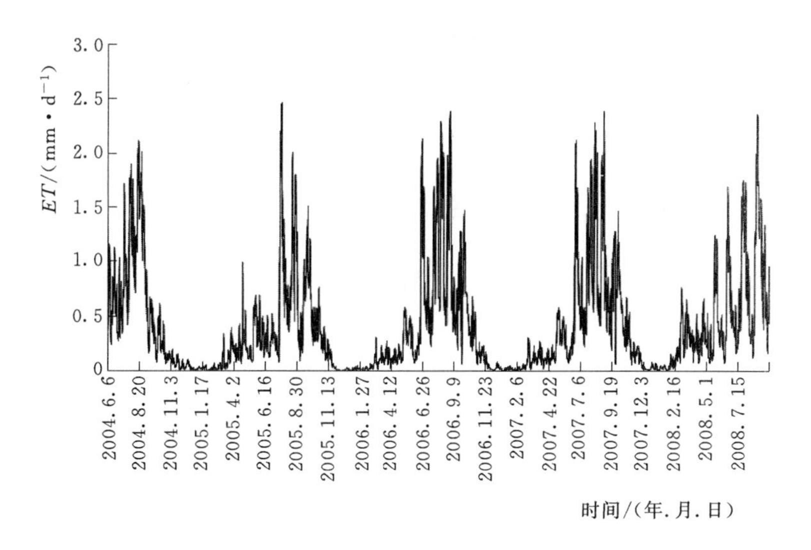

图 5.14 六道沟流域坡面草地蒸散发
(2004 年 6 月 6 日至 2008 年 9 月 30 日)

有在雨季集中降雨期间满足产流条件情况下才能产生短历时的径流，所以，对次降雨-径流过程模拟结果的输出采用较小的时间间隔，5min，部分降雨-径流过程的数值模拟结果如图 5.15 所示。

如图 5.15 对六道沟流域降雨-径流过程的数值模拟结果可知，在模拟的整体效果上，计算流量可以很好地再现观测流量在时间上发生的过程，两者在对应时间点的结果也没有明显的差别，说明依托六道沟流域下垫面的物理条件构建的分布式水文模型在该流域降雨-径流计算中有很好的实用性，但计算值和观测值在峰值流量处存在一定的差别，且计算值在模拟时段内一般要低于观测值，且在峰值流量处表现相对突出，其主要原因是六道沟位于黄土高原重侵蚀区，水流中泥沙含量高，而观测流量是通过压力式水位计测量水深，再通过观测断面水深和流量的关系，转换成流量曲线，因为水流中泥沙含量高，所以其对水深（水位）的测量值要高于清水流。分布式水文模型中的降雨-径流计算方法是针对清水流的计算，不涉及水流中泥沙含量的影响，所以产生了计算值在时间过程的大多数点上低于观测值的现象。

5.5.5.2 误差分析及效率检验

利用式（3.48）和式（3.49）分别对如图 5.15 所示的六道沟流域降雨-径流数值模拟结果的误差和模型效率系数（*NSE*）进行计算，所得结果见表 5.5。需要说明的是：六道沟流域年产流次数较少，一般只在雨季有几次短历时的产流，所以，对于流域长期的降雨-径流模拟，时间轴上的绝大多数点上都没有流量产生（数值轴对应值为 0），在利用式（3.48）和式（3.49）对长期降雨-径流模拟

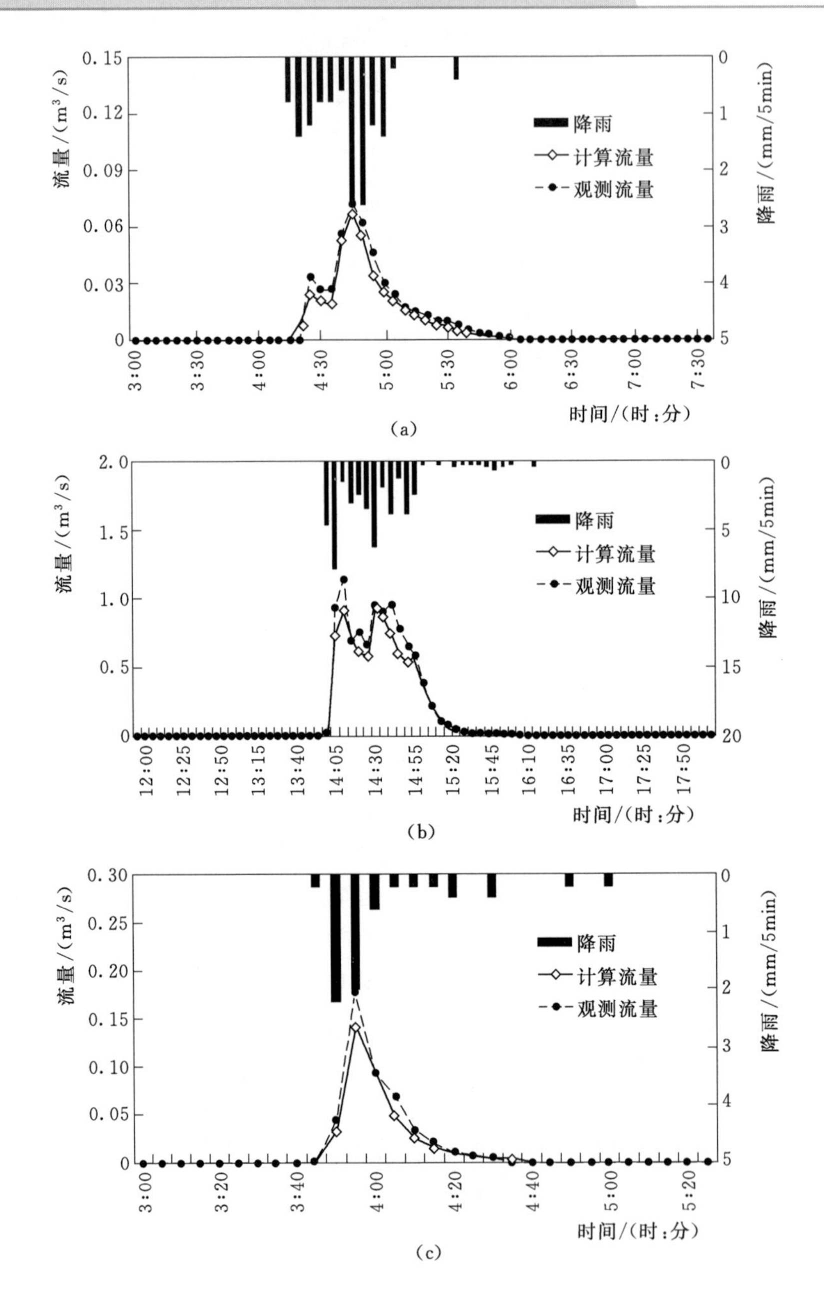

图 5.15　六道沟流域降雨-径流过程数值模拟

(a) 2005 年 8 月 15 日 3：00—8：00；(b) 2006 年 6 月 23 日 12：00—18：00；(c) 2007 年 7 月 27 日 5：30—8：00

结果进行误差和 *NSE* 计算时，很容易得到较小的误差和较高的模型效率系数 (*NSE*)，所以，针对六道沟流域的产流特点，对短历时的集中降雨产生径流过程进行模拟，对其误差和 *NSE* 进行计算，结果相比于长期降雨-径流模拟过程的误差和 *NSE*，更能反映模型计算精度和计算效率。

表 5.5　数值模拟结果的误差和 *NSE*

计算时段	2005年8月25日 4：25—6：05	2006年6月23日 14：00—16：10	2007年7月27日 6：20—7：00
误差	0.008	0.006	0.009
NSE	0.92	0.93	0.90

说明：表5.5中的误差和 *NSE* 的计算时段是如图5.15所示的各次降雨-径流事件中有地表径流产生的时段。

根据表5.5所示结果可知，模型对短期集中降雨-径流事件模拟的误差都小于0.01，在误差基准的允许值之内（0.03），*NSE* 值在0.90以上，说明模型的计算精度很高，所以，利用该分布式水文模型可以对六道沟流域的地表径流进行准确的推求。

5.6 模型计算及结果分析

5.6.1 模型计算

利用所构建的适用于六道沟流域降雨-径流计算的分布式水文模型，对六道沟流域2005—2009年的降雨-径流过程进行数值计算，由于以1s为步长的计算结果数据量太大，而每年只在雨季的集中降雨发生过程中才有可能产流，每年在流量观测断面可以观测到的径流过程只有寥寥几次而已，且每次径流的持续时间很短、流量较小，因此，对数值计算结果采用5min的间隔进行输出，将输出的结果整理成1h序列，流量过程以累积值给出，整理后各计算年的降雨-径流过程曲线如图5.16所示。

基于观测得到的六道沟流域2005—2009年各年降雨量和降雨-径流计算区域的各年累积径流量，可以推求出各计算年的径流系数，见表5.6。

表 5.6　2005—2009年六道沟流域降雨-径流计算区域的降雨量和径流系数结果索引

年份	降雨量/mm	径流量/$10^3 m^3$	径流系数	年份	降雨量/mm	径流量/$10^3 m^3$	径流系数
2005	315	0.7	0.02	2008	502	3.5	0.07
2006	386	6.7	0.17	2009	511	5.0	0.09
2007	481	6.5	0.13	平均值	439	4.48	0.1

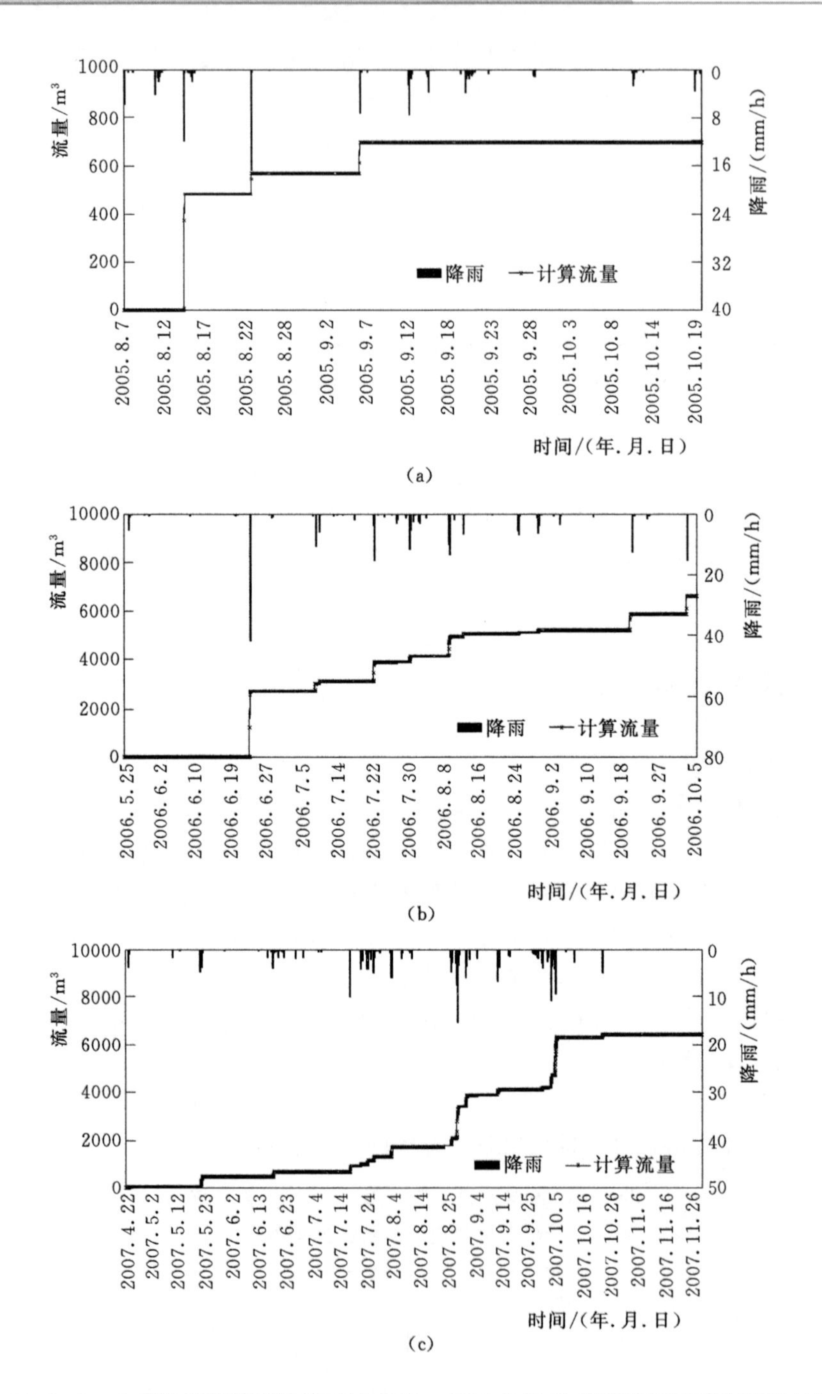

图 5.16（一） 六道沟流域模型计算区域 2005—2009 各年 1h 序列降雨和累积流量过程线
(a) 2005 年 8 月 7 日至 10 月 20 日；(b) 2006 年 5 月 25 日至 10 月 5 日；
(c) 2007 年 4 月 22 日至 11 月 30 日

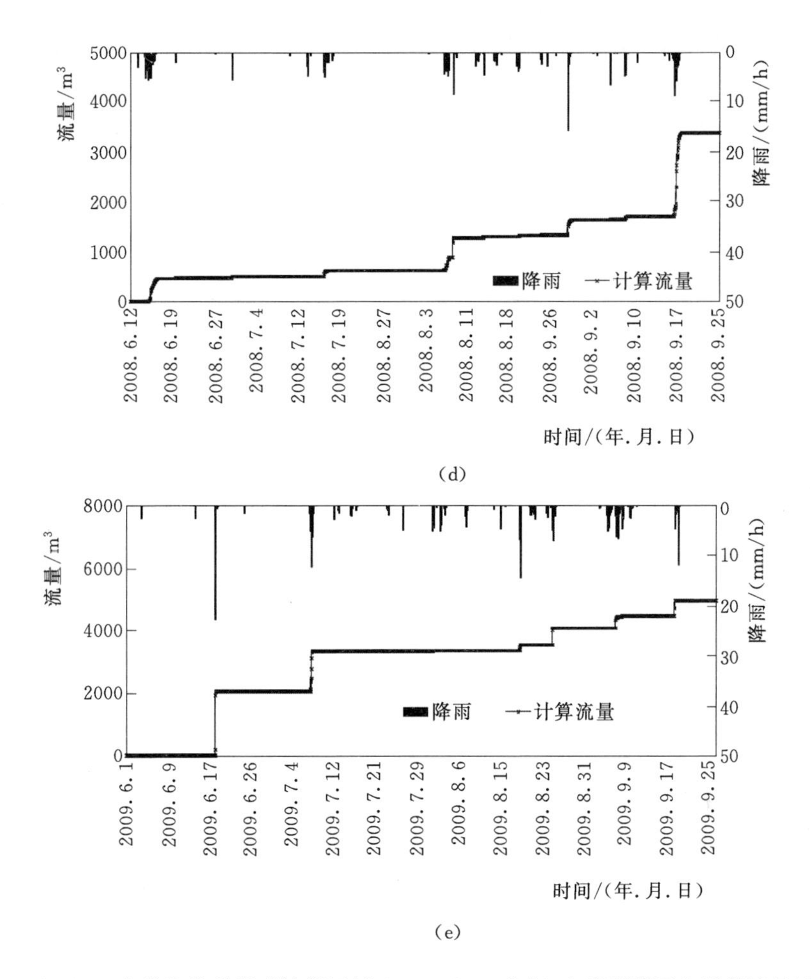

图 5.16（二） 六道沟流域模型计算区域 2005—2009 各年 1h 序列降雨和累积流量过程线
(d) 2008 年 6 月 12 日至 9 月 25 日；(e) 2009 年 6 月 1 日至 9 月 27 日

5.6.2 结果解析

由图 5.16 结合对数值计算结果的分析可知，2005—2009 年，在每年的降雨相对集中的时期（雨季及雨季前后一段时间）会产生几次径流事件，但在降雨-径流计算区域内的产流规模相对较小，在计算区域的出口断面（流量观测断面）的流量大多小于 0.2m³/s，计算期间内（5a）的最大一次产流事件发生在 2006 年 6 月 23 日，最大流量为 1.145m³/s，且 5 年内仅发生过一次流量高于 1.0m³/s 的产流事件。

如图 5.16（a）所示，在 2005 年只发生了 3 次产流事件，分别发生在 8 月 15 日、8 月 23 日和 9 月 6 日，其中最大一次产流发生在 8 月 15 日，在计算区域出口断面的最大流量发生在当日 5：10，为 0.073m³/s，累积径流量只有 482m²；

3 次产流事件累积径流量为 0.7×$10^3$$m^3$，2005 年计算区域的降雨量为 315mm，年径流系数仅为 0.02（表 5.6）。

如图 5.16（b）所示为 2006 年计算区域内降雨和出口断面的累积径流过程线，相比于 2005 年，2006 年的产流次数较多，规模不等的产流次数近 10 次，产流的时间分布也更宽泛，在 6—9 月，每月都有产流事件发生；在 2006 年 6 月 23 日，次降雨事件产生的径流量达 2700m^3，这是计算的 5 年内产流最集中、流量最大的产流事件；2006 年的降雨量为 386mm，计算区域的累积径流为 6.7×$10^3$$m^3$，径流系数为 0.17。

如图 5.16（c）所示为 2007 年计算区域的降雨-累积径流过程线，计算区域的出口断面次最大径流事件的累积值为 1600m^3，发生在当年的 10 月 5 日；2007 年的累积径流量为 6.5×$10^3$$m^3$，年降雨量为 481mm，年径流系数为 0.13。2007 年计算区域内的径流总量虽然与 2006 年接近，但是年降雨量高于 2006 年，所以径流系数比 2006 年低，产生此结果的主要原因是 2006 年的降雨量虽然小于 2007 年，但与 2007 年导致产流的次降雨事件相比，2006 年产流的次降雨多为降雨强度较大、雨量更加集中的降雨事件。

如图 5.16（d）所示为 2008 年计算区域出口断面的降雨-累积径流过程线，次降雨产流规模最大一次事件发生在 9 月 17—19 日，径流量为 1680m^3，累积径流量为 3.5×$10^3$$m^3$，研究区观测的年降雨量为 502mm，年径流系数仅为 0.07。2008 年的降雨量明显高于六道沟流域所在地区的多年平均降雨量（430mm），但年径流系数很小，其主要原因是，虽然年内有 8 次产流事件发生，但有径流产生的次降雨事件多为降雨强度较低、降雨量不大的降雨事件（除了 9 月 17—19 日发生了一次相对集中的产流事件），从而导致 2008 年多次产流事件的径流量都很小。

如图 5.16（e）所示为 2009 年计算区域的降雨-累积流量过程，年内共有 6 次产流，最大一次产流事件发生在 6 月 18 日，单次径流事件累积流量超过 2000m^3，在 7 月 9 日至 8 月 18 日之间虽发生了数次降雨，但因为不满足产流条件而没有径流产生；累积径流量为 5.0×$10^3$$m^3$，年降雨量为 511mm，是 2005—2009 年降雨量最多的年份，计算区域的径流系数为 0.09。

2005—2009 年的平均降雨量为 439mm，非常接近六道沟流域所在地区的多年平均降雨量（430mm），降雨-径流计算区域的年平均径流量为 4.42×$10^3$$m^3$，5 年的平均径流系数为 0.1（表 5.6）。流域的属性，如流域面积、地形、土壤、植被、地质控制着水文过程，从而影响径流系数（Zhang 等，2014）。流域水文响应特征具有空间尺度依赖性，流域汇水面积增加，径流系数减小；流域汇流面积越小，径流系数对降雨量越敏感，即在同等降雨增量条件下，汇流面积越小的流域的径流系数增量越大（钱群，2014）。考虑到六道沟降雨-径流的计算区域位于流域的上游，汇流面积较小，从位置上和尺度上不能充分反应六道沟流域全流域径流过程的特征，而计算区域的土地利用方式和植被类型也不具备六道沟全流域的代表性，以该区域降雨-径流计算推求的年径流系数和六道沟流域所在地区的年径流系数会有一定的差异。另一方面，基于2005—2009年的平均降雨量与该地区多年平均降雨量近似相等和六道沟流域在面积尺度上（面积：6.89km^2）相对较小的事实，可以近似地推求出六道沟流域所在地区的年径流系数在1.0左右。

5.7 沟谷部潜水模拟

5.7.1 研究区地下水概述

小流域是黄土高原地区主要地貌单元，它是指一个完整的自然集水单元。由于黄土高原地区黄土层深厚，包气带土层厚度一般在十几米到百米之间，外来地下水对流域水资源的补给作用非常微弱，常可以忽略不计。流域内各种形式的地表水、土壤水、地下水都是雨水经过转化而形成的。在六道沟流域所在地区，浅层地下水（潜水）是重要的可利用水资源，也是居民生活用水的主要来源。构建研究区地下水数值计算模型，实现对地下水（潜水）的准确模拟和计算，可为该地区地下水资源的准确评估提供有效的方法，以及为该地区地下水合理的开发和利用提供部分基础数据。

理论上，基于运动波理论的基础方程式结合达西公式构建的流域分布式水文模型［式（3.1）～式（3.12）］，可以实现对地下水的模拟和计算，但描述地下水运动过程的物理性参数必须具有较高的精度。在各研究流域内（包括阿伦河流域、Bukuro流域以及六道沟流域），由于对流域水文地质条件调查的技术和手段所限，支撑流域尺度地下水模拟的数据相对缺乏，利用分布式水文模型对流域尺度地下水运动过程的准确模拟难于实现。在过去的研究中，很多对地下水模拟的方法被提出，如Krüger和Rutschmann（2006）提出了三维超临界流模拟的扩展潜水方法；Saito等（2006）基于有限元法开发了准三维地下水计算模型WCAP（Water Circle Analysis Program，水循环分析程序）；Yooh和Kang（2004）及Nguyen等（2006）提出了基于非结构化有限体积方法的二维地下水计算模型；对于一维地下水模拟，很多研究都是与地表径流计算相结合开展的（Hunukumbura等，2009；Mori等，2016）。相比于二维和三维地下水计算模型，一维地下水模型的结构相对简单且构建工作相对容易实现。同时，六道沟流域有关地下水的前期研究较少，可利用的资料和数据相对缺乏，所以本研究基于构建的六道沟流域分布式水文模型，结合土壤饱和渗透理论构建一维地下水计算方法，研发适用于沟壑区沟谷地形潜水计算的数值模型，为研究区浅层地下水（潜水）的模拟提供实用的方法，为黄土高原北部沟壑区地下水研究提供方法上的参考。

5.7.2 地下水观测

如前所述，在六道沟流域，坡面上自地面开始至潜水含水层的黄土层厚度在20m以上，以常规钻孔调查的方式对地下水的观测难于实现，所以，地下水的观测点选在了相对开阔的沟谷内（淤地区域内）。如前所述，在六道沟流域所在地区，由于土壤侵蚀严重，经多年的水土流失形成了沟壑纵横交错的地形，为减轻水土流失，在许多大的沟谷内修建了淤地坝。实践证明，淤地坝是减少黄土高原水土流失有效的工程措施（Xu 等，2004）。在六道沟流域降雨-径流计算区域的下游，于大约40年前修建了一座淤地坝，由于该淤地坝有效地拦蓄了地表径流，水流中携带的泥沙在淤地坝上游不断地堆积，并逐渐在淤地坝上游侧形成一个小规模的冲积平原，即沟谷内的淤地区域。在淤地区域，由于地下水埋深较浅（地面至自由水面的距离），所以，地下水（潜水）的观测点选在了淤地区域内（图5.4），位于地表径流观测点（降雨-径流计算区域）的下游。如图5.17所示，地下水观测点记为$G1$、$G2$（在$G2$地点同时进行了土壤水分观测，用于确定地下水计算时的初始条件，即第一层的饱和度），水位计安装深度为观测地点的潜水含水层底部（砂岩层上表面），在地下水的观测区域，其上游产生的地表径流会流入到淤地区域。

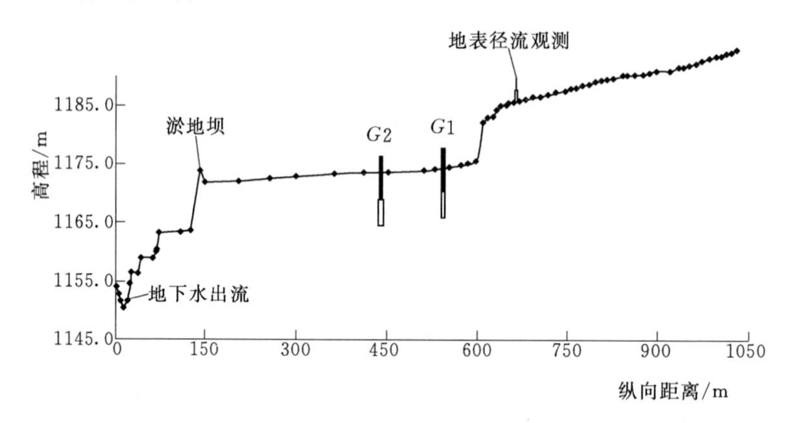

图5.17 淤地坝区域地下水观测示意图
（图中$G2$点，同时进行地下水和土壤水的观测）

5.7.3 地下水模型构建

5.7.3.1 计算区域的土壤垂直剖面模型

由于进行地下水观测的淤地区域（河床）在横向尺度上较一般的沟壑更宽，而淤地区域是在经水流多年冲刷和切削形成的冲沟上由于泥沙的沉积作用而形成。对于小尺度区域地下水的模拟，需要对地下水模拟区域的土壤垂直剖面情况准确地模型化，以实现对模型水收支成分的准确刻画。基于对淤地区域（地下水观测区域）土壤垂直剖面分层情况的钻孔调查结果，构建的土壤垂直剖面模型如图 5.18 所示，该模型与如图 5.10 所示的六道沟流域一般化土壤垂直剖面模型在结构上差别不大，两者都由坡面和河道构成，由坡面向河道的汇流过程也相同，只是淤地区域横向尺度较一般沟谷底部相对更大。考虑到淤地区域是在原始冲沟上经泥沙淤积所形成的，参照图 5.10 所示的流域土壤垂直剖面模型（已有的流域土壤垂直剖面调查结果）结合淤地区域的垂直剖面调查结果，将淤地区域的垂直剖面开发成矩形与三角形相结合断面形式，即自两侧坡面潜水流入位置（砂岩层表面）以下为三角形断面，以上为矩形断面。在沟谷区域，地下水（潜水）存在于砂岩层（冲沟）之上（淤地区域的底部，图 5.18）。

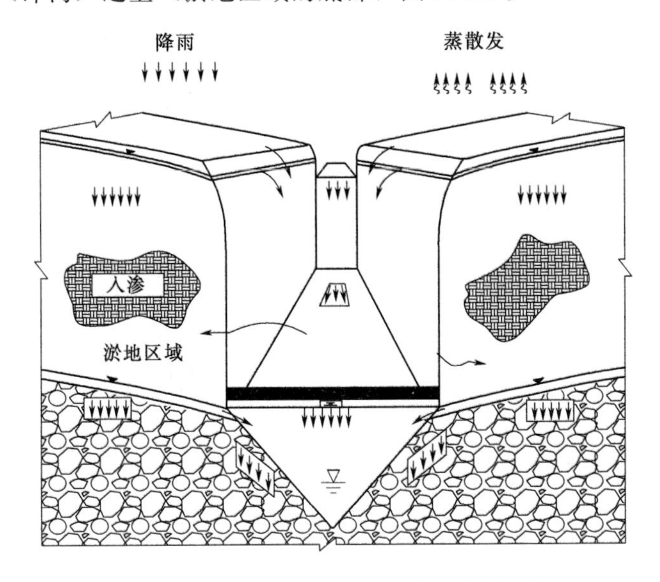

图 5.18 地下水计算区域的土壤垂直剖面模型

5.7.3.2 基础方程式

由于沟谷内（淤地区域）有自两侧坡面的流入成分，坡面上的地表径流和渗透流的计算公式与分布式水文模型所采用基础方程式相同，在此不再给出。由于淤地区域的横断面形式被开发为三角形和矩形相结合的形式，基于对淤地区域潜水水位观测结果的分析，沟谷部的潜水存在于沟谷部模型的三角形断面区域内，即其最高水位不会超过两侧坡面潜水流入沟谷部地下水所处的水平高度。同时，考虑到在地下水计算方法建立过程中，对复合断面形式的水位与流量关系率定的复杂性，即三角形断面的水位与流量关系和矩形断面的水位与流量的关系不能用同一函数表达，所以，在建立沟谷部地下水计算方法时，将其剖面在垂向上分为两层，第一层为自地面（沟谷/河床表面）到三角形断面顶部（矩形断面区域），第二层为三角形断面区域。沟谷部的地表径流和地下水计算方程式如下：

地表径流连续方程式：

$$\frac{\partial A}{\partial t}+\frac{\partial Q}{\partial x}=(r-\alpha)b_i+q_s,\quad \alpha=\begin{cases}E_w+f_1 & (h_i/\mathrm{d}t\geqslant E_w+f_1)\\ h_i/\mathrm{d}t & (h_i/\mathrm{d}t<E_w+f_1)\\ 0 & (h_i=0)\end{cases} \tag{5.7}$$

运动方程式（曼宁平均流速公式）：

$$v=\frac{1}{n}R^{\frac{2}{3}}I^{\frac{1}{2}} \tag{5.8}$$

$$Q=vA_i(h) \tag{5.9}$$

式中：q_s 为自坡面区间的单宽流入量，m^2/s；E_w 为水面蒸发，m/s；i 为纵向（水流方向）计算的空间栅格编号；其他因子和 3.4 节“基础方程式”中对应相同。

对在横向宽度上变化不明显的沟谷，模型计算过程中在水流方向各栅格处河宽 b 可以近似地认为是一个常数，而在本研究地下水计算区域（淤地区域），因其宽度自上端开始至下端的淤地坝为止，逐渐变宽且近似于均匀增加，所以在水流方向上各栅格处的宽度不能设为一个常数。各栅格处的宽度是利用对淤地区域上、下端宽度测量结果结合上下游之间的纵向距离经推算得到。水面蒸发（E_w）只在有地表径流产生的过程中考虑，利用研究区多年雨季的蒸发皿数据的平均值经推算得到，由 1d 序列的蒸发皿数据折合为 1s 序列的平均值，近似地代替模型计算过程中地表径流产生时段内的水面蒸发。

第一层渗透流连续方程式：

$$\lambda_1(1-S_{r1})\frac{\partial \overline{A}_1}{\partial t}+\frac{\partial \overline{Q}_1}{\partial x}=(f_1-ET-\beta)\overline{b}_1,$$

$$\beta=\begin{cases}f_2 & [\lambda_1(1-S_{r1})\overline{h}_1/\mathrm{d}t\geqslant ET+f_2]\\ \lambda_1(1-S_{r1})\overline{h}_1/\mathrm{d}t & [\lambda_1(1-S_{r1})\overline{h}_1/\mathrm{d}t<ET+f_2]\\ 0 & (\overline{h}_1=0)\end{cases} \tag{5.10}$$

式中：λ_1 为土壤有效空隙率；S_{r1} 为饱和度，%；$\overline{A}_1$ 为渗透流断面面积，m^2；$\overline{Q}_1$ 为渗透流流量，$m^3\cdot s^{-1}$；$\overline{b}$ 为渗透流宽度，m；f_2 为第二层平均渗透系数，$m\cdot s^{-1}$；ET 为蒸散发，$m\cdot s^{-1}$；$\overline{h}_1$ 为渗透流水深，m；β 为一引入参数，其大小按式（5.10）通过计算确定，$m\cdot s^{-1}$。

第二层渗透流连续方程式：

$$\lambda_2(1-S_{r2})\frac{\partial \overline{A}_2}{\partial t}+\frac{\partial \overline{Q}_2}{\partial x}=(f_2-\gamma)\overline{b}_2,\quad \beta=\begin{cases}f_3 & [\lambda_2(1-S_{r2})\overline{h}_2/\mathrm{d}t\geqslant f_3]\\ \lambda_2(1-S_{r2})\overline{h}_2/\mathrm{d}t & [\lambda_2(1-S_{r2})\overline{h}_2/\mathrm{d}t<f_3]\\ 0 & (\overline{h}_2=0)\end{cases} \tag{5.11}$$

式中：γ 为一引入参数，其值按式（5.11）通过计算确定，$m \cdot s^{-1}$；f_3 为砂岩层的渗透系数，$m \cdot s^{-1}$；其他因子与式（5.10）相对应，只是层号发生了变化。

渗透流运动方程式（达西公式）：

$$\bar{v}_j = k_j \frac{d\bar{h}_j}{dx} \tag{5.12}$$

式中：j 为层号，1～2；其他各因子与3.4节“基础方程式”中对应相同。

5.7.3.3 有限差分

采用后退差分法对地表径流和地下水的连续方程式进行差分，以沟谷部地表径流和第一层地下水计算为例，给出差分式如下：

地表径流连续方程式［式（5.7）］的差分式：

$$A_i^{n+1} = A_i^n + dt\left\{[r(t) - \alpha]b_i + q_s - \frac{Q_i^n - Q_i^{n-1}}{dx}\right\} \tag{5.13}$$

第一层渗透流连续方程式的差分式：

$$\bar{A}_i^{n+1} = \bar{A}_i^n + \frac{dt}{\lambda(1 - S_r)}\left[(f_1 - ET - \beta)\bar{b}_i - \frac{\bar{Q}_i^n - \bar{Q}_i^{n-1}}{dx}\right] \tag{5.14}$$

式中：n 为计算的时间次序编号；i 为水流方向上栅格的编号；其他因子与前述对应相同。

第二层渗透流连续方程式差分形式与第一层相同，只是层号发生了改变；坡面区间地表流和地下水的差分方案与3.6.2节“降雨-径流基础方程式的差分公式”中所述相同，有关内容在此略去。

5.7.3.4 定解条件

（1）初始条件。沟谷部两侧地表径流计算的初始条件为：坡面最顶端的初始流量设为0。渗透流（地下水）计算的初始条件为：坡面及沟谷部第一层的初始水深为0。沟谷部第二层的初始水深通过钻孔调查确定，其具体过程为：首先，在沟谷纵方向自上端开始向下端（淤地坝）进行钻孔调查，测定各钻孔处潜水含水层的厚度（水深）；而后，砂岩层表面在纵向上的坡度被设定为常数，根据多点调查结果，确定沟谷部地下水纵向的初始水深分布。因为坡面区间自地面至砂岩层的距离超过20m，其第二层的地下水初始水深通过直接测量的方法难于实现，所采取的确定坡面区间第二层初始水深的方法为：①在沟谷部下游测量地下水出流量（地下水出流地点，图5.17），该流量相对稳定，年间除冬季被冻结以外其他时间没有明显的变化，测量方法为采用流量计直接测量流速，并测量地下水出流处的断面面积将流速转换成流量；②人为设定沟谷部自第一层向第二层的渗透量为0，同时设定两侧坡面第二层渗透流均匀地流入到沟谷部的第二层地下水，利用模型进行数值模拟，以观测的地下水流量为基准，通过检验模拟误差（计算值和观测值之间的误差），调整坡面区间第二层的地下水深并反复计算，直到计算值与观测值（观测的地下水出流量和模型计算的地下水出流量）接近一致为止，此时的坡面区间第二层水深设定为模型计算的初始水深。

（2）边界条件。饱和渗透理论的计算方法如下：第一层土壤的最小饱和度$S_{r\min}$设为0.10，达到土壤持水率时的饱和度为$S_{r\max}=0.80$。当第一层的饱和度在$S_{r\min}<S_r<S_{r\max}$之间变动时，第一层向第二层的渗透不能发生，此时第一层土壤中水分的主要运动形式是与地表水及大气水分之间的交换。当第一层的饱和度S_r达到$S_{r\max}$时，由第一层向第二层产生渗透。当$S_r>S_{r\max}$时，即达到超饱和状态时，第一层内产生横向渗透流。由于第二层土壤的饱和度相对稳定，不受蒸散发的直接影响，所以其饱和度设为一个定值（表5.7）。

垂向渗透计算的边界条件由式（5.7）、式（5.10）及式（5.11）所示（大括弧中的判断条件），即第一层的实际渗透系数必须依赖于地表水深，而自第一层向第二层的实际渗透系数依赖于第一层地下水的水深，即垂向渗透计算边界条件通过计算而确定。

沟谷部（淤地区域）上游端的地表流入量（图5.18）为模型计算在每一个时间步长上沟谷部上端地表径流计算的边界条件，本研究中沟谷部上游的地表流入量利用本章中构建的六道沟流域分布式水文模型的对降雨-径流计算区域（图5.17，地表径流观测点断面上游集水区，图5.11）的数值计算结果。

5.7.3.5 计算参数

用于模型计算的参数见表5.7，坡面区间计算参数与分布式水文模型降雨-计算参数在数值上接近（表5.4），没有明显的差别，个别参数的变动范围位于合理的区间内。

表5.7 主要计算参数索引

参数	沟谷部		坡面	
糙率 $n/(\mathrm{s\cdot m^{-1/3}})$	0.08		0.12	
层厚/m	第一层	2.0	第一层	0.20
	第二层	—	第二层	20
孔隙率 λ	第一层	0.45	第一层	0.35
	第二层	0.30	第二层	0.25
横向渗透系数 $k/(\mathrm{m\cdot s^{-1}})$	第一层	1.2×10^{-3}	第一层	1.0×10^{-3}
	第二层	5.0×10^{-5}	第二层	3.0×10^{-5}
垂向渗透系数 $f/(\mathrm{m\cdot s^{-1}})$	第一层	8.0×10^{-6}	第一层	3.0×10^{-6}
	第二层	2.5×10^{-7}	第二层	2.0×10^{-7}
	砂岩	1.2×10^{-8}	砂岩	1.2×10^{-8}
饱和度 S_r	第一层：$S_{r\min}$：0.10；第一层：$S_{\max}$：0.80；第二层：S_r：0.50			

5.7.4 模型检验

通过对观测地下水位的数值模拟检验模型的实用性，在地下水观测点 $G1$ 和 $G2$ 获得了 2006 年的同期地下水（潜水）数据，对 $G1$ 和 $G2$ 点地下水水位模拟的结果如图 5.19 所示。

由图 5.19 可知，模型计算结果对观测地下水位的变动过程很好地进行了再现，$G1$、$G2$ 两点地下水位的模拟过程线和观测地下水位过程线的拟合度很高。$G1$ 点的观测值相比于计算值在地下水水位较低期间（雨季）呈现出频繁的波动，其原因是在观测点 $G1$ 周围零散分布着高大的灌木，由于夏季温度相对较高，在日间蒸腾作用下，灌木根系直接吸取潜水，造成了潜水消耗，从而导致潜水水位下降，而夜间蒸腾作用减弱或消失，地下水获得补给后水位上升，从而 $G1$ 点的观测水位在雨季出现了频发的日变动现象（Bulter 等，2007）。

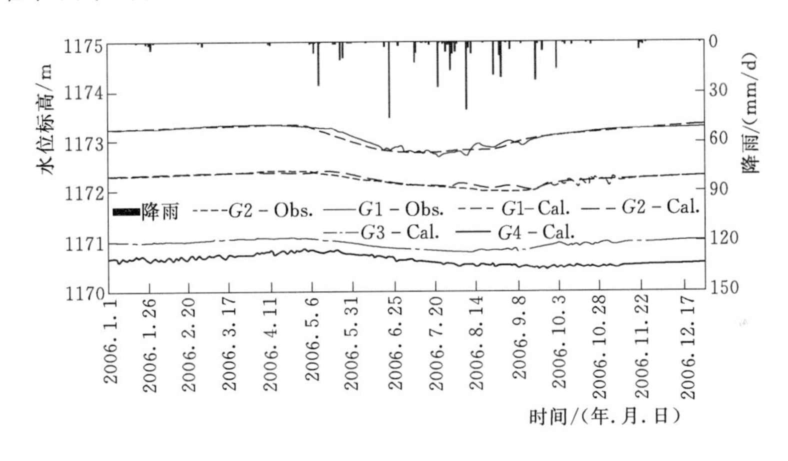

图 5.19 沟谷部地下水（潜水）模拟结果

图 5.19 中 $G1$ - Obs.、$G2$ - Obs. 分别指 $G1$ 和 $G2$ 点的观测水位数据；$G1$ - Cal.、$G2$ - Cal. 分别指 $G1$ 和 $G2$ 点的计算值；$G3$ - Cal.、$G4$ - Cal. 分别为计算方向（沟谷纵向）位于 $G2$ 点下游侧，距离 $G2$ 分别为 $4\Delta x$ 和 $6\Delta x$ 位置的地下水水位计算值。

利用式（3.48）和式（3.49）分别对如图 5.19 所示的模拟结果进行误差计算和模型效率系数（NSE）计算，其误差小于 0.006，NSE 大于 0.93，说明模型适用于黄土高原北部沟壑区沟谷部地下水（潜水）的模拟和计算。

利用模型计算，对沟谷部水流纵向运动方向上，在计算的空间步长上位于 $G2$ 点下游侧的两点（距离 $G2$ 的距离分别为 $4\Delta x$ 和 $6\Delta x$，记为 $G3$、$G4$）的同期地下水水位进行了模拟，其结果如图 5.19 所示。$G3$、$G4$ 两点所在位置的植被类型为草地，两点同期地下水位的变化过程相似。

5.7.5 模型结构和构建上的局限性

本研究构建的沟谷部地下水计算模型，是区域性地下水计算模型，其计算区域为非闭合区域，水流入成分除降雨之外，包括两侧坡面的地表径流和地下水流入成分以及自上游流入的地表径流。模型在结构上包括沟谷部两侧坡面，模型计算边界条件的确定过程比较复杂。上游和两侧的地表径流的流入成分（沟谷部地表径流计算的边界条件）可以利用本研究构建的适用于六道沟流域降雨-径流过程分布式水文模型通过计算得到，沟谷部第二层地下水计算的边界条件为动边界条件，其计算初始时刻的边界条件通过5.7.3.4节“定解条件”中所述方法确定，采用了对计算区域实测的地下水出流量作为参考数据，利用模型海量计算反演该地下水出流量的方法确定，在实际运用中困难很大。

模型构建过程中，参考了分布式水文模型地表径流和地下水计算模块的构建方法，算法相对简单，且利用了同一流域分布式水文模型的计算结果，所以，得到了对沟谷部观测地下水位高精度的数值模拟结果，但模型在应用上的局限性很大。理论上，模型对地下水的计算，需要计算区域所有的水流入成分的基础数据，而地表径流和地下水的流入动态过程导致了难于准确地对各种流入成分进行确定，从而导致模型很难应用于不同地区的区域性地下水计算中。在同一地形条件（水文地质）下结合分布式水文模型应用基础之上或计算期间地表和地下水文数据齐全的情况下，可以支撑对边界条件的准确率定，该模型对区域地下水的模拟才可以进行。从模型的模拟功能来看，一维数值模型只能模拟地下水水位的变动过程，不能描述地下水在纵向和横向的运动过程，对区域性地下水运动过程准确的刻画，需构建区域性地下水平面二维或三维数值模型才可以实现。

5.8 土壤水分模拟

5.8.1 土壤水研究概述

土壤水分是地表水和地下水交换的媒介，两者通过土壤水进行动态交换、更新与补充（张俊娥等，2011）。土壤水是植物生长所需水分最重要的来源，鉴于土壤水分在水循环以及对植物生长的重要性，很多学者开展了有关土壤水的研究（易秀等，2007）。黄土高原北部的水蚀风蚀交错地带，由于水土流失严重和表土沙化，导致土壤质地变差，土壤水资源形势严峻（佘冬立，2009）。淤地坝作为减轻黄土高原水土流失的代表性工程措施，不但有效地减轻了水土流失，同时也对区域性水资源的再分布产生了重要影响，对区域性水文循环过程起到良好的调配作用（张勇，2007），淤地坝在黄土高原地区对于提高区域水资源的利用效率，实现区域生态系统结构的优化配置以及生态环境的良性循环，有效地缓解区域性干旱现状等方面都发挥着重要的作用（毕慈芬等，2009）。所以，对淤地区域的土壤水分进行研究，揭示其运动特性，可为淤地区域土壤水分循环的研究提供基础数据，对水蚀风蚀交错区发展区域性农业生产具有重要的意义。

以构建数值模型为手段对土壤水分的研究较多，国内外多位学者基于Richards非饱和土壤水分运动基本方程开展了土壤水分动态分析和模拟的研究（Kirkland等，1992；Lee等，2010）。在黄土高原地区，周立花等（2006）以黄土高原绥德地区的一座淤地坝为研究对象，通过实测取样方法讨论了淤地坝对土壤水分的影响；邸苏闯等（2012）运用修正的水量平衡模型对黄土高原地区的土壤水分进行了模拟。迄今为止，围绕黄土高原淤地区域土壤水分开展的研究不多，通过建立模型对淤地区域土壤水分进行模拟的研究相对缺乏。本研究中，利用Richards方程式构建不饱和土壤渗透模型，对六道沟流域一处淤地坝上游侧的淤地区域及其坡面上的土壤水分进行模拟，以期为黄土高原北部淤地区域土壤水分的深入研究提供部分基础数据和方法上的借鉴。

5.8.2 基础数据

在如图5.17所示的淤地区域地下水观测点$G2$处开展了土壤水观测（土壤水分观测点记为$S1$），另一点土壤水分观测位于如图5.4所示的淤地区域右侧的坡面上（记为$S2$点）。确定某一深度土层的水分的源汇项是研究土壤水分运动的前提条件，蒸散发作为研究区土壤水分的主要支出项（汇），其估算的准确程度也是确定水分有效性参数的主要影响因素（李笑吟等，2006）。淤地区域土壤水量传导与蒸散发密切相关，土壤含水量的模拟精度也受到蒸散发量的直接影响。因为两个土壤水分观测点处的植被类型是草地，以本章前述利用彭曼-蒙蒂斯公式（P－M）模型计算的草地蒸散发结果，作为土壤水分模拟过程中的蒸散发支出项。雨量数据采用与$S1$、$S2$两点土壤水分数据同期观测的降雨数据（观测地点，图5.4）。

5.8.3 模型构建

5.8.3.1 基础方程式

基于非饱和土壤水分运动基本方程［Richards方程，式（5.15）］构建一维点尺度土壤水分运动计算模型。

$$\frac{\partial\theta}{\partial t}=\frac{\partial}{\partial z}\left[D_z(\theta)\frac{\partial\theta}{\partial z}\right]+\frac{\partial K(\theta)}{\partial z} \tag{5.15}$$

式中：t为时间因子；z为垂向空间因子；θ为计算土层中的土壤体积含水量，cm^3/cm^3；$D_z(\theta)$为土壤水分垂向扩散速率，cm^2/s；因为计算只考虑土壤水分的垂向运动；$K(\theta)$为计算土层的垂向导水率，cm/s；此处，$\frac{\partial K(\theta)}{\partial z}$为计算土层的土壤水分的源汇项，本次构建模型中，因为只考虑土壤水分的垂向运动，故其为一维向量，可以用一个变量代替，设$\frac{\partial K(\theta)}{\partial z}=M$。

5.8.3.2 模型结构

在研究区内，由于草的根系深入土壤较浅，草地蒸散发主要由自地面开始0～30cm土层的土壤含水量提供。通过对观测得到的土壤含水量数据（观测点$S1$、$S2$，观测深度为5cm、15cm、30cm）的分析可知，与地面以下20cm和30cm相比，地面以下5cm处的土壤水分的波动更加频繁，而深度为20cm、30cm的土壤水分相对稳定，说明在作物生长期内，因为草的根系较浅，其蒸散发对表层土壤含水量的影响相对更大。基于以上分析结果结合对土壤垂直剖面物理性质的调查，将土壤水分观测深度范围内的0～30cm土层在垂向上分为两层，第一层厚度为10cm，第二层20cm，以观测得到的地面以下5cm的土壤含水量作为第一层土壤的平均含水量，以地面以下20cm和30cm同期土壤含水量的均值，作为计算期间内第二层土壤含水量，模型计算时，只对第一层土壤含水量进行模拟，第二层土壤含水量作为模型计算的下边界条件。

5.8.3.3 有限差分

利用有限差分方法，对式（5.15）在时间和空间上离散化，以1d为时间步长（Δt），垂向空间计算设第一层（表层）的厚度为10cm（Δz），采用后退差分和中间差分相结合的差分方案，采用后退差分法是模型计算需要依赖于土壤的上边界条件，中间差分是二次精度差分，可以实现对土壤水分较高精度的计算，差分式如下：

$$\theta_i^{n+1}=\theta_i^n+\frac{\Delta t D(\theta)(\theta_{i+1}^n-2\theta_i^n+\theta_{i-1}^n)}{(\Delta z)^2}+M\Delta t \tag{5.16}$$

式中：n、i分别为计算的时间和空间离散点的次序编号；θ_i^{n+1}为第i层土壤第$n+1$时刻的土壤含水量，cm³/cm³；θ_i^n为第i层土壤第n时刻的土壤含水量，cm³/cm³；θ_{i+1}^n为第$i+1$层土壤第n时刻的土壤含水量，cm³/cm³；θ_{i-1}^n为第$i-1$层土壤第n时刻的土壤含水量，cm³/cm³；其他因子与前述对应相同。

5.8.3.4 定解条件

模型计算需设置定解条件，包括初始条件和边界条件，初始条件为计算开始时刻各土壤水分观测点的第一层土壤含水量；边界条件包含上、下边界条件，上边界条件为虚设的表层以上土壤含水量（θ_0^n），下边界为第二层土壤各时刻的土壤含水量θ_2^n。

5.8.3.5 计算参数

如上所述，M为第一层土壤垂向源汇项，即各计算时间步长的第一层垂向水收支量，其值由式（5.17）～式（5.20）计算得到。

$$M=(f_1\Delta t-f_2\Delta t-\alpha ET)/(\lambda\Delta z) \tag{5.17}$$

$$f_1=\begin{cases}f_1 & (h_0/\Delta t\geqslant f_1)\\ h_0/\Delta t & (h_0/\Delta t<f_1)\\ 0 & (h_0=0)\end{cases} \tag{5.18}$$

$$\alpha=\frac{\Delta\theta_1}{\Delta[(\theta_1+\theta_2)/2]}=\frac{\theta_1^n-\theta_1^{n-1}}{(\theta_1^n+\theta_2^n-\theta_1^{n-1}-\theta_2^{n-1})/2} \tag{5.19}$$

$$f_2=\begin{cases}f_2 & (\lambda h_1/\Delta t-\alpha ET\geqslant f_2)\\ \lambda h_1/\Delta t-\alpha ET & (\lambda h_1/\Delta t-\alpha ET<f_2)\\ 0 & (h_1=0)\end{cases} \tag{5.20}$$

式中：f_1、f_2 分别为第一层与第二层土壤水分垂向平均渗透速率，cm/s；h_0 为由降雨与地表径流换算的水深，cm；α 为一引入系数，取值范围在 0～1 之间，作为第一层不同土壤含水量情况下蒸散发的计算系数；λ 为第一层土壤有效孔隙率；h_1 为第一层土壤中由土壤含水量换算的水深，cm；其他因子同前述对应相同。

M 的值根据每一个计算时间步长上通过第一层土壤垂向上各源汇项的计算而得到 [式 (5.17)]，其中第一层土壤的水收入成分（源）为来自地表的入渗项 f_1，其值由地表水深和计算的时间步长 Δt 通过式 (5.18) 计算确定；第一层土壤的水分支出项（汇）包括蒸散发和向下的入渗项 f_2，f_2 通过式 (5.20) 计算得到，计算时，将第一层土壤含水量折算成水深，并通过计算 $\lambda h_1/\Delta t$，扣除第一层土壤水分提供的蒸散发量 αET 后得到。

对于第一层土壤蒸散发量的推求，计算过程中，假设第一层土壤水分在提供其承担的蒸散发（草的根系在第一层土壤的吸水量）之后，发生向下一层土壤的入渗，所以确定 f_2 的前提是计算由第一层土壤提供的蒸散发量。考虑到研究区草地蒸散发对土壤水分的影响深度，模型中蒸散发主要由分层后的两层土壤提供，引入一个变量 α，作为第一层土壤所提供蒸散发量占每一个计算时段内蒸散发量的比例系数，用以近似模拟第一层土壤承担的蒸散发量 (αET)。计算过程的每一个时间步长上，α 由式 (5.19) 经计算确定，即 α 在每一个时间步长上的值通过第一层土壤含水量的日变化值与同期两层土壤含水量平均值的变化来确定。计算时，当第一层土壤含水量超过某一值时，认为蒸散发量全部由第一层土壤水分供给，下层土壤水分不受消耗，而当第一层土壤含水量低于某一值时，第一层土壤蒸散发量设为 0，此时的蒸散发全部由下层土壤水分供给。以淤地区域的 $S1$ 点为例，当第一层土壤含水量达到 $0.23\text{cm}^3/\text{cm}^3$ 时（第一层饱和含水量），α 取 1；而当第一层土壤含水量低于 $0.008\text{cm}^3/\text{cm}^3$（第一层凋萎点）时，$\alpha$ 取 0；当第一层土壤含水量在 $0.008\sim0.230\text{cm}^3/\text{cm}^3$ 范围变化内时，α 通过式 (5.19) 计算得到。

模型中土壤物理性参数包括各层土壤的土层厚度、垂向平均渗透速率、土壤水分扩散率（垂向）、土壤有效孔隙率等。其中土层厚度由多点钻孔调查确定，土壤水分扩散率（垂向）利用第一层土壤的平均渗透系数 f_1 和层厚近似推求，各层垂向平均渗透速率利用野外简易渗透实验确定，土壤有效孔隙率利用简易渗透实验结合土壤物理性参数之间的关系通过换算率定（Qi 等，2014），通过以上方法和手段率定的用于计算的主要参数见表 5.8。

表 5.8　　土壤水分模拟主要参数

位置	土　层	层厚/cm	参数	定　义	变化范围/取值	单位
淤地区域（S1）	第一层土壤（0～10cm）	10	f_1	垂向平均渗透速率	$a\times10^{-4}$	cm/s
			D	土壤水分扩散率	$b\times10^{-3}$	cm^2/s
			λ	土壤有效孔隙率	0.25	—
	第二层土壤（10～30cm）	20	f_2	垂向平均渗透速率	$c\times10^{-5}$	cm/s
坡面（S2）	第一层土壤（0～10cm）	10	f_1	垂向平均渗透速率	$d\times10^{-4}$	cm/s
			D	土壤水分扩散率	$e\times10^{-3}$	cm^2/s
			λ	土壤有效孔隙率	0.2	—
	第二层土壤（10～30cm）	20	f_2	垂向平均渗透速率	$f\times10^{-4}$	cm/s

注　a 为 1～9，b 为 1～4，c 为 1～3，d 为 1～4，e 为 1～6，f 为 1～3。

5.8.4　结果及讨论

5.8.4.1　数值模拟及模型检验

自 2009 年 5 月至 10 月，通过观测和利用分布式水文模型计算获取了土壤水分模拟的各种数据（包括 S1、S2 两点的观测土壤水分数据、用于蒸散发计算的气象数据以及利用分布式水文模型计算得到的地表径流数据），所以取该时段进行模型计算，该时段涵盖了研究区 2009 年整个雨季和作物生长期，利用模型计算得到研究时段内 S1、S2 两点第一层逐日土壤含水量的模拟结果（图 5.20）。

由图 5.20 可知，S1、S2 两点 10cm 厚土层的平均土壤含水量的观测曲线和模拟曲线之间整体上拟合度很高，说明模型计算参数和数值模拟的精度较高。但个别时段上存在比较明显的差别。与降雨相对集中的 6—9 月相比，5 月和 10 月的土壤水分模拟精度更高，对有集中降雨发生期间模拟结果的考察可知，与无雨日相比，这些时间点上模拟值和实测值都出现较大程度的波动，且土壤水分的计算值一般小于实测值，说明模型对集中降雨发生时期内土壤水分频繁波动时段反应的灵敏度不高，模拟功能不强，效果较差。在计算时段内淤地区域仅产生了 6 次径流，且日径流量均偏小，其对表层土壤水分含量没有产生明显的影响。

采用相关系数 r［式（5.21）］评价土壤水分实测序列与计算序列的相关程度，利用 Nash－Sutcliffe 系数（NSE）［式（3.49）］评价模型效率。

$$r=\frac{\sum_{i=1}^{n}(Y_i-\overline{Y})(X_i-\overline{X})}{\sqrt{\sum_{i=1}^{n}(Y_i-\overline{Y})^2\sum_{i=1}^{n}(X_i-\overline{X})^2}} \tag{5.21}$$

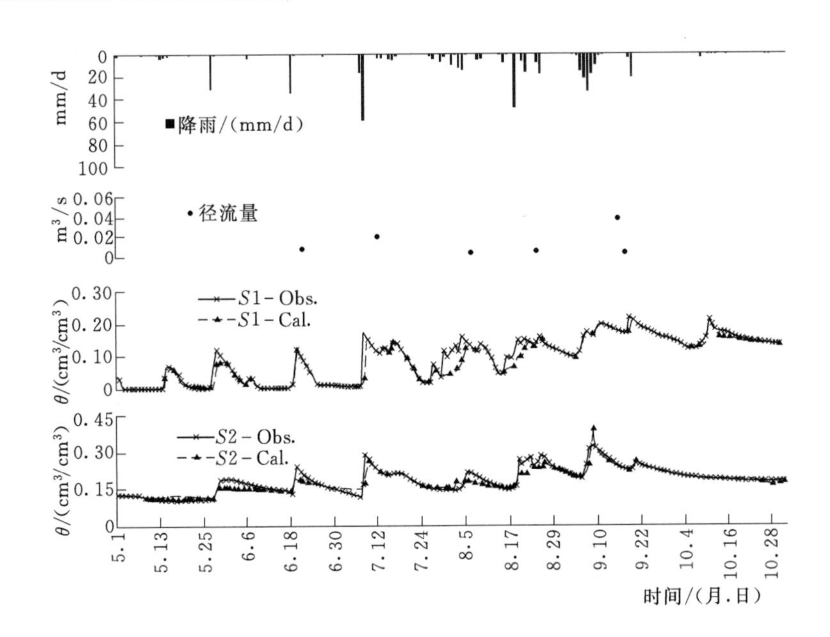

图 5.20 观测降雨、计算径流量及第一层（0～10cm）土壤水分模拟结果（2009年5月1日至10月31日）

S1-Obs.—S1点自地面起10cm厚土层土壤含水量的观测值；S1-Cal.—S1点自地面起10cm厚土层土壤含水量的计算值；S2-Obs.—S2点观测值；S2-Cal.—S2点计算值

式中：Y_i 为实测值；X_i 为计算值；$\overline{Y}$为实测值的均值；$\overline{X}$为计算值的均值；i 为计算次序上的编号；n 为数据个数（计算次数）。

S1 和 S2 两点土壤含水量计算序列和观测序列的相关系数及 NSE 计算结果见表 5.9。两点土壤含水量的计算值与实测值之间的相关系数都在 0.92 以上，NSE 在 0.91 以上，说明模型的模拟精度较高，模型参数的率定结果良好，因此该模型可以对研究区土壤水分运动过程进行较高精度的模拟。

表 5.9 观测土壤水分序列和模拟序列的相关系数及模型效率系数（NSE）

参数观测点	r	NSE
S1	0.94	0.91
S2	0.92	0.96

5.8.4.2 模型局限性及其他

如图 5.20 所示的 S1 和 S2 土壤水分实测值和模拟值之间误差较大的情况均发生在有集中降雨事件发生的时段内，对这些时段数值模拟精度偏低的主要原因是：本研究中开发的点尺度土壤水分计算模型，仅考虑水分的垂向收支过程，忽略了横向渗透的影响，而在集中降雨发生期间，在满足土壤横向渗透产流条件下，伴随雨水的垂向入渗发生横向渗透，对模型计算结果产生了较大的影响，本研究构建的土壤水分计算模型在模拟功能上存在缺陷。

该模型主要针对表层土壤水分模拟而构建，所需输入数据为降雨、蒸散发、径流（存在情况下）以及初期土壤含水量，模型的数据输入量较大，对于基础数据相对缺乏的地区，模型的应用会受到较大的限制。

在本章的5.7节“沟谷部的地下水模拟”中，采用饱和渗透理论结合运动波基础方程式构建了对沟谷部（淤地区域）潜水模拟的数值模型，且模型的计算精度较高。该地下水模型在研究区域应用过程中，对淤地区域自地面开始至深度为2.0m（表5.7）土层的饱和度进行了计算（饱和度可以换算成土壤含水率），但在文中没有给出计算结果，其原因是，在5.7节“沟谷部的地下水模拟”中构建的模型主要是针对地下水（潜水）计算，沟谷部的第一层厚度设为2.0m，没有该深度的观测土壤水分数据进行比较，同时，与本节中构建的针对植被影响较大的表层土壤含水量的土壤水计算模型相比，两个模型计算的表层土壤厚度在尺度上差别较大，所以，不能对利用两个模型计算得到的土壤水分数值结果进行比较和分析。

本节中构建的土壤水分计算模型，可以为研究区所在地区土壤水分运动模拟的研究提供方法上的参考。

5.9 本章总结

在本章所述的研究内容中，首先，阐述了基于运动波基础方程式结合GIS技术构建适用于黄土高原北部沟壑地形的分布式水文模型，以及模型在六道沟流域降雨-径流计算中的实用性和计算精度的验证过程，对六道沟流域计算区域2005—2009年的降雨-径流过程进行了计算。接下来，基于饱和渗透理论结合运动波方程式构建了研究区沟谷部（淤地区域）的一维地下水（潜水）计算模型，通过对观测地下水位的模拟检验了模型的适用性，该模型计算用到了同一流域分布式水文模型的部分参数和模型计算期间地表径流计算结果。在本章的最后，基于不饱和渗透理论的基础方程式（Richards方程）构建了适用于研究区表层土壤水分模拟的计算模型。

主要结论如下：

（1）基于六道沟流域的地形条件构建的分布式水文模型对六道沟流域降雨-径流过程的计算具有很高的精度，模拟误差小于0.03，模型效率系数*NSE*在0.90以上；根据2005—2009年降雨-径流的计算结果推求了研究区各计算年的径流系数，并近似地推求出六道沟流域所在地区的年径流系数在0.10左右。

（2）基于饱和渗透理论结合运动波基础方程式构建的沟谷部一维地下水计算

模型具有较高的计算精度，数值模拟误差小于0.01，*NSE*大于0.90，适用于对研究区各沟谷部地下水（潜水）的计算。

（3）基于不饱和渗透理论的基础方程式（Richards 方程）构建的土壤水分计算模型适用于对研究区坡面和沟谷部（淤地区域）表层土壤水分的模拟和计算，模型的计算精度较高，10cm厚土层土壤水分的模拟序列和观测序列的相关系数在0.92以上，*NSE*在0.91以上。

本研究中基于六道沟流域的地形和基础水文地质条件构建的分布式水文模型、沟谷部一维地下水计算模型以及土壤水分计算模型，以期为黄土高原北部水蚀风蚀交错带沟壑区各小流域地表和地下水资源的评估提供计算方法，为该地区基于分布式水文模型搭建流域水文模型平台提供研究基础。

由于实际调查手段、技术以及调查时间等所限，对研究区六道沟流域地形、水文地质条件、植被分布等情况的调查尚不够翔实，而流域的下垫面的物理性条件也存在时空上的动态分异特性，加之可利用的水文数据相对缺乏（如地表径流和地下水的长序列数据），本研究中所构建的模型均不同程度地存在结构或功能上的缺陷，导致其在不同地区同类研究中应用的可推广性不强。同时，基于现有的对六道沟流域模型研发的有关研究基础，难于将分布式水文模型、地下水计算模型和土壤水计算模型进行整合，这是当前研究的主要不足之处。

参考文献

[1] Am Broise B, Beve N K, Freer J. Toward a generalization of the TOPMODEL concepts: topographic indices of hydrological similarity [J]. Water Resources Research, 1996, 32: 2135-2145.

[2] Apaydin H, Erpul G, Bayramin I, et al. Evaluation of indices for characterizing the distribution and concentration of precipitation: a case for the region of Southeastern Anatolia Project, Turkey [J]. Journal of Hydrology, 2006, 328: 726-732.

[3] Bulter J J, Kluitenbergm G J, Whittemore D O, et al. A field investigation of phreatophyte-induced fluctuations in the water table [J]. Water Resources Research, 2007, 43, W02404, DOI: 10. 1029/2005 WR004627.

[4] Chen C L. Rainfall intensity - duration - frequency formulas [J]. Journal of Hydraulic Engineering, ASCE, 1983, 109 (12): 1603-1621.

[5] de Lima J L M, Singh V P. The influence of the pattern of moving rainstorms on overland flow [J]. Advances in Water Resources, 2002, 25: 817-828.

[6] Dickinson R E. Modeling evapotranspiration for three - dimensional climate models [M]. Climate processes and climate sensitivity. In: Geophys. Monogr. 29, Am. Geophys. Union. 1984.

[7] Guo T L, Wang Q J, Li D Q, et al. Sediment and solute transport on soil slope under simultaneous influence of rainfall impact and scouring flow [J]. Hydrological Processes,

2010, 24 (11): 1446 - 1454.

[8] He X B, Li Z B, Hao M D, et al. Down scale analysis for water scarcity in response to soil - water conservation on Loess Plateau of China [J]. Agriculture, Ecosystems and Environment, 2003, 94: 355 - 361.

[9] Hinokidani O, Huang J B, Yasuda H, et al. Annual water balance of a small basin in the northern Loess Plateau in China [J]. Journal of Arid Land Studies, 2010a, 20 (3): 167 - 172.

[10] Hinokidani O, Huang J B, Yasuda H, et al. Study on surface runoff characteristics of a small ephemeral catchment in the northern Loess Plateau, China [J]. Journal of Arid Land Studies, 2010b, 20 (3): 173 - 177.

[11] Huang J B, Hinokidani O, Yasuda H, et al. Study on characteristics of the surface flow of the upstream region of Loess Plateau [J]. Annual Journal of Hydraulic Engineering, JSCE, 2008, 52: 1 - 6.

[12] Huang J B, Li J, Yasuda H, et al. Rainfall characteristics of the Liudaogou Catchment on the northern Loess Plateau of China [J]. Journal of Rangeland Science, 2013, 3 (3): 252 - 264.

[13] Huang M B, Gallichand J, Zhang P C. Runoff and sediment responses to conservation practices: Loess Plateau of China [J]. Journal of the American Water Resources Association, 2003, 39 (5): 1197 - 1208.

[14] Hunukumbura P B, Tachikawa Y, Ichikawa Y, et al. Extending a storage - discharge relationship for subsurface flow modeling in dry mild - slope basins [J]. Annual Journal of Hydraulic Engineering, JSCE, 2009, 53: 25 - 30.

[15] Huo Z, Shao M A, Horton R. Impact of gully on soil moisture of shrubland in wind - water erosion crisscross region of the Loess Plateau [J]. Pedosphere, 2008, 18 (5): 674 - 680.

[16] Jiang N, Shao M A, Hu W, et al. Characteristics of water circulation and balance of typical vegetations at plot scale on the Loess plateau of China [J]. Environmental Earth Sciences, 2013, 70: 157 - 166.

[17] Kimura R, Fan J, Zhang X C, et al. Evapotranspiration over the grassland field in the Liudaogou Basin of the Loess Plateau, China [J]. Acta Oecologica, 2005, 29: 45 - 53.

[18] Kinnell P I A. Raindrop - impact - induced erosion processes and prediction: a review [J]. Hydrological Processes, 2005, 19: 2815 - 2844.

[19] Kirkland M R, Hills R G, Wierenga P J. Algorithm for solving Richards equation for variably saturated soils [J]. Water Resources Research, 1992, DOI: 10.1029/92WR00802.

[20] Krüger S, Rutschmann P. Modeling 3D supercritical flow with extended shallow - water approach [J]. Journal of Hydraulic Engineering, ASCE, 2006, 132 (9): 916 - 926.

[21] Lee L M, Kassim A, Gofar N. Performances of two instrumented laboratory models for the study of rainfall infiltration into unsaturated soils [J]. Engineering Geology, 2010, 117 (1): 78 - 89.

[22] Li F, Cook Geballe S G T, Burch W R. Rainwater harvesting agriculture: an integrated

system for water management on rain-fed land in China's semiarid areas [J]. AMBIO, 2000, 29 (8): 477-483.

[23] Liu L, Liu X H. Sensitivity analysis of soil erosion in the Northern Loess Plateau [J]. Procedia Environmental Sciences, 2010, 2: 134-148.

[24] Lu C H, Ittersum M K. A trade-off analysis of policy objectives for Ansai, the Loess plateau of China [J]. Agriculture Ecosystems & Environment, 2004, 102: 235-246.

[25] Mori K, Tawara Y, Tada K, et al. Numerical modeling for simulating fate and reactive transport processes of nitrogen in watershed and discussion on applicability to actual fields [J]. Journal of Groundwater Hydrology, 2016, 58 (1): 63-86.

[26] Nguyen D K, Shi Y E, Wang S S Y, et al. 2D shallow-water model using unstructured finite-volume methods [J]. Journal of Hydraulic Engineering, ASCE, 2006, 132 (3): 258-269.

[27] Pao S Y, Tao C Y, Chin S L. Regional rainfall intensity formulas based on scaling property of rainfall [J]. Journal of Hydrology, 2004, 295 (1-4): 108-123.

[28] Qi Y, Huang J B, Zhao Y S, et al. Research on infiltration rate of topsoil in combination with steady infiltration model and penetration resistance test [A]. Proceeding of the 4th international conference on civil engineering and transportation, 744-746: 1113-1119, Dec. 24-25, 2014, Xiamen, China.

[29] Saito Y, Suzuki A, Itou S. Development of water cycle analysis program (WCAP) based on quasi-3 dimensional multilayer groundwater model [J]. Journal of Hydraulic, Coastal and Environmental Engineering, 2006, 810 (Ⅱ-74): 1-15. (in Japanese with English abstract)

[30] Shi H, Shao M A. Soil and water loss from the Loess plateau in China [J]. Journal of Arid Environments, 2000, 45 (1): 9-20.

[31] Tasumi M, Kimura R. Estimation of volumetric soil water content over the Liudaogou river basin of the Loess Plateau using the SWEST method with spatial and temporal variability [J]. Agricultural Water Management, 2013, 118: 22-28.

[32] Wang Y Q, Zhang X. C, Huang C Q. Spatial variability of soil total nitrogen and soil total phosphorus under different land uses in a small watershed on the Loess Plateau, China [J]. Geoderma, 2009, 150 (1-2): 141-149.

[33] Xu X Z, Zhang H W, Zhang Q Y. Development of check dam system in gullies on the Loess Plateau, China [J]. Environmental Science and Policy, 2004, 7: 79-86.

[34] Yoon T H, Kang S K, Finite volume model for two-dimensional shallow water flow on unstructured grids [J]. Journal of Hydraulic Engineering, ASCE, 2004, 130 (7): 678-688.

[35] Zhang Z C, Chen X, Huang Y Y, et al. Effect of catchment properties on runoff coefficient in a karst area of southwest China [J]. Hydrological Processes, 2014, 28: 3691-3702.

[36] Zhu X M, Li Y S, Peng X L, et al. Soils of the loess region in China [J]. Geoderma, 1983 29 (3): 237-255.

[37] Zhu Y, Shao M A. Variability and pattern of surface moisture on a small-scale hillslope in Liudaogou catchment on the northern Loess Plateau of China [J]. Geoderma, 2008,

147：185－191.

[38] 包昱峰，高甲荣，高阳．密云水库北京集水区典型植被土壤入渗特征研究［J］．水土保持研究，2007，14（4）：176－179.

[39] 毕慈芬，郑新民，李欣，等．黄土高原淤地坝建设对水环境的调节作用［J］．人民黄河，2009，31（11）：85－86.

[40] 陈国建，张晓萍，张平仓，等．基于 RS 和 GIS 的六道沟流域土地利用动态变化研究［J］．水土保持研究，2009，16（2）：95－100.

[41] 陈维家，姚锋杰．砂土比贯入阻力 *Ps* 与相对密度 *Dr* 的关系［J］．水文地质工程地质，2003（1）：36－38.

[42] 程琳琳，赵文武，张银辉，等．集水区尺度降雨侵蚀力对空间分布对土壤流失的影响［J］．农业工程学报，2009，25（12）：69－73.

[43] 成向荣，黄明斌，邵明安．神木水蚀风蚀交错带主要人工植物细根垂直分布研究［J］．西北植物学报，2007，27（2）：321－327.

[44] 邓慧平，李秀彬．地形指数的物理意义分析［J］．地理科学进展，2002，21（2）：103－110.

[45] 邸苏闯，游松财，刘喆惠．基于 GIS 的水量平衡模型在黄土高原地区土壤水分模拟中的应用［J］．中国农村水利水电，2012（5）：11－17.

[46] 高凌霞．黄土湿陷性的微结构效应及其评价方法研究［D］．大连：大连理工大学，2011.

[47] 黄明策，李江南，农孟松，等．一次华南西部低涡切变特大暴雨的中尺度特征分析［J］．气象学报，2010，68（5）：748－762.

[48] 李免，李占斌，刘普灵，等．黄土高原水蚀风蚀交错带土壤侵蚀坡向分异特征［J］．水土保持学报，2004，18（1）：63－65.

[49] 李笑吟，毕华兴，张志，等．晋西黄土区土壤水分有效性分析的克立格法［J］．土壤学报，2006，43（6）：1004－1010.

[50] 李玉山．黄土高原森林植被对陆地水循环影响的研究［J］．自然资源学报，2001，16（5）：427－432.

[51] 刘俊娥，王占礼，袁殷，等．黄土坡面薄层流产流过程试验研究［J］．干旱地区农业研究，2010，28（5）：223－227.

[52] 莫兴国．区域蒸发研究综述［J］．水科学进展，1996，7（2）：180－185.

[53] 钱群．中国西部湿润山区小流域水文响应过程［D］．杭州：浙江大学，2014.

[54] 佘冬立．黄土高原水蚀风蚀交错带小流域植被恢复的水土环境效应研究［D］．北京：中国科学院研究生院（教育部水土保持与生态环境研究中心），2009.

[55] 苏人琼．黄土高原地区水资源合理利用［J］．自然资源学报，1996，11（1）：15－22.

[56] 孙素艳，张金萍，赵勇．宁夏引黄灌区蒸散发量的计算模拟［J］．干旱区地理，2007，30（5）：714－720.

[57] 唐克丽．黄土高原水蚀风蚀交错区治理的重要性与紧迫性［J］．中国水土保持 SWCC，2000（11）：11－17.

[58] 王欢，倪允琪．2003 年淮河汛期一次中尺度强暴雨过程的诊断分析和数值模拟研究［J］．气象学报，2006，64（6）：734－742.

[59] 王建国，樊军，王全九，等．黄土高原水蚀风蚀交错区植被地上生物量及其影响因素

[J]. 应用生态学报，2011，22 (3)：556-564.
[60] 王平义，赵川. 三峡库区土壤渗透特性实验研究 [J]. 重庆交通学院学报，2004，23 (6)：86-89.
[61] 吴钦孝，杨文治. 黄土高原植被建设与持续发展 [M]. 北京：科学技术出版社，1998.
[62] 杨红薇，张建强，唐家良，等. 紫色土坡地不同种植模式下水土和养分流失动态特征 [J]. 中国生态农业学报，2008，16 (3)：615-619.
[63] 杨维希. 试论我国北方地区人工植被的土壤干化问题 [J]. 林业科学，1996，32：78-84.
[64] 易秀，李现勇. 区域土壤水资源评价及其研究进展 [J]. 水资源保护，2007，23 (1)：1-5.
[65] 姚小英，蒲金涌，王澄海，等. 甘肃黄土高原 40 年来土壤水分蒸散量变化特征 [J]. 冰川冻土，2007，29 (1)：126-130.
[66] 翟翠霞，马健，李彦. 古尔班通古特沙漠风沙土土壤蒸发特征 [J]. 干旱区地理，2007，30 (6)：805-811.
[67] 张殿君，张学霞，武鹏飞. 黄土高原典型流域土地利用变化对蒸散发影响研究 [J]. 干旱区地理，2011，34 (3)：401-408.
[68] 张俊娥，陆垂裕，秦大庸，等. 基于分布式水文模型的区域"四水"转化 [J]. 水科学进展，2011，22 (5)：595-604.
[69] 张丽萍，张登荣，张锐波，等. 小流域土壤侵蚀预测预报基本生态单元生成和模型设计 [J]. 水土保持学报，2005，19 (1)：101-104.
[70] 张勇. 淤地坝在陕北黄土高原综合治理中地位和作用研究 [D]. 杨凌：西北农林科技大学，2007.
[71] 郑继勇，邵明安，李世清，等. 水蚀风蚀交错带土壤剖面水力学性质变异 [J]. 农业工程学报，2005，21 (11)：64-66.
[72] 郑良勇，李占斌，李鹏，等. 稀土元素示踪坡面次降雨条件下的侵蚀过程 [J]. 农业工程学报，2010，26 (3)：87-91.
[73] 周立花，延军平，徐小玲，等. 黄土高原淤地坝对土壤水分及地表径流的影响——以绥德县辛店沟为例 [J]. 干旱区资源与环境，2006，20 (3)：112-115.

第6章 具有结构通用性中小尺度流域的分布式水文模型

6.1 概述

在本书的第3章、第4章、第5章，分别介绍了依托流经内蒙古自治区东部和黑龙江省西部位于平原区的阿伦河流域，位于鸟取县东部山区的Bukuro流域（日本）以及位于黄土高原北部水蚀风蚀交错带沟壑区的六道沟流域构建了分布式水文模型并检验了模型在各流域降雨-径流数值计算中的实用性和计算精度的有关内容。对于针对不同地形条件研发的分布式水文模型，水流在河网水平方向上的运动遵循相同的逻辑，即自降雨发生后满足产流条件的情况下，开始产流，并由坡面向河道汇流。但是，在降雨到达地面后，在垂向（渗透）的运动方式以及由坡面向河道的汇流机制会受到实际地形条件的约束，不同地形（水文地质）条件将会导致水流的垂向运动机制以及由坡面向河道汇流机制的不同。在本书第3章、第4章和第5章所述的分别依托平原、山区和沟壑区中小尺度流域针对单一地形（水文地质条件）研发的分布式水文模型，不同地形条件下模型中水流在垂向上运动的载体——土壤垂直剖面模型在结构上有其各自的特征（图3.7、图4.7、图5.10），所以，依托各单一地形条件构建的分布式水文模型由于针对性较强（针对各单一地形），在结构上不具备通用性，很难在不同地形（水文地质）条件的流域之间推广应用。

地形在流域尺度的水文过程中起着主导作用，简单的流域尺度模型利用自然流域条件下固有的自我组织模式，在某一种地形条件下的流域表现出简单的关系而在其他不同水文条件下可能是无法应用的（Savenije，2010）。地形和地质、土壤、气候、地面覆被密切相关，而且地形支配着占流域主导地位的水文过程（Gao等，2014）。水文模型的研究者对不同地形条件下的模型结构一致性进行了研究和探讨，Clark等（2008）提出了对模型结构误差理解的框架（Framework for Understanding Structural Errors，FUSE）来诊断水文模型结构的差异；Hrachowitz等（2014）系统的应用水文标识和专家知识对水文模型一致性水平的影响进行了测试；Clark等（2015a，2015b）基于水文过程建模，发展了一种能够在水文过程和尺度行为上对多个模型表示形式（假设）进行控制和系统评估的统一的方法；近年来，对水文模型结构一致性和通用性的研究有了较大的进展（Gharari等，2011，2014）。

在国内，分布式水文模型的研发和应用在近年得到了快速的发展（沈晓东等，1995；郭生练等，2000）。目前，水文模拟技术趋向于将水文模型与地理信息系统集成，以便充分利用GIS在数据管理、空间分析及可视性方面的功能。分布式水文模型的研究，更加注重模型尺度的问题（Gupta and Waymine，1990；高超等，2013），以及对水文过程物理规律的描述（Karvonena等，1999；Jain等，2004）；分布式水文模型的发展表现在向不同尺度流域、多功能、多学科、模块化的模型系统发展（Bergstrom and Graham，1998；Cammeraat，2004）。当前，国内对于具有较广泛实用性的国外成熟水文模型如SWAT、TOPMODEL等的应用较多，自主研发的分布式水文模型较少。迄今为止自主研发的分布式水文模型，多是针对某一目标流域或某一特征地形而开发的，在不同地形条件流域之间的通用性较差，针对这一现实，本研究中，在构建平原区、山区和沟壑区中小尺度流域分布式水文模型研究的基础上，尝试研发具有结构通用性和核心计算模块易调节性的分布式水文模型，使模型在不改变基本结构的前提下可以相对容易地在不同地形及水文地质条件各中小尺度流域降雨-径流计算中的应用，以期为不同地区分布式水文模型的研究以及基于分布式水文模型流域水文模型平台的构建提供方法上的参考。

6.2　模型的结构通用性

6.2.1　模型结构通用性介绍

在依托不同地形条件中小尺度流域针对单一地形研发分布式水文模型的过程中，虽然处于不同地形条件下各流域的土壤垂直剖面结构之间存在差异，但是，模型本身的结构都是由3个基本模块组成，即参数输入模块、降雨-径流计算模块和结果输出模块，其中，降雨-径流计算模块是分布式水文模型的核心模块。本书所提及的针对单一地形构建的分布式水文模型，各模块中都包含流域所在地形条件下的特性信息，如具体的土壤垂直剖面的分层情况、坡面向河道汇流成分等。这些特性信息，在各种地形的分布式水文模型（实现数值计算的程序）中都有所体现。从而导致不同地形条件下的模型（计算程序）结构和内容上存在差别。另一方面，既然针对各单一地形条件构建的分布式水文模型都由上述 3 个基本模块组成，使构建具有通用性结构的分布式水文模型成为可能。

为构建具有通用性结构的分布式水文模型，首先固定基本模块的次序，即参数输入模块→降雨-径流计算模块→结果输出模块。在模型的计算程序开发中，每个模块用通用性语句描述，即程序中不包含流域的具体参数信息，将流域的输入参数（流域尺度参数、下垫面物理性参数、降雨数据等）形成文件，由参数输入模块读取。经这样处理后，所研发的模型在地形相似的流域应用时，可以不改变模型的基本结构。相似的地形（水文地质）条件指不同流域的土壤垂直剖面模型基本结构相同，所不同之处只表现在土层厚度以及参数值的大小。如图 3.7 所示的阿伦河流域土壤垂直剖面，与其相似的地形（水文地质）条件的流域，无论流域处于什么位置，其土壤垂直剖面模型（自地表至第一承压含水层下部）的坡面区间也具有两层结构，河道区间为一层，不同之处只表现在与阿伦河流域的土壤垂直剖面模型的各层厚度（包括含水层厚度）以及土壤物理性参数值大小之间的差别。而计算的时间步长（Δt）和水流方向上的空间步长（Δx）可以根据基础水文数据的时间序列结合流域的尺度适当地进行选取。例如，位于黄土高原北部沟壑区的各流域，其面积尺度无论和六道沟相似或者是更大，对各流域的土壤垂直剖面模型化之后和六道沟流域的土壤垂直剖面模型相同（图 5.10），当具有结构通用性的分布式水文模型在该地区各流域应用时，只需针对目标流域重新调整参数输入文件的内容，降雨-径流计算模块的结构（程序结构）和模型的基本结构无需做出改变。

6.2.2 模型的通用性结构示例

6.2.2.1 参数输入模块

模型参数和基础数据（水文、气象数据）的输入由模型（程序）的参数输入模块及参数输入文件构成，即利用参数输入模块的读取功能对参数输入文件的内容进行读取。模型的各模块利用计算机语言 Fortran 开发。参数输入模块的一般性语句表达形式如文本框 6.1 所示。程序中各符号所代表的意义如附录 2 “结构通用性分布式水文模型” 中所示，对文本框 6.1 中的主要内容说明如下：参数输入的子程序名称为 “inir”，其下是打开参数文件，“open (1, file=ifn)”，接下来是定义数组 [按照参数读入文件数据进行定义（命名）] “Allocate 语句”，而后是按次序读取参数输入文件的信息，此参数输入模块所对应分布式水文模型的土壤垂直剖面模型的坡面区间和河道区间都为 3 层结构，模块（程序）信息可以根据各流域土壤垂直剖面模型上坡面区间和河道区间的具体分层情况，河网小流域个数以及连接形式而进行调整。

```
                 [     Parameters and Data input Module     ]
! ------------------------------------------------------------------------
 subroutine inir
    use com
    character :: ifn * 20
    namelist/nl/nb, nr, nk, dt, dx
! ---------------------------------------Read target basin data
      print * , '===>>> Input parameter file name = ??' ; read * , ifn
      open (1,file=ifn)
      read (1, * ) j ; if ( j == 1 ) print * , '===>>> Reading namelist...'
         read (1,nl)
         allocate ( nbup(nb,3), im(nb,3), ibc(nb) )
         allocate ( r(nb), rb(nr) )
         allocate ( hh1(nb,3), hh2(nb,3), hh3(nb,3) )
         allocate ( xk1(nb,3), xk2(nb,3), xk3(nb,3) )
         allocate ( f1(nb,3) , f2(nb,3) , f3(nb,3) , f4(nb,3) )
         allocate ( Sr1(nb,3), Sr2(nb,3), Sr3(nb,3) )
         allocate ( bs(nb,3), slope(nb,3), b(nb), sodo(nb,3), dxx(nb,3) )
! ------------------------------------------------------------------------
      read (1, * ) j ; if ( j == 2 ) print * , '===>>> Reading ground layer thickness...'
         do  ib = 1, nb
            read (1, * ) i, ( hh1(ib,k), hh2(ib,k), hh3(ib,k), k = 1, 3 )
         end do
      read (1, * ) j ; if ( j == 3 ) print * , '===>>> Reading permeability coefficient in horizontal...'
         do  ib = 1, nb
            read (1, * ) i, ( xk1(ib,k), xk2(ib,k), xk3(ib,k), k = 1, 3 )
         end do
      read (1, * ) j ; if ( j == 4 ) print * , '===>>> Reading permeability coefficient in vertical...'
         do  ib = 1, nb
            read (1, * ) i, ( f1(ib,k) , f2(ib,k) , f3(ib,k) , f4(ib,k), k = 1, 3 )
         end do
      read (1, * ) j ; if ( j == 5 ) print * , '===>>> Reading initial degree of saturation...'
         do  ib = 1, nb
            read (1, * ) i, ( Sr1(ib,k), Sr2(ib,k), Sr3(ib,k), k = 1, 3 )
         end do
      read (1, * ) j ; if ( j == 6 ) print * , '===>>> Reading inflow basin & model No. data...'
         do  ib = 1, nb
            read (1, * ) i, ( nbup(ib,k), k = 1, 3 ), ibc(ib)
         end do
      read (1, * ) j ; if ( j == 7 ) print * , '===>>> Reading all basin parameter...'
         Atotal_1 = 0.0 ; Atotal_2 = 0.0 ; Atotal_3 = 0.0 ; Atotal = 0.0
         do  ib = 1, nb
```

文本框 6.1(一)　参数输入模块(程序)的组织形式

```
            read (1, * ) i, ( bs(ib,k), slope(ib,k), sodo(ib,k), k = 1, 3 ), b(ib)
            bs(ib,:) = bs(ib,:) * 1.0e+3
            Atotal_1 = Atotal_1 + bs(ib,1) * bs(ib,3)
            Atotal_2 = Atotal_2 + bs(ib,2) * bs(ib,3)
            Atotal_3 = Atotal_3 + bs(ib,3) * b(ib)
        end do
        Atotal = Atotal_1 + Atotal_2 + Atotal_3
    read (1, * ) j ; if ( j >= 10 ) print * , '===>>> Initial data O.K. !!'
    close (1)
! ------------------------------------Read rain data
    print * , '===>>> Input rain data file name = ??' ; read * , ifn
    open (1,file=ifn)
    print * , '===>>> Reading rain data...'
    Rtoral = 0.0
    do  ir = 1, nr
        read (1, * )  rb(ir)
        Rtotal = Rtotal + Atotal * rb(ir) * 1.0e-3
    end do
    print * , '===>>> Rain data O.K. !!'
    close (1)
```

文本框 6.1(二)　参数输入模块(程序)的组织形式

以六道沟流域降雨-径流计算区域为例，对参数输入文件的组织形式进行说明（文本框 6.2)。文本框 6.2 中，根据如图 5.11 所示的河网对流域（计算区域）划分的结果，小流域数为 9（*nb*)，所指的是图 5.11 和表 5.2 中编号为 1～9 的小流域（如第 5 章所述，编号为 10、11 的小流域不包括在六道沟流域降雨-径流计算区域之内，其原因已在文中说明)；*nr* 为降雨序列数据的数量，可以根据用于模型计算的降雨数据的数量形成文件后由参数输入模块语句读入；Ground thickness 为层厚，坡面区间第一层和第二层厚度分别为 0.15m、20m，河道区间为 0、5.0m（表 5.4)，因为河道区间自河床至潜水含水层底部被设为一层，所以第一层厚设为 0；其下 3 项分别是横向透水系数（Permeability coefficient in horizontal)、垂向渗透系数（Infiltration coefficient in vertical）和土壤初期饱和度（Initial degree of saturation)，可将表 5.4 的数据写入参数输入文件的对应位置；6 为河网上各级流域的连接关系（水流入关系)，如标号为 2、3 的小流域汇入标号为 1 的小流域（图 5.11）（其后的数字“1”为模型结构需要所设置，与小流域之间的连接关系无关)；7 为流域尺度参数，见表 5.2，0.10 和 0.06 分别为坡面和河道糙率。基于篇幅所限，文本框 6.2 中，只给出了如图 5.11 所示河网上编号 1～9 小流域中的部分参数。

6.2.3　降雨-径流计算模块

降雨-径流计算模块的功能是对基于运动波理论的基础方程式结合达西定律构建的降雨-径流过程算法进行计算［式（3.1）～式（3.12)］。如前所述，用于计算的基础方程式会因不同地形条件而导致横向汇流机制和垂向渗透方式之间的差别，从而在不同地形流域的降雨-径流计算中表现出不同的运用形式。在具有结构通用性分布式水文模型的研发过程中，构成模型的3个基本模块先后次序被固定的前提下，如何针对不同地形构建具有易调节功能的核心计算模块——降雨-径流计算模块，是能否实现模型在不同地形条件各流域应用的关键所在。构建具有易调节性功能降雨-径流模块的有关内容将在本章6.3节中进行介绍，降雨-径

```
1  !---Number of each parameter...
&nl
        nb = 9    ,        nr = ……   ,    nk = 1
        dt = ……   ,        dx = ……
/
2  !--- Ground layer thickness ( ( hh1, hh2 ), k = 1, 3 ) unit : m
   0.15  20.0      0.15   20.0      0.0    5.0
………          ………
   0.15  20.0      0.15   20.0      0.0    5.0
3  !--- Permeability coefficient in horizontal ( ( xk1, xk2 ), k = 1, 3 ) unit : m/s
   1.0E-04   3.00E-05   1.0E-04     3.00E-05     0.0E-04      3.00E-05
………          ………
  1.0E-04   3.00E-05   1.0E-04     3.00E-05     0.0E-04      3.00E-05
4  !--- Infiltration coefficient in vertical ( ( f1, f2, f3 ), k = 1, 3 ) unit : m/s
  3.0E-06  4.00E-07  1.0E-08  3.0E-06  4.0E-07  1.0E-08  0.0E-06  6.50E-07  1.0E-08
………          ………
  3.0E-06  4.00E-07  1.0E-08  3.0E-06  4.0E-07  1.0E-08  0.0E-06  6.50E-07  1.0E-08
5  !--- Initial degree of saturation ( ( Sr1, Sr2 ), k = 1, 3 )
   0.1  0.20  0.1  0.20  0.00  0.20
………          ………
   0.1  0.20  0.1  0.20  0.00  0.20
6  !--- Basin No. & Inflow basin No.(3) & Runoff model No.
  1  2  3  0    1
  2  0  0  0    1
  3  4  8  5    1
………          ………
7  !----------- Each basin parameter(No. &H(m)&L1,a1,sodo1 & L2,a2,sodo2 & L,a,sodo3 & B(m))unit:km
  1  0.0892  0.06840  0.10    0.0820  0.07670  0.10    0.04438  0.0584  0.06    4.25
  2  0.0784  0.07255  0.10    0.0907  0.08093  0.10    0.1097   0.0613  0.06    3.00
10   !--- Initial data end
```

文本框6.2　六道沟流域降雨-径流计算区域（图5.11）的参数输入文件组织形式

流计算模块（程序）请见附录 2“结构通用性分布式水文模型”中“［MAIN LOOP］（主程序）→［INITIAL CALCULATION］（初始条件子程序）→［RUNOFF CALCULATION AT SLOPE MODEL（0，1）］（坡面区间降雨-径流计算子程序）→［RUNOFF CALCULATION AT RIVER MODEL（0，1）］（河道区间降雨-径流计算子程序）”主程序和各子程序相关内容。

6.2.4 结果输出模块

结果输出模块执行的功能是根据用户所需要的输出结果将模型计算结果进行输出。理论上，可以将模型应用的目标流域（流域河网上）主流和各级支流的坡面和河道区间在任意时间步长和空间步长的计算结果进行输出。输出的项目如地表径流流量、水深，第一层、第二层渗透流的流量和水深等。文本框 6.3 中所示内容为所构建的通用性结构分布式水文模型中结果输出模块的一般性输出示例。

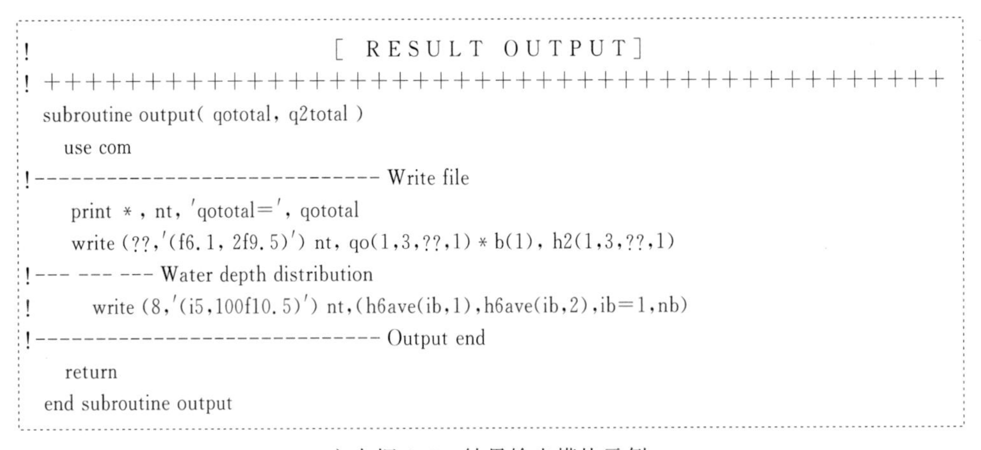

```
!                    [ R E S U L T   O U T P U T ]
! ++++++++++++++++++++++++++++++++++++++++++++++
  subroutine output( qototal, q2total )
    use com
!---------------------------- Write file
     print *, nt, 'qototal=', qototal
     write (??,'(f6.1, 2f9.5)') nt, qo(1,3,??,1) * b(1), h2(1,3,??,1)
!--- --- --- Water depth distribution
!       write (8,'(i5,100f10.5)') nt,(h6ave(ib,1),h6ave(ib,2),ib=1,nb)
!---------------------------- Output end
    return
  end subroutine output
```

文本框 6.3　结果输出模块示例

文本框 6.3 中所示为结果输出模块（子程序），用户可根据输出的需要，对模块内容进行简单调整。如写入输出结果的文件“wtite（??，……）”用户可以进行命名（在 Fortran 格式下为阿拉伯数字，但结果输出文件的编号与参数输入文件不能重复）。在“write (??,'(f6.1,2f9.5)') nt,qo(1,3,??,1) * b(1), h2(1,3,??,1)”中，f6.1、2f9.5 为 Fortran］对数字输出（写入文件）的格式，f6.1 指输出结果为 1 列，数字所占位数为 6 位，其中小数点后面保留 1 位，该列结果对应于括弧后的 nt，即计算时间步长编号；2f9.5 指输出两列，每列 9 位（其中小数点后保留 5 位）；qo(1,3,??,1) * b(1) 为编号为“??”小流域的地表径流流量，对于如图 5.11 所示的六道沟流域的计算区域而言，当以 1 替换“??”时，输出的是编号为 1 的小流域的地表径流流量，即计算区域的出口流量；h2(1,3,??,1) 表示输出的为第二层地下水水深，同样的，当以 1 替换“??”时，输出的是流域出口断面地下第二层地下水水深［因为河道区间第一层的厚度设为 0，模型计算中包含对该层的计算过程，但计算结果为0，所以，h2(1,3,??,1) 代表河道区间的第二层，实际是第一层地下水的计算水深]。有关结果输出模块的其他内容，在此略去。

6.3 核心模块的易调节性

6.3.1 降雨-径流计算模块结构的子模块化

因为不同地形条件下流域的土壤垂直剖面模型之间的差异导致了水分在垂向运动和横向汇流机制之间存在差别，从而，导致了不同地形条件下流域分布式水文模型降雨-径流模块对水流在垂向运动和横向汇流计算过程上的差别。开发结构通用性分布式水文模型过程中，在其整体结构（参数输入模块、降雨-径流计算模块和结果输出模块之间的逻辑和位置关系）被固定的前提下，研发具有易调节性功能的核心模块（降雨-径流计算模块），可以保证在不改变模型基本结构的前提下，实现模型在不同地形流域降雨-径流计算中的应用

模型的易调节性指构成分布式水文模型各模块在位于不同地形的流域应用时，具有可调节功能。关于通用性分布式水文模型的参数输入模块的调节功能（针对不同流域的参数输入文件内容的组织以及模型读入）的说明，在本章前文（6.2.2.1节参数输入模块）已有介绍。对于具有易调节功能的参数输出模块，相对容易实现，用户可以根据输出需要调整参数输出模块的内容。对于实现核心模块具有较强的易调节功能，在模型构建过程时所遵循的原则是：模型在不同地形流域应用时，在不改变模型基本结构的前提下，核心模块（程序）需重新编译的语句（内容）最少。由于具有通用性结构的分布式水文模型在不同地形条件应用时，因土壤垂直剖面模型结构的不同，需要对降雨-径流计算模块的部分语句进行调整，例如，位于沟壑区六道沟流域的土壤垂直剖面模型（图5.10）和位于平原区的阿伦河流域的土壤垂直剖面模型（图3.7）之间的差异，需要调节降雨-径流模块部分内容以实现模型对这两个流域由坡面向河道汇流方式的模拟。研究通过以下方法和手段实现核心模块的易调节性功能。

(1) 首先，将降雨-径流计算模块在内容上划分为3部分，即定解条件、坡面降雨-径流计算部分和河道降雨-径流计算部分，将各部分内容分别开发成一个二级子模块[模型的基本模块：参数输入模块、降雨-径流计算模块和结果输出模块作为（一级）子模块]，即降雨-径流计算模块由3个二级子模块构成，定解条件子模块、坡面降雨-径流子模块和河道降雨-径流子模块。

(2) 在水平方向上按照河网的汇流过程，在垂直方向上按照水流在土壤垂直剖面上的运动过程将3个子模块进行连接，连接后的3个子模块之间保持各自内容的相对独立性，模块在不同地形流域进行应用时，只需针对目标流域调整3个子模块的部分语句，从而可以保证模型应用于不同地形流域时其基本结构不被改

变，同时核心模块的基本结构也无需做出改变。

（3）为保证核心模块具有良好的易调节性，以通用性语句描述 3 个子模块。

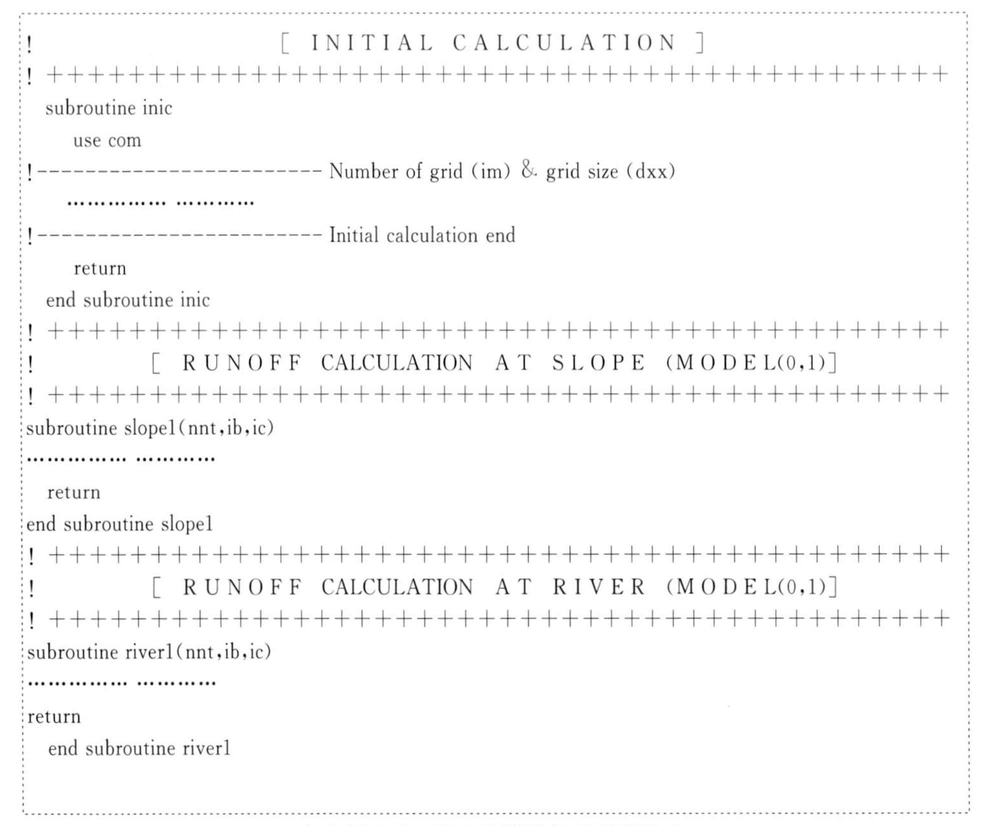

```
!                    [ INITIAL CALCULATION ]
! +++++++++++++++++++++++++++++++++++++++++++++++++
  subroutine inic
    use com
!----------------------- Number of grid (im) & grid size (dxx)
     ……………… …………
!----------------------- Initial calculation end
    return
  end subroutine inic
! +++++++++++++++++++++++++++++++++++++++++++++++++
!         [ RUNOFF CALCULATION AT SLOPE (MODEL(0,1)]
! +++++++++++++++++++++++++++++++++++++++++++++++++
subroutine slope1(nnt,ib,ic)
……………… …………
  return
end subroutine slope1
! +++++++++++++++++++++++++++++++++++++++++++++++++
!         [ RUNOFF CALCULATION AT RIVER (MODEL(0,1)]
! +++++++++++++++++++++++++++++++++++++++++++++++++
subroutine river1(nnt,ib,ic)
……………… …………
return
  end subroutine river1
```

文本框 6.4　核心计算模块的子模块化

文本框 6.4 中，只给出了定解条件子模块（INITIAL CALCULATION），坡面区间降雨-径流子模块｛RUNOFF CALCULATION AT SLOPE［MODEL(0,1)］｝和河道区间降雨-径流子模块｛RUNOFF CALCULATION AT RIVER［MODEL(0,1)］｝结构的基本组织形式，模型计算时，通过主程序调用各子模块（子程序）实现计算。

文本框 6.4 所示为构成核心计算模块（降雨-径流模块）的 3 个子模块在结构上的组织形式，有关模型（程序）的具体内容请见附录 2“通用性结构分布式水文模型”。

6.3.2　模型调节方法及示例

上述（6.3.1 节）对核心模块子模块化的研究过程中注重其可调节性功能，可以针对不同地形条件下模型计算的初始条件和垂向边界条件进行调整。现以六道沟流域和 Bukuro 流域汇流过程为例，对模型汇流过程的调整进行说明。在六道沟流域，坡面地表径流（q'）和第一层中的壤中流（$\bar{q}'$）汇入到河道的地表径流［式（5.4）］；而在Bukuro流域，坡面向河道区间地表径流的汇流成分只有坡面地表径流，没有地下流入成分（$\bar{q}'$）［式（4.1）］，所以，结构通用性分布式水文模型在以上两个流域应用时，对于模型的调节主要是对降雨-径流计算模块的子模块——河道降雨-径流子模块中的部分语句进行重新编译。如果自坡面区间向河道区间的渗透流的汇流机制也发生改变，其调节方法同地表径流相似，需要对河道降雨-径流子模块渗透流计算的部分语句进行调整。模型用于六道沟流域和Bukuro流域地表径流计算时，核心子模块的一部分——河道降雨-径流子模块的调整示例如文本框6.5所示。

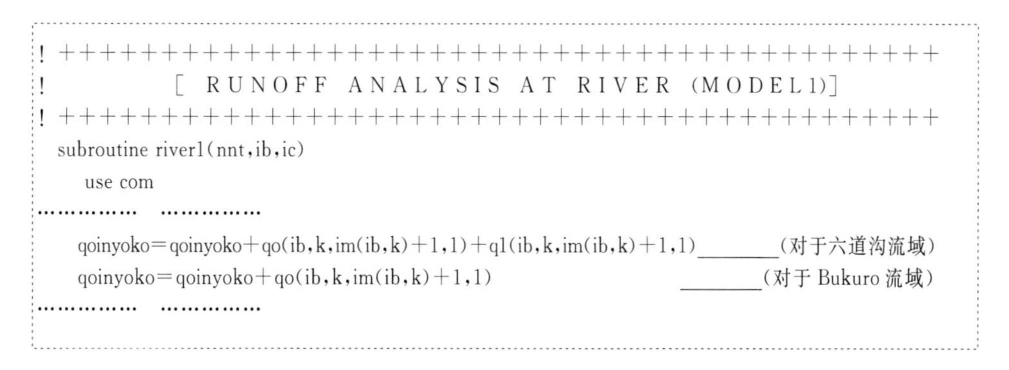

```
! ++++++++++++++++++++++++++++++++++++++++++++++++
!            [ RUNOFF ANALYSIS AT RIVER (MODEL1)]
! ++++++++++++++++++++++++++++++++++++++++++++++++
  subroutine river1(nnt,ib,ic)
    use com
……………  ……………
   qoinyoko=qoinyoko+qo(ib,k,im(ib,k)+1,1)+q1(ib,k,im(ib,k)+1,1)________(对于六道沟流域)
   qoinyoko=qoinyoko+qo(ib,k,im(ib,k)+1,1)                      ________(对于Bukuro流域)
……………  ……………
```

文本框6.5 河道降雨-径流子模块的调整方法示例

（在六道沟流域，河道区间有来自坡面区间第一层壤中流的汇流成分
“q1(ib,k,im(ib,k)+1,1”，而Bukuro流域没有该地下流入成分）

当位于不同地形条件下的流域垂向渗透机制发生改变时，需要对模型在垂直渗透方向的边界条件做出调整。例如，当某一流域的土壤垂直剖面模型的坡面区间在分层结构上由多层（两层以上）构成的情况下，在垂向上的边界条件通过式（6.1）和式（6.2）确定。

式（6.1）［同式（3.40）］用于确定自地表向第一层渗透的边界条件。

$$\frac{\partial h}{\partial t}+\frac{\partial q}{\partial x}=r-\alpha,\quad \alpha=\begin{cases} f_1 & (h/\Delta t\geqslant f_1) \\ h/\Delta t & (h/\Delta t<f_1) \\ 0 & (h=0) \end{cases} \tag{6.1}$$

式中的各因子意义与3.7.3节“降雨-径流计算的边界条件”中所述相同，其通过计算地表径流水深h与计算的时间步长Δt的比值来确定由地表向第一层渗透的边界条件，当$h/\Delta t\geqslant f_1$时，由地表向第一层渗透的速度为f_1（$\alpha=f_1$）；当$h/\Delta t<f_1$时，由地表向第一层的实际渗透速度为$h/\Delta t$；当地表径流水深$h=0$时，由地表向第一层的渗透速度为0。

式(6.2)用于确定第一层及以下各层的垂向渗透边界条件。

$$\lambda_i \frac{\partial \bar{h}_i}{\partial t}+\frac{\partial \bar{q}_i}{\partial x}=f_i-\beta_i, \quad \beta_i=\begin{cases} f_{i+1} & (\lambda \bar{h}_i/\Delta t \geqslant f_{i+1}) \\ \lambda \bar{h}_i/\Delta t & (\lambda \bar{h}_i/\Delta t < f_{i+1}) \\ 0 & (\bar{h}_i=0) \end{cases} \tag{6.2}$$

式中:λ_i 为第 i 层有效孔隙率;$\bar{h}_i$为第 i 层地下水水深,m;f_i、f_{i+1}分别为第 i 层和第 $i+1$ 层土壤平均渗透速度,m/s;$\bar{q}_i$ 为第 i 层渗透流单宽流量,m^2/s;β_i 为引入参数,用来表示在第 i 层地下水深为$\bar{h}_i$时,由第 i 层向第 $i+1$ 层的渗透速度,当 $\lambda_i \bar{h}_i/\Delta t \geqslant f_{i+1}$时,由第 i 层向第 $i+1$ 层的实际渗透速度为 f_{i+1},当 $\lambda_i \bar{h}_i/\Delta t < f_{i+1}$时,由第 i 层向第 $i+1$ 层的实际渗透速度为 $\lambda_i \bar{h}_i/\Delta t$,当第 i 层中的地下水水深$\bar{h}_i=0$ 时,由第 i 层向第 $i+1$ 层的渗透速度为 0。需要说明一点:在结构通用性分布式水文模型中,以损失系数近似代替蒸散发(有关内容在 Bukuro 流域和阿伦河流域的模型构建过程已有说明),所以,确定多层结构的垂向渗透边界条件时,没有出现蒸散发因子。

以阿伦河流域坡面区间水分在土壤垂直剖面模型上的渗透机制为例对定解条件子模块的调节方法进行说明,阿伦河流域土壤垂直剖面模型的坡面区间由两层构成(图 3.7),在第一层土壤不饱和的情况下,在计算的每一个时间步长 Δt 内自地面向第一层渗透的实际渗透速度(α)受地表径流水深(h)的支配[式(6.1)释意部分];在第一层饱和而第二层不饱和的情况下,自地面向第一层的渗透速度等于第二层土壤的平均渗透系数(f_2);当第一层和第二层都达到饱和状态时,自地面向第一层的渗透速度以及自第一层向第二层的渗透速度等于砂岩层的平均渗透系数(第二层向下渗透速度)。河道区间垂向渗透机制的逻辑和过程与坡面区间相同。文本框 6.6 内容所示为对通用性结构分布式水文模型的坡面降雨-径流子模块针对阿伦河流域坡面区间垂向渗透机制调节后的计算程序。

文本框 6.6 中,“so”“s1”“s2”分别指各层的水收支增量,基于水量平衡原理对土壤垂直剖面模型各层的水收支过程进行计算,文中的“??”表示降雨数据序列的时间间隔与模型计算时间步长 Δt(此处为 1s)之间的换算系数,如降雨数据序列的时间间隔为 5min(300s),此处以 300 代入,若降雨数据的时间间隔为 1h,此处以 3600 代入。

为实现具有结构通用性分布式水文模型在不同地形(水文地质)条件各流域降雨-径流计算中的应用,首先要对目标流域的土壤垂直剖面条件模型化并明确水流在模型上的渗透和汇流机制,而后,基于模型的渗透和汇流机制对模型核心计算模块的各二级功能子模块(坡面降雨-径流子模块和河道降雨-径流子模块)的内容进行适当调节(二级模块中垂向渗透计算的部分语句),从而可以实现水文模型与地形条件适当地耦合。

```
! ------------------- Calculate vertical water balance
    soin = r(ib) * 0.001/??     ! --- unit : mm/hr --> m/s
    do ik = 2, im(ib,ic)+1
     s2out = f3(ib,ic)
       if ( h2(ib,ic,ik,1) * rmd/dt < f3(ib,ic) ) s2out = h2(ib,ic,ik,1) * rmd/dt
     s1out = f2(ib,ic)
       if ( h1(ib,ic,ik,1) * rmd/dt < f2(ib,ic) ) s1out = h1(ib,ic,ik,1) * rmd/dt
       if ( h2(ib,ic,ik,1) >= hh2(ib,ic) ) then
         s1out = f3(ib,ic)
     soout=f1(ib,ic)
       if (ho(ib,ic,ik,1)/dt<f1(ib,ic))soout= ho(ib,ic,ik,1)/dt
       if (h1(ib,ic,ik,1)>=hh1(ib,ic)) then
         soout=f2(ib, ic)
       if (h2(ib,ic,ik,1)>=hh2(ib,ic)and h1(ib,ic,ik,1)>=hh1(ib,ic)) then
         soout=f3(ib,ic)
       end if
     so(ib,ic,ik) = soin - soout
     s1(ib,ic,ik) = soout - s1out
     s2(ib,ic,ik) = s1out - s2out
  end do
```

文本框 6.6 坡面降雨-径流子模块的调整示例——阿伦河流域坡面区间两层结构模型

6.3.3 模型验证

通过数值模拟对所构建的具有结构通用性和核心模块易调节性的分布式水文模型在不同地形流域降雨-径流计算中的实用性进行检验。模型对阿伦河流域、Bukuro 流域和六道沟流域降雨-径流过程的模拟结果如图 6.1 所示。阿伦河流域降雨-径流的模拟时段与 3.11.1 节“数值模拟”中图 3.18（a）所示计算时段相同［图 6.1（a）］，模型计算的主要参数见表 3.2，为了与依托阿伦河流域下垫面条件构建的适用于单一地形（平原）分布式水文模型的模拟结果相比较（计算结果，图中 C－flow 曲线），在利用结构通用性分布式水文模型模拟过程中，以损失系数近似模拟蒸散发时，其值在流域范围内采用常数（1.2×10^{-8}m/s），即在图 6.1 模拟的时段内蒸散发设为常量。由图 6.1（a）所示的模拟结果可知，利用通用性结构分布式水文模型对阿伦河流域降雨-径流过程的模拟结果（T－flow）与利用适用于单一平原地形流域分布式水文模型的模拟结果无论在时间过程上还是在流量规模上（包括峰值）的契合度都很高，只是由于模型计算时个别参数值（如上所述，损失系数）的改变导致 T－flow 与 C－flow 之间各对应时间点的模拟值存在很小的差别。

利用通用性结构的分布式水文模型对 Bukuro 流域降雨-径流过程的数值模拟结果如图 6.1（b）所示，模型计算时采用的计算参数与针对单一山区流域

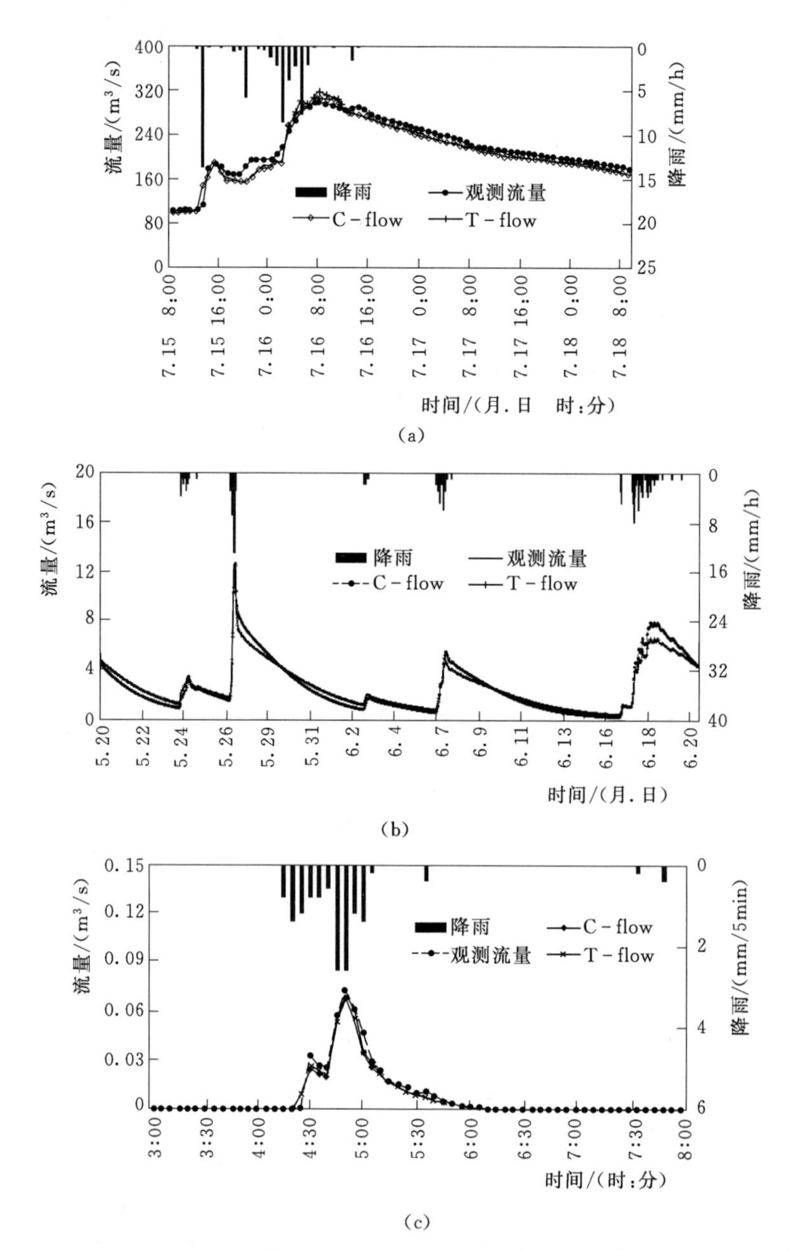

图 6.1 具有通用结构分布式水文模型的数值模拟结果

(a) 阿伦河流域降雨-径流模拟结果（2013 年 7 月 15 日至 7 月 18 日）；(b) Bukuro 流域降雨-径流模拟结果（1999 年 5 月 20 日至 6 月 20 日）；(c) 六道沟流域降雨-径流模拟结果（2005 年 8 月 15 日 3：00—8：00）

C-flow—利用针对各单一地形研发的分布式水文模型的计算结果；

T-flow—利用具有通用性结构分布式水文模型的计算结果

(Bukuro 流域)构建的分布式水文模型的计算参数相同(表4.7中不包含融雪计算参数部分),根据该图可知,由于采用了同一组计算参数,C-flow与T-flow两条流量过程线的一致性非常高,从图形上几乎分辨不出差别。

如图6.1(c)所示为通用性结构分布式水文模型对六道沟流域降雨-径流过程模拟的示例,其计算流量过程T-flow与基于六道沟流域下垫面物理条件构建的分布式水文模型的计算结果同样具有很高的拟合度(两模型的主要计算参数见表5.4)。在利用依托六道沟流域开发的分布式水文模型计算过程中,将草地蒸散发计算结果耦合到降雨-径流计算过程中[计算结果,图6.1(c)中的C-flow],而利用通用性结构分布式水文模型的计算过程没有耦合蒸散发的计算结果(以损失系数近似代替蒸散发量),计算时,采用的损失系数值为2.0×10^{-8} m/s(用以近似代替蒸散发量和向砂岩层的渗透损失,1.0×10^{-8} m/s,表5.4)。由于利用两个模型计算过程中蒸散发量的处理方式不同,导致C-flow和T-flow的结果之间存在一定的差别,但不明显,对观测流量过程的模拟结果都具有较高的精度。

利用与第3章中对阿伦河流域降雨-径流过程的模拟结果、第4章中对Bukuro流域的降雨-径流过程模拟结果以及第5章中对六道沟流域降雨-径流过程模拟结果的误差分析和模型效率检验(*NSE*)相同的方法,对利用结构通用性分布式水文模型计算得到的降雨-径流模拟结果的误差和效率系数进行计算。根据计算结果可知,数值模拟误差在误差基准允许范围之内,而模型的*NSE*在0.90以上,说明具有结构通用性和核心模块易调节性的分布式水文模型,在不同地形条件中小尺度流域的降雨-径流计算中具有很好的适用性,且模型具有较高的计算精度。

6.4 模型的物理基础与应用上的局限性

6.4.1 模型物理基础的不足

具有结构通用性和核心模块易调节性的分布式水文模型研发过程中,没有耦合蒸散发计算模块,其主要原因是当流域植被分布较复杂情况下对蒸散发的准确推求难于实现。采用的方法是引入一个损失系数近似地代替蒸散发,该损失系数在模型应用于阿伦河流域和Bukuro流域降雨-径流计算时,根据目标流域计算期间内多年观测的日蒸散发量平均值,经过换算后(日平均值换算成1s)得到结果的近似值代入,虽然取得了令人满意的数值模拟结果,但是该损失系数的应用在一定程度上降低了模型的物理属性。为了实现具有充分物理基础的通用性结构分布式水文模型的研发,需要探求可支撑不同尺度流域且植被分布复杂条件下蒸散发的高效计算方法并与分布式水文模型耦合。

6.4.2 模型应用上的欠点

在本研究中,构建了具有结构通用性的分布式水文模型并在位于沟壑区的小流域——六道沟流域、位于山区的小流域——Bukuro 流域以及位于平原区的中尺度流域——阿伦河流域的降雨-径流计算中检验了模型的实用性。虽然各研究流域都具有其所在地区地形的基本特点，如六道沟流域的地形和基础水文地质条件具有黄土高原北部沟壑区的一般性特征，但是，即使是同一种地形下的流域其地貌特征也存在空间上的差异。另外，该结构通用性分布式水文模型在其他地形（如高原、盆地等）流域的实用性没有进行检验，模型在这些地形条件中小尺度流域降雨-径流计算中的实用性如何？模型在同一流域因为地貌特征和水文地质条件改变情况下的适用性如何？需要在未来的研究中继续进行探讨。

在流域尺度上，具有结构通用性的分布式水文模型针对中小尺度流域研发，大尺度流域的地形和水文地质条件存在空间分异特性，即流域土壤垂直剖面的基本结构在同一流域内会因为空间位置的变化而发生改变，本研究中研发的结构通用性分布式水文模型尚不能适用于大尺度流域。

6.5 本章总结

本章主要内容为基于第 3 章、第 4 章和第 5 章中所述的分别依托平原区中尺度流域——阿伦河流域、山区小尺度流域——Bukuro 流域以及沟壑区小尺度流域——六道沟流域构建分布式水文模型的基础上，筛选针对各单一地形条件所开发的分布式水文模型的结构共性，研发了具有结构通用性和核心模块易调节性的适用于不同地形（水文地质）条件中小尺度流域的分布式水文模型。首先，对模型的基本结构及模块组成进行了说明，对基本模块的一般性语句描述方式以及参数输入模块的（参数输入文件）的组织方式，核心计算模块（降雨-径流计算模块）以及参数输出模块的编译方法进行了介绍；接下来，对模型核心模块的子模块化以及针对不同地形流域应用时子模块的调节方法进行了说明；其后，通过数值模拟，分别在如上所述的 3 种地形条件下（3 个研究流域）对模型的实用性和计算精度进行了验证；最后，对模型的物理性基础的不足以及应用上的限制做了简单说明。

本章所述研究内容，是对具有通用性结构和物理属性适用于不同地型中小尺度流域分布式水文模型研究的一次大胆尝试，所构建的结构通用性分布式水文模型尚存在结构和应用上诸多的缺陷和不足，其中所涉及的模型构建方面的思路及方法，以及已具雏形的结构通用性分布式水文模型，以期为自开发分布式水文模型的研究提供部分研究基础和方法上的借鉴。

参考文献

[1] Bergstrom S, Graham L P. On the scale problem in hydrological modeling [J]. Journal of Hydrology, 1998, 211 (1): 253-265.

[2] Cammeraat E L H. Scale dependent thresholds in hydrological and erosion response of a semiarid catchment in southeast Spain [J]. Agriculture, Ecosystems and Environment, 2004, 104 (2): 317-332.

[3] Clark M P, Nijssen B, Lundquist J D, et al. A unified approach for process-based hydrologic modeling: 1. Modeling concept [J]. Water Resources Research, 2005a, 51 (4): 2498-2514.

[4] Clark M P, Nijssen B, Lundquist J D, et al. A unified approach for process-based hydrologic modeling: 2. Model implementation and case studies [J]. Water Resources Research, 2005b, 51 (4): 2515-2542.

[5] Clark M P, Slater A G, Rupp D E, et al. Framework for Understanding Structural Errors (FUSE): A modular framework to diagnose differences between hydrological models [J]. Water Resources Research, 2008, 44 (12): 421-437.

[6] Gao H, Hrachowitz M, Fenicia F, et al. Testing the realism of a topography-driven model (FLEX-Topo) in the nested catchments of the Upper Heihe, China [J]. Hydrology and Earth System Sciences, 2014, 18, 1895-1915.

[7] Gharari S, Hrachowitz M, Fenicia F, et al. Hydrological landscape classification: investigating the performance of HAND based landscape classifications in a central European meso-scale catchment [J]. Hydrology and Earth System Sciences, 2011, 15 (11), 3275-3291.

[8] Gharari S, Hrachowitz M, Fenicia F, et al. Using expert knowledge to increase realism in environmental system models can dramatically reduce the need for calibration [J]. Hydrology and Earth System Sciences, 2014, 18 (12), 4839-4859.

[9] Gupta V K, Waymine E. Multiscalling properties of special rainfall and river flow distribution [J]. Journal of Geophysical Research, 1990, 95 (3): 1999-2009.

[10] Hrachowitz M, Fovet O, Ruiz L, et al. Process consistency in models: The importance of system signatures, expert knowledge, and process complexity [J]. Water Resources Research, 2014, 50 (9): 7445-7469.

[11] Jain M K, Kothyari U C, Ranga R K G. A GIS based distributed rainfall-runoff model [J]. Journal of Hydrology, 2004, 299: 107-135.

[12] Karvonena T, Koivusaloa H, Jauhiainena M. A hydrological model for predicting runoff from different land use areas [J]. Journal of Hydrology, 1999, 217: 253-265.

[13] Savenije H H G. HESS Opinions "Topography driven conceptual modelling (FLEX-Topo)" [J]. Hydrology and Earth System Sciences, 2000, 14: 2681-2692.

[14] 高超，金高洁. SWIM水文模型的DEM尺度效应 [J]. 地理研究，2013，31 (3): 399-408.

[15] 郭生练，熊立华，杨井，等. 基于DEM的分布式流域水文物理模型 [J]. 武汉水利电力大学学报，2000，33 (6): 1-5.

[16] 沈晓东，王腊春，谢顺平. 基于栅格数据的流域降雨径流模型 [J]. 地理学报，1995，50 (3): 264-271.

附录1 相关论文

[1] Huang Jinbai, Wen Jiawei, Wang Bin, et al. Numerical analysis of the combined rainfall - runoff process and snowmelt for the Alun River Basin, Heilongjiang, China [J]. Environmental Earth Sciences, 2015, 74 (9): 6929 - 6941. DOI: 10.1007/s12665 - 015 - 4694 - y.

[2] Huang Jinbai, Wen Jiawei, Wang Bin, et al. Structural universality of the distributed hydrological model for small and medium - scale basins with different topography [J]. Journal of Hydrologic Engineering, 2017, 10.1061/(ASCE) HE. 1943 - 5584. 0001595.

[3] Huang Jinbai, Wen Jiawei, Hinokidani Osamu, et al. Runoff and water budget of the Liudaogou Catchment at the wind - water erosion crisscross region on the Loess Plateau of China [J]. Environmental Earth Sciences, 2014. 72 (9): 3623 - 3633. DOI: 10. 1007/s12665 - 014 - 3273 - y.

[4] Fu Qiang, Lu Longbin, Huang Jinbai. Numerical analysis of surface runoff for the Liudaogou drainage basin in the north Loess Plaetau, China. [J]. Water Resources Management, 2014, 28 (13): 4809 - 4822. DOI: 10. 1007/s11269 - 014 - 0777 - x.

[5] Huang Jinbai, Hinokidani Osamu, Yasuda Hiroshi, et al. Effects of the check dam system on water redistribution in the Chinese Loess Plateau [J]. Journal of Hydrologic Engineering, 2013, 18 (8): 929 - 940. doi: 10. 1061/(ASCE) HE. 1943 - 5584. 0000689.

[6] Huang Jinbai, Li Jing, Yasuda Hiroshi, et al. Rainfall characteristics of the Liudaogou Catchment on the northern Loess Plateau of China [J]. Journal of Rangeland Science, 2013, 3 (3): 252 - 264.

[7] Huang Jinbai, Huang Jinfeng, Hinokidani Osamu, et al. Numerical simulation of groundwater at sedimentary field in the Liudaogou Catchment on the northern Loess Plateau, China [A]. Proceedings of The 11th International Conference on Development of Drylands—Global climate change and its impact on food & energy security in the drylands. pp. 317 - 325, 18 - 21 Mar. 2013, Beijing.

[8] Yasuda H, Berndtsson R, Hinokidani O, et al. The impact of plant water uptake and recharge on groundwater level at a site in the Loess Plateau of China [J]. Hydrology Research, 2013, 44 (1): 106-116. doi: 10.2166/nh.2012.241.

[9] Mohamed AbdElbasit, C. S. P. Ojha, Huang Jinbai, et al. Relationship between rainfall erosivity indicators under arid environments: Case of Liudaogou basin in Chinese Loess Plateau [J]. Journal of Food, Agriculture & Environment, 2013, 11 (2): 1073-1077.

[10] Tan Lu, Wang Zhongbo, Huang Jinbai, et al. Seasonal variation of moisture availability at the water-wind erosion crisscross region on the northern Loess Plateau, China [J]. Journal of Northeast Agricultural University (English edition), 2013, 20 (4): 72-77.

[11] Abd Elbasit Mohamed, Huang Jinbai, Ojha C. S. P. , et al. Spatiotemporal changes of rainfall erosivity in Loess Plateau, China [J]. ISRN: Soil Science, 2013, dx. doi. org. /10.1155/2013/256352.

[12] Huang Jinbai, Wang Bin, Hinokidani Osamu, et al. Application of kinematic wave model to calculate "rainfall-runoff" process at hilly-gully region in the Loess Plateau, China [A]. Proceeding of 2011 International Symposium on Water Resource and Environmental Protection, 2011, vol. 1: 422-425. May. 20-22, Xian.

[13] Huang Jinbai, Hinokidani Osamu, Yasuda Hiroshi, et al. Monthly water budget of small basin in northern Loess Plateau, China [J]. Journal of North East Agricultural University (English edition), 2010, 17 (4): 14-19.

[14] Hinokidani Osamu, Huang Jinbai Yasuda Hiroshi, Kajikawa Yuki, et al. Annual water budget of a small basin in the Northern Loess Plateau in China [J]. Journal of Arid Land Studies, 2010, 20 (3): 167-172.

[15] Hinokidani Osamu, Huang Jinbai Yasuda Hiroshi, Kajikawa Yuki, et al. Study on surface runoff characteristics of a small ephemeral catchment in the Northern Loess Platea, China [J]. Journal of Arid Land Studies, 2010, 20 (3): 173-177.

[16] Huang Jinbai, Hinokidani Osamu, Yasuda Hiroshi, et al. Study on characteristics of the surface flow of the upstream region of Loess Plateau [J]. Annual Journal of Hydraulic Engineering, JSCE, 2008, 52: 1-6.

[17] 甄自强，黄金柏，王斌，等. 黄土高原北部淤地坝区域土壤水分模拟及水分有效性——以六道沟流域为例 [J]. 水资源与水工程学报，2016，26 (3)：226-232.

[18] 黄金柏，戚颖，王斌，等. 耦合试验与模型计算的表土渗透系数推求方法 [J]. 水资源与水工程学报，2016，27 (1)：201-205.

[19] 黄金柏，王斌，温佳伟，等. 基于分布式水文模型的阿伦河流域降雨-径流计算 [J]. 水土保持通报，2015，35 (1)：224-229.

[20] 黄金柏，温佳伟，王斌，等. 分布式水文模型在不同地形条件下的应用研究 [J]. 水资源与水工程学报，2015，26 (1)：16-24.

[21] 黄金柏，温佳伟，王斌，等. 阿伦河流域耦合融雪分布式水文模型的构建 [J]. 人民黄河，2015，37 (11)：18-24.

[22] 周方录，黄金柏，王斌，等. 两种地形条件下小尺度流域降雨-径流数值模拟 [J]. 东北农业大学学报（自然科学版），2015，46 (9)：93-101.

[23] 黄金柏，魏帆，李德标，等. 基于数值模拟的区域性地下水补给过程事例研究 [J].

水文，2014，34（3）：24-30.

[24] 黄金柏，卢龙彬，付强，等. 黄土高原北部水蚀风蚀交错带沟壑地形的降雨反应特性[J]. 水土保持学报，2013，27（4）：142-147.

[25] 卢龙彬，付强，黄金柏. 黄土高原北部水蚀风蚀交错区产流条件及径流系数[J]. 水土保持研究，2013，20（4）：17-23.

[26] 周方录，黄金柏，王斌. 基于栅格的不规则断面水深-流量关系曲线确定方法[J]. 水资源研究，2013，2（2）：109-113. doi：10.12677/jwrr.2013.22016.

[27] 黄金柏，王斌，桧谷治，等. 耦合融雪的分布式流域“降雨-径流”数值模型[J]. 水科学进展，2012，23（2）：194-199.

[28] 王立坤，黄金柏，王斌，等. 陕西省神木县六道沟流域水平衡解析[J]. 水土保持通报，2012，32（4）：139-142.

[29] 黄金柏，付强，王斌，等. 黄土高原北部水蚀风蚀交错带坡面降雨分析[J]. 农业工程学报，2011，27（8）：108-114.

[30] 黄金柏，付强，桧谷治，等. 黄土高原小流域淤地坝系统水收支过程的数值解析[J]. 农业工程学报，2011，27（7）：51-57.

附录 2　结构通用性分布式水文模型（源程序）

```
!                    A distributed hydrologic runoff - runoff model with structural universality
!                                        Developed by Jinbai Huang
                                          Assisted by O. Hinikidani and Y. Kajikawa
!                                        Supported by NSFC (41271046)
!                                        huangjibai@aliyun. com
!                                              Dec 2015
! ------------------------------------------------------------------------------
  module com
     integer :: nt,nr,nk,nb
     real(8) :: dt,dx
     integer,allocatable :: nbup(:,:,:),im(:,:,:),ibc(:)
     real(8),allocatable :: r(:), rb(:)
     real(8),allocatable :: hh1(:,:,:),hh2(:,:,:),hh3(:,:,:)
     real(8),allocatable :: xk1(:,:,:),xk2(:,:,:),xk3(:,:,:)
     real(8),allocatable :: f1(:,:,:) ,f2(:,:,:) ,f3(:,:,:) ,f4(:,:,:)
     real(8),allocatable :: Sr1(:,:,:),Sr2(:,:,:),Sr3(:,:,:)
     real(8),allocatable :: bs(:,:,:),slope(:,:,:),b(:),sodo(:,:,:),dxx(:,:,:)
     real(8),allocatable :: ho(:,:,:,:,:,:) ,h1(:,:,:,:,:,:) ,h2(:,:,:,:,:,:) ,h3(:,:,:,:,:,:)
     real(8),allocatable :: qo(:,:,:,:,:,:) ,q1(:,:,:,:,:,:) ,q2(:,:,:,:,:,:) ,q3(:,:,:,:,:,:)
     real(8),allocatable :: so(:,:,:,:)   ,s1(:,:,:,:)   ,s2(:,:,:,:)   ,s3(:,:,:,:)
     data rmd/0. 30/
  end module com
! ------------------------------------------------------------------------------
!                         nt : calculation step
!                         nr : numbers of rainfall data(hr)
```

```
!                    nk : output interval
!                    nb : numbers of block of small basins
!                    dt : time interval(sec)
!                    dx : standard calculation lattice width(m)
!                  nbup : the No. of the inflow small basin into the arbitrary basin from upside
!                    im : the calculation lattice N0. of slope or channel
!                     r : precipitation (mm/s)
!          hh1,hh2... : thickness of the first layer,the second layer.....(m)
!          xk1,xk2... : coefficient of permeability of the first layer,the second layer..(m/s)
!   f1 ,f2 ,f3 ... : the infiltration velocity of the first layer,the second layer....(m/s)
!          Sr1,Sr2... : saturation degree of the first layer,the second layer....(%)
!                    bs : the length of the slope or the river channel(m)
!                 slope : the incline of the river channel or the slope
!                     b : width of the river channel (m)
!                  sodo : Manning's coefficient of roughness
!                   dxx : the calculation lattice width of the channel of the slope(m)
!       ho,h1,h2... : the water depth of the surface,the first layer,the second layer...(m)
!       qo,q1,q2... : the unit flow of the surface ,the first layer,the second layer (m2/s)
!       so,s1,s2... : total of the infiltration and the inflow of the surface,first layer...(m/s) |
!                   rmd : porosity
! -------------------------------------------------------------------------------
  program runoff_analysis
    use com
! ------------------------Initial input & calculation
      print *,'****************************************'
      print *,'*            Run-off Analysis using Hypothetical Channel Network          *'
      print *,'****************************************'
      call inir
      call inic
      qototal = 0.0 ; q3total = 0.0 ; nqq = int( 300.0/dt )
! ------------------------Make result output file
      open (7,file='Qdown.txt')
!       open (8,file='h-dist.out')
!       open (9,file='Q-dist.out')
! ++++++++++++++++++++++++++++++++++++++++++++++++
!                                [ MAIN LOOP ]
! ++++++++++++++++++++++++++++++++++++++++++++++++
hour: do  nt = 1,nr
! ----------------------Rain in each basin
          do  ib = 1,nb
              r(ib) =rb(nt)
```

```
            end do
! ------------------1 hour
  sec: do  nnt = 1,nqq
  bsn: do  ib  = 1,nb
! ---------Select model 0 ( ibc = 0 )
            if ( ibc(ib) == 0 ) then
               do  ic = 1,3
                  if ( ic == 3 ) then
                        call river0( nnt,ib,ic )   ! ---Calculation at River
                  else
                        call slope0( nnt,ib,ic )   ! ---Calculation at Slope
                  end if
               end do
! ---------Select model 1 ( ibc = 1 )
            else
               do  ic = 1,3
                  if ( ic == 3 ) then
                        call river1( nnt,ib,ic )   ! ---Calculation at River
                  else
                        call slope1( nnt,ib,ic )   ! ---Calculation at Slope
                  end if
               end do
            end if
        end do bsn
! ---------Cycle end of dt
            qototal = qototal + qo(nb,3,im(nb,3)+1,2) * b(nb) * dt
            q3total = q3total + q3(nb,3,im(nb,3)+1,2) * b(nb) * dt
!            q1total = q1total + ( q1(nb,3,im(nb,3)+1,2) + q2(nb,3,im(nb,3)+1,2) + q3(nb,3,im
(nb,3)+1,2) ) * b(nb) * dt
! ---------Initialize for next step
            do  ib = 1,nb ; do  ic = 1,3 ; do  ik = 1,im(ib,ic)+1
               ho(ib,ic,ik,1) = ho(ib,ic,ik,2)   ;  qo(ib,ic,ik,1) = qo(ib,ic,ik,2)
               h1(ib,ic,ik,1) = h1(ib,ic,ik,2)   ;  q1(ib,ic,ik,1) = q1(ib,ic,ik,2)
               h2(ib,ic,ik,1) = h2(ib,ic,ik,2)   ;  q2(ib,ic,ik,1) = q2(ib,ic,ik,2)
               h3(ib,ic,ik,1) = h3(ib,ic,ik,2)   ;  q3(ib,ic,ik,1) = q3(ib,ic,ik,2)
            end do ; end do ; end do
        end do sec
! ----------Result output
            if ( mod( nt,nk ) == 0 ) call output( qototal,q2total )
! --------------1 hour end
        end do hour
```

```
        print *,'*****************************************'
        print *,'*              Calculation Complete !!         *'
        print *,'*****************************************'
! ************************************************
        close (7) !; close (8) ; close (9)
    stop
    end program runoff_analysis
! ++++++++++++++++++++++++++++++++++++++++++++++++
!                    [  Parameters and Data input Module  ]
! ++++++++++++++++++++++++++++++++++++++++++++++++
    subroutine inir
      use com
      character :: ifn*20
      namelist/nl/nb,nr,nk,dt,dx
! ------------------ Read target basin data
        print *,' ===>>> Input parameter file name =??' ; read *,ifn
        open (1,file=ifn)
        read (1,*) j ; if ( j == 1 ) print *,' ===>>> Reading namelist...'
            read (1,nl)
            allocate ( nbup(nb,3),im(nb,3),ibc(nb) )
            allocate ( r(nb),rb(nr) )
            allocate ( hh1(nb,3),hh2(nb,3),hh3(nb,3) )
            allocate ( xk1(nb,3),xk2(nb,3),xk3(nb,3) )
            allocate ( f1(nb,3) ,f2(nb,3) ,f3(nb,3) ,f4(nb,3) )
            allocate ( Sr1(nb,3),Sr2(nb,3),Sr3(nb,3) )
            allocate ( bs(nb,3),slope(nb,3),b(nb),sodo(nb,3),dxx(nb,3) )
! ------------------------------------------------------------------------
        read (1,*) j ; if ( j == 2 ) print *,' ===>>> Reading ground layer thickness...'
            do  ib = 1,nb
                read (1,*) i,( hh1(ib,k),hh2(ib,k),hh3(ib,k),k = 1,3 )
            end do
        read (1,*) j ; if ( j == 3 ) print *,' ===>>> Reading permeability coefficient in horizontal...'
            do  ib = 1,nb
                read (1,*) i,( xk1(ib,k),xk2(ib,k),xk3(ib,k),k = 1,3 )
            end do
        read (1,*) j ; if ( j == 4 ) print *,' ===>>> Reading permeability coefficient in vertical...'
            do  ib = 1,nb
                read (1,*) i,( f1(ib,k) ,f2(ib,k) ,f3(ib,k) ,f4(ib,k),k = 1,3 )
            end do
        read (1,*) j ; if ( j == 5 ) print *,' ===>>> Reading initial degree of saturation...'
            do  ib = 1,nb
```

```
            read (1, * ) i,( Sr1(ib,k),Sr2(ib,k),Sr3(ib,k),k = 1,3 )
         end do
      read (1, * ) j ; if ( j == 6 ) print * ,' ===>>> Reading inflow basin & model No. data...'
         do  ib = 1,nb
            read (1, * ) i,( nbup(ib,k),k = 1,3 ),ibc(ib)
         end do
      read (1, * ) j ; if ( j == 7 ) print * ,' ===>>> Reading all basin parameter...'
         Atotal_1 = 0.0 ; Atotal_2 = 0.0 ; Atotal_3 = 0.0 ; Atotal = 0.0
         do  ib = 1,nb
            read (1, * ) i,( bs(ib,k),slope(ib,k),sodo(ib,k),k = 1,3 ),b(ib)
            bs(ib,:) = bs(ib,:) * 1.0e+3
            Atotal_1 = Atotal_1 + bs(ib,1) * bs(ib,3)
            Atotal_2 = Atotal_2 + bs(ib,2) * bs(ib,3)
            Atotal_3 = Atotal_3 + bs(ib,3) * b(ib)
!           Atotal   = Atotal    + ( bs(ib,1) + bs(ib,2) + b(ib) ) * bs(ib,3)
         end do
         Atotal = Atotal_1 + Atotal_2 + Atotal_3
      read (1, * ) j ; if ( j >= 10 ) print * ,' ===>>> Initial data O. K. !!'
      close (1)
! --------------------- Read rain data
      print * ,' ===>>> Input rain data file name =? ?' ; read * ,ifn
      open (1,file=ifn)
      print * ,' ===>>> Reading rain data...'
      Rtoral = 0.0
      do  ir = 1,nr
         read (1, * )   rb(ir)
         Rtotal = Rtotal + Atotal * rb(ir) * 1.0e-3
      end do
      print * ,' ===>>> Rain data O. K. !!'
      close (1)
! ---------------- Print initial data
      Gwater = 0.0
      do  ib = 1,nb
         Gwater = Gwater &
                 + bs(ib,1) * bs(ib,3)  * ( hh1(ib,1) * Sr1(ib,1) + hh2(ib,1) * Sr2(ib,1) + hh3
(ib,1) * Sr3(ib,1) ) * rmd &
                 + bs(ib,2) * bs(ib,3)  * ( hh1(ib,2) * Sr1(ib,2) + hh2(ib,2) * Sr2(ib,2) + hh3
(ib,2) * Sr3(ib,2) ) * rmd &
                 + bs(ib,3) * b(ib)      * ( hh3(ib,3) * Sr3(ib,3) ) * rmd
      end do
      print '(9x,"Basin area =",f9.2,"km2")',Atotal * 1.0e-6
```

```
      print '(9x,"Rain total =",f9.2,"e+4 m3")',Rtotal * 1.0e-4
      print '(2x,"Groundwater total =",f9.2,"e+4 m3")',Gwater * 1.0e-4
! -------------------- Initial reading end
    return
  end subroutine inir
! ++++++++++++++++++++++++++++++++++++++++++++++++++
!                    [ INITIAL  CALCULATION ]
! ++++++++++++++++++++++++++++++++++++++++++++++++++
  subroutine inic
    use com
! ---------------- Number of grid (im) & grid size (dxx)
     imax = 0
     do  ib = 1,nb
     do  ic = 1,3
        im(ib,ic)   = int( bs(ib,ic)/dx ) + 1 ; if ( im(ib,ic) == 1 ) im(ib,ic) = 2
        dxx(ib,ic)  = bs(ib,ic)/float( im(ib,ic) )
        if ( im(ib,ic) > imax ) imax = im(ib,ic)
     end do
     end do
     allocate ( ho(nb,3,imax+1,2),h1(nb,3,imax+1,2),h2(nb,3,imax+1,2),h3(nb,3,imax+1,2) )
     allocate ( qo(nb,3,imax+1,2),q1(nb,3,imax+1,2),q2(nb,3,imax+1,2),q3(nb,3,imax+1,2) )
     allocate ( so(nb,3,imax+1)  ,s1(nb,3,imax+1)  ,s2(nb,3,imax+1)  ,s3(nb,3,imax+1) )
! -------------------- Initialize
     ho = 0.0 ; h1 = 0.0 ; h2 = 0.0 ; h3 = 0.0
     do  ib = 1,nb
     do  ic = 1,3
         ho(ib,ic,:,:) = 0.0
         h1(ib,ic,:,:) = hh1(ib,ic) * Sr1(ib,ic) ; h2(ib,ic,:,:) = hh2(ib,ic) * Sr2(ib,ic)
         h3(ib,ic,:,:) = hh3(ib,ic) * Sr3(ib,ic)
     end do
     end do
     qo = 0.0 ; q1 = 0.0 ; q2 = 0.0 ; q3 = 0.0
     so = 0.0 ; s1 = 0.0 ; s2 = 0.0 ; s3 = 0.0

! ---------------- Initial calculation end
    return
  end subroutine inic
! ++++++++++++++++++++++++++++++++++++++++++++++++++
!          [ RUNOFF  ANALYSIS  AT  RIVER  (MODEL0)]
! ++++++++++++++++++++++++++++++++++++++++++++++++++
  subroutine river0( nnt,ib,ic )
```

```
    use com
! ---------------------- River0 end
    return
  end subroutine river0
! ++++++++++++++++++++++++++++++++++++++++++++++
!           [ RUNOFF  ANALYSIS  AT  SLOPE  (MODEL0)]
! ++++++++++++++++++++++++++++++++++++++++++++++
  subroutine slope0( nnt,ib,ic )
    use com
! ----------------- Slope0 end
    return
  end subroutine slope0
! ++++++++++++++++++++++++++++++++++++++++++++++
!           [ RUNOFF  ANALYSIS  AT  RIVER  (MODEL1)]
! ++++++++++++++++++++++++++++++++++++++++++++++
  subroutine river1( nnt,ib,ic )
    use com
! ----------------- Calculate river side inflow
      qoinup   = 0.0 ; q3inup   = 0.0
      qoinyoko = 0.0 ; q3inyoko = 0.0
      do  k = 1,3
         if ( nbup(ib,k)/= 0 ) then
            qoinup   = qoinup   + qo(nbup(ib,k),ic,im(nbup(ib,k),ic)+1,1) * b(nbup(ib,k))
            q3inup   = q3inup   + q3(nbup(ib,k),ic,im(nbup(ib,k),ic)+1,1) * b(nbup(ib,k))
         end if
      end do
      do  k = 1,2
            qoinyoko = qoinyoko + qo(ib,k,im(ib,k)+1,1) + q1(ib,k,im(ib,k)+1,1)
            q3inyoko = q3inyoko + q3(ib,k,im(ib,k)+1,1)
      end do
      qo(ib,ic,1,1) = qoinup/b(ib)
      q3(ib,ic,1,1) = q3inup/b(ib)
! ----------------- Calculate vertical water balance
      soin = r(ib) * 0.001/300.0    ! --- unit :mm/hr --> m/s
      do  ik = 2,im(ib,ic)+1
         s3out = f4(ib,ic)
            if ( h3(ib,ic,ik,1) * rmd/dt < f4(ib,ic) ) s3out = h3(ib,ic,ik,1) * rmd/dt
         s2out =f3(ib,ic)
            if ( h2(ib,ic,ik,1) * rmd/dt < f3(ib,ic) ) s2out = h2(ib,ic,ik,1) * rmd/dt
         s1out =f2(ib,ic)
            if ( h1(ib,ic,ik,1) * rmd/dt < f2(ib,ic) ) s1out = h1(ib,ic,ik,1) * rmd/dt
```

```
            soout = f1(ib,ic)
              if ( ho(ib,ic,ik,1)/dt < f1(ib,ic) ) soout = ho(ib,ic,ik,1)/dt
              if ( h1(ib,ic,ik,1) >= hh1(ib,ic) )   soout = f2(ib,ic)
              if ( h2(ib,ic,ik,1) >= hh2(ib,ic) )   soout = f3(ib,ic)
              if ( h3(ib,ic,ik,1) >= hh3(ib,ic) )   soout = f4(ib,ic)
            so(ib,ic,ik) = soin  - soout
            s3(ib,ic,ik) = soout - s3out
        end do
! ------------------- Calculate infiltration flow
        do  ik = 2,im(ib,ic)+1
! -------- Layer No. 6
            h3(ib,ic,ik,2) =  h3(ib,ic,ik,1) &
                              + dt/rmd * ( q3inyoko/b(ib) + s3(ib,ic,ik) - ( q3(ib,ic,ik,1)-q3(ib,ic,
ik-1,1) )/dxx(ib,ic) )
            if ( h3(ib,ic,ik,2) > hh3(ib,ic) ) then
              h2(ib,ic,ik,1) = h2(ib,ic,ik,1) + ( h3(ib,ic,ik,2) - hh3(ib,ic) ) * rmd
              h3(ib,ic,ik,2) = hh3(ib,ic)
            end if
            if ( h3(ib,ic,ik,2) < 0.0 ) h3(ib,ic,ik,2) = 0.0
            q3(ib,ic,ik,2) = xk3(ib,ic) * slope(ib,ic) * h3(ib,ic,ik,2)
! -------------------- Calculate surface flow
            ho(ib,ic,ik,2) =  ho(ib,ic,ik,1) &
                              + dt * ( qoinyoko/b(ib) + so(ib,ic,ik) - ( qo(ib,ic,ik,1)-qo(ib,ic,ik-
1,1) )/dxx(ib,ic) )
            if ( ho(ib,ic,ik,2) < 0.0 ) ho(ib,ic,ik,2) = 0.0
            qo(ib,ic,ik,2) = ho(ib,ic,ik,2) * * ( 5.0/3.0 ) * sqrt( slope(ib,ic) )/sodo(ib,ic)
! ---------
        end do
! ---------------- River1 end
      return
    end subroutine river1
! ++++++++++++++++++++++++++++++++++++++++++++++++++
!           [ RUNOFF ANALYSIS AT SLOPE (MODEL1)]
! ++++++++++++++++++++++++++++++++++++++++++++++++++
    subroutine slope1( nnt,ib,ic )
      use com
! ------------------ Calculate vertical water balance

        soin = r(ib) * 0.001/300.0    ! --- unit :mm/hr --> m/s
        do  ik = 2,im(ib,ic)+1
            s3out = f4(ib,ic)
```

```
        if ( h3(ib,ic,ik,1) * rmd/dt < f4(ib,ic) ) s3out = h3(ib,ic,ik,1) * rmd/dt
      s2out = f3(ib,ic)
        if ( h2(ib,ic,ik,1) * rmd/dt < f3(ib,ic) ) s2out = h2(ib,ic,ik,1) * rmd/dt
        if ( h3(ib,ic,ik,1) >= hh3(ib,ic) )   s2out = f4(ib,ic)
      s1out = f2(ib,ic)
        if ( h1(ib,ic,ik,1) * rmd/dt < f2(ib,ic) ) s1out = h1(ib,ic,ik,1) * rmd/dt
        if ( h2(ib,ic,ik,1) >= hh2(ib,ic) ) then
           s1out = f3(ib,ic)
        if ( h3(ib,ic,ik,1) >= hh3(ib,ic) )   s1out = f4(ib,ic)
        end if
      so(ib,ic,ik) = soin   - soout
      s1(ib,ic,ik) = soout - s1out
      s2(ib,ic,ik) = s1out - s2out
      s3(ib,ic,ik) = s2out - s3out
    end do
! -------------------- Calculate infiltration flow
    do  ik = 2,im(ib,ic)+1
! --------- Layer No. 3
      h3(ib,ic,ik,2) =   h3(ib,ic,ik,1) &
                         + dt/rmd * ( s3(ib,ic,ik) - ( q3(ib,ic,ik,1)-q3(ib,ic,ik-1,1) )/dxx(ib,ic) )
      if ( h3(ib,ic,ik,2) > hh3(ib,ic) ) then
         h2(ib,ic,ik,1) = h2(ib,ic,ik,1) + ( h3(ib,ic,ik,2) - hh3(ib,ic) )
         h3(ib,ic,ik,2) = hh3(ib,ic)
      end if
      if ( h3(ib,ic,ik,2) < 0.0 ) h3(ib,ic,ik,2) = 0.0
!        q6(ib,ic,ik,2) = xk6(ib,ic) * slope(ib,ic) * h6(ib,ic,ik,2)
       q3(ib,ic,ik,2) = 0.0
!--------- Layer No. 2
      h2(ib,ic,ik,2) =   h2(ib,ic,ik,1) &
                         + dt/rmd * ( s2(ib,ic,ik) - ( q2(ib,ic,ik,1)-q2(ib,ic,ik-1,1) )/dxx(ib,ic) )
      if ( h2(ib,ic,ik,2) > hh2(ib,ic) ) then
         h1(ib,ic,ik,1) = h1(ib,ic,ik,1) + ( h2(ib,ic,ik,2) - hh2(ib,ic) )
         h2(ib,ic,ik,2) = hh2(ib,ic)
      end if
      if ( h2(ib,ic,ik,2) < 0.0 ) h2(ib,ic,ik,2) = 0.0
!        q5(ib,ic,ik,2) = xk5(ib,ic) * slope(ib,ic) * h5(ib,ic,ik,2)
        q2(ib,ic,ik,2) = 0.0
! --------- Layer No. 1
      h1(ib,ic,ik,2) =   h1(ib,ic,ik,1) &
                       + dt/rmd * ( s1(ib,ic,ik) - ( q1(ib,ic,ik,1)-q1(ib,ic,ik-1,1) )/dxx(ib,ic) )
      if ( h1(ib,ic,ik,2) > hh1(ib,ic) ) then
```

```
            ho(ib,ic,ik,1) = ho(ib,ic,ik,1) + ( h1(ib,ic,ik,2) - hh1(ib,ic) ) * rmd
            h1(ib,ic,ik,2) = hh1(ib,ic)
          end if
          if ( h1(ib,ic,ik,2) < 0.0 ) h1(ib,ic,ik,2) = 0.0
!            q4(ib,ic,ik,2) = xk4(ib,ic) * slope(ib,ic) * h4(ib,ic,ik,2)
           q1(ib,ic,ik,2) = 0.0
! --------------------Calculate surface flow
          ho(ib,ic,ik,2) =  ho(ib,ic,ik,1) &
                        + dt * ( so(ib,ic,ik) - ( qo(ib,ic,ik,1)-qo(ib,ic,ik-1,1) )/dxx(ib,ic) )
          if ( ho(ib,ic,ik,2) < 0.0 ) ho(ib,ic,ik,2) = 0.0
          qo(ib,ic,ik,2) = ho(ib,ic,ik,2) * * ( 5.0/3.0 ) * sqrt( slope(ib,ic) )/sodo(ib,ic)
! ---------
       end do
! --------------- Slope1 end
     return
   end subroutine slope1
! ++++++++++++++++++++++++++++++++++++++++++++
!                        [ RESULT  OUTPUT ]
! ++++++++++++++++++++++++++++++++++++++++++++
   subroutine output( qototal,q2total )
     use com
! -------------------- Write file
       print * ,nt,'qototal=',qototal
       write (??,'(f6.1,2f9.5)') nt,qo(1,3,??,1) * b(1),h2(1,3,??,1)
! --------- Water depth distribution
!         write (8,'(i5,100f10.5)') nt,(h6ave(ib,1),h6ave(ib,2),ib=1,nb)
! ---------------------- Output end
     return
   end subroutine output
! ---------------------------------------------------------------------
```